JN100602

大学院文化科学研究科

知財制度論

児玉晴男

社会経営科学プログラム

情報学プログラム

知財制度論（'20）

装丁・ブックデザイン：畑中　猛

まえがき

　知的財産制度（知財制度）に関する著作権法と工業所有権法（産業財産権法）の国際的枠組みは，19世紀末の「文学的及び美術的著作物の保護に関するベルヌ条約」（ベルヌ条約）と「工業所有権の保護に関するパリ条約」（パリ条約）に始まる。そして，それら国際条約に加盟するためには，不正競争防止法の法整備が条件になる。今日の知財制度の主要な法整備は，1世紀以上前に体系化されていたことになる。その後，知財制度の国際条約は，知的財産保護（知財保護）に関する先進国と発展途上国との軋轢，いわゆる南北問題により閉塞状態が続くことになる。その中で，19世紀末のベルヌ条約とパリ条約は，半世紀後に世界人権宣言で確認され，20世紀末に「知的所有権の貿易関連の側面に関する協定」（TRIPS協定）でも再確認される。今日，新たな国際的枠組みは，世界貿易機関（WTO）や世界知的所有権機関（WIPO）で形成され，貿易摩擦やデジタル環境への対応さらに安全保障への対応も求められている。

　世界人権宣言からは人権の観点から創作者の精神的価値と物質的価値，すなわち創作者の人格的権利と経済的権利が導出され，TRIPS協定の貿易摩擦の観点からは著作権制度と産業財産権制度および農水知財制度が併記される関係になる。知財制度に関する3世紀を跨ぐ歴史の中で，二つの傾向性が見出せる。第一は，知的創造に関するアナログ環境における有体物のとらえ方から，知的創造のデジタル環境への展開による無体物の理解への回帰である。そこでは，知的創造は，知財制度で保護されるそれぞれの対象に相互に重ね合わせを見ることができる。第二は，知的創造の始原としての遺伝資源と伝統的文化表現および伝統的知識が知財制度との関連から，新たな南北問題となっていることである。知的創造は，無から生ずるといいきることはできない。自然物および先人の遺産や知識を糧にして，新たな知的創造が生まれるという見方が取りうる。自然物および先人の遺産や知識は，狭義の知財制度における対

4

象とはいいえないが，知的創造サイクルの好循環においては，広義の知財制度が指向されなければならない。

　ところで，知財制度の中で著作権制度と産業財産権制度とは，法の目的，権利の発生や保護期間など，それぞれの性質が異なっている。ところが，デジタル環境においては，著作物と発明とは交差することが多い。さらに，2015年に，我が国の著作権法と産業財産権法および不正競争防止法が一部改正され，さらに新たな地理的表示保護制度が施行され，我が国の知財制度がパラダイムチェンジしている。そして，文化庁と特許庁および農林水産省が管轄する知財制度が確立したといってよい。今日の知財制度の法現象は，知財制度の個別法で閉じて理解するだけでは見通すことに限界がある。それらの相互の関係を考慮するうえで，知的財産の経済的側面とその保護期間を対象として過不足なく説明することはできない。知財制度は，知的財産の人格的側面を視野に入れると，これまでと異なった様相を見せる。

　「知財制度論」は，知的創造サイクルの法体系を狭義の知財制度で保護される前後を含め，広義の知財制度から鳥瞰する。知的創造が知的財産でとらえられるとき，知的財産は無体物であり，知的創造はそれに準じる行為も伴う。「知財制度論」は，知的創造とそれに準じる行為の客体（創作物と準創作物），主体（創作者と準創作者），知的創造の権利と関連権，知的創造の権利と関連権の制限・範囲・管理・救済について解説する。さらに，「知財制度論」では，文化庁が管轄する観点からのコンテンツ創造サイクル，特許庁が管轄する観点からの知的財産創造サイクル，農林水産省が管轄する観点からの農水知財創造サイクルの三つの法システムからとらえ，知的創造サイクルを創作者（準創作者）の人格的権利と経済的権利のライフサイクルから好循環を見出すことにする。

2019年10月31日　　児玉晴男

目 次

1 | 知的創造サイクルの法体系

　知的創造は，著作権制度と産業財産権制度で保護される。それらの国際条約は，19世紀末に作成され，1990年代半ばまで二分される関係になる。21世紀に入ると，著作権制度と産業財産権制度とは相互に関係をもつに至っている。本章は，知的創造サイクルの法体系を考える。

1. 諸　言

　知的創造は，知的資産または知的財産と称され，知財制度上は知的財産権として保護される[(1)]。著作権制度と産業財産権制度（工業所有権制度）が知財制度の主要な二つの法制度になる。それらの法制度に関しては，19世紀末に国際条約が締結されている。知財制度の国際条約（ベルヌ条約とパリ条約）は，それぞれ1971年と1979年の改正後に南北問題などにより改正がない。それら国際条約は，紆余曲折を経て，経済摩擦やデジタル環境の影響を受けて，新たな国際的枠組みが形成されている。経済摩擦やデジタル環境の知財問題の背景には，安全保障問題との関連もある。

　知財戦略は，日米構造問題協議（SII）と日米包括経済協議およびGATT ウルグアイラウンドの TRIPS 交渉などで顕在化し，そして世界

（1）　知的財産（知的財産権）は，Intellectual Property の和訳である。知的財産権は，中国では知識産権となり，韓国では漢字表記で知識財産権である。著作権法は，Copyright Law（Act）または Copyright and Related Rights Law（Act）と英訳される。なお，中国では，著作権法は版権法と同義である。Industrial Property の英訳は，当初，工業所有権とされるが，産業財産権が好ましいとされる。産業財産権は，中国においては工業産権，韓国でも漢字表記で産業財産権になる。

貿易機関（WTO）で知財問題が継続して取り上げられ，その流れは環太平洋経済連携協定（TPP）に継受されている。今日の知財戦略の始原は，1985年の米国の大統領委員会の報告書（ヤングリポート）のプロパテント政策への変化によっていよう。それは，コンピュータ・プログラムの法的保護を巡る国際的な政策問題にも現れている。

今日の知財戦略は，米国議会技術評価局によりなる OTA レポート[2] の接近法の研究に見られるように，知財問題は，科学技術（science and technology）[3] と法（law）[4] という境界領域の対象となっており，本領域の研究・調査の重要性は広く認識される。しかし，そのアプローチの仕方は，科学技術分野または法分野という相互に関係のない一方向で閉塞したものが多く，うまくかみ合ったホーリスティックな議論がなされる環境にはない。

ところで，著作権法と産業財産権法（工業所有権法）という法の目的が異なる二つの法制は，並行して存立してきている。その境界をあいまいにしたのが情報技術と情報通信技術の発達・普及による知的創造であり，その知的創造はソフトウェアやデータベース，半導体チップのマスク面になる。知的財産権を巡る貿易摩擦に関しては，関税及び貿易に関する一般協定（General Agreement on Tariffs and Trade：GATT）・多角的貿易交渉（ウルグアイラウンド）の知的所有権交渉で議題に取り上げられる。それは，経済協力開発機構（Organisation for Economic Co-operation and Development：OECD），さらに世界貿易機関（World Trade Organization：WTO）で知財保護の問題が取り上げられるに従い，従来の知的財産の考え方を大きく転換することになる。

（2） U. S. Congress（北川善太郎監修）電子・情報時代の知的所有権（日経マグロウヒル社，1987年）。
（3） 科学技術は，本来，科学・技術と表記されるものである。しかし，知的財産に関する政策と法制度が科学と技術が近接し，または技術の領域から科学の領域へ相互侵入（interpenetrating）する状況にある。
（4） 法と law は翻訳関係にあり，law の意味は真理を追求することになる。法の古字（灋）の意味は，「一角獣（空想上の動物）が真っ直ぐでない物をその角で除いて水面のように平らにして公平を保つ」になる。

　「知的財産戦略大綱」では，著作権制度と産業財産権制度それぞれ別な視点でとらえる。しかし，「知的財産戦略大綱」で示される「情報の特質を勘案した保護と活用のシステムを構築する」という観点からは，著作権制度と産業財産権制度とを重ね合わせて見通せる知財制度が想定しうる。そこで，知的創造サイクルの法体系は，著作権制度と産業財産権制度とを比較対照し，それらを協調する観点も求められる。高度科学技術社会や高度情報通信社会に対応しうるような知財制度から見通すことが要請される。

2.　知財制度に関する国際条約

　知財制度に関する国際条約は，知的創造保護の基本理念を規定する。著作権制度ではベルヌ条約などがあり，産業財産権制度ではパリ条約などがある。そして，「1967年7月14日にストックホルムで署名された世界知的所有権機関を設立する条約」の施行により，世界知的所有権機関（World Intellectual Property Organization：WIPO）が1970年に設立され，世界中で知財保護を促進することが定められることになる。WIPOは，公共の利益を守る一方で，創造に対して報い，イノベーションを促進し，すべての国の経済，社会，文化の発展に貢献する均衡の取れた，利用しやすい国際的な知財制度の発展に取り組んでいる。

（1）　知財制度の国際条約の再確認

　ベルヌ条約とパリ条約は，今日までに少なくとも2度，国際的な宣言や協定において再確認されている。

①　世界人権宣言

　著作権や工業所有権（産業財産権）の保護は，文化の保護として，19世紀後半になって国際的な協力が比較的消極的な形で，すすめられている[5]。1948年12月10日に，第3回国際連合総会において採択された世界

（5）　高野雄一・国際組織法［新版］（有斐閣，1975年）303頁。

12

人権宣言（Universal Declaration of Human Rights）では，創作者（author）であるすべての人は，科学的（scientific），文学的（literary）または美術的（artistic）な成果物（production）から生ずる精神的（moral）および物質的（material）な利益を保護される権利をもつ（世界人権宣言27条 2 項）。

そして，国際人権規約の「経済的，社会的及び文化的権利に関する国際規約」（A 規約）（International Convention on Economic, Social and Cultural Rights）の15条 1 (c)は，世界人権宣言27条 2 項に対応する。この国際人権規約（A 規約）の15条 1 (c)を具体的に保障する対象が，著作権と工業所有権（産業財産権）であり，それぞれベルヌ条約とパリ条約になる。1948年，コロンビア（Bogota）で開催された第 9 回米州会議（Inter-American Conference），また，1948年 4 月，第 3 回国際連合会議の起草委員会における世界人権宣言27条の制定に至る経緯を見ると，27条 2 項の主体と客体の実質的な意味は，発明者（inventor）・発明（invention）と著作者（author）・著作物（literary, scientific and artistic work）の関係になる[6]。世界人権宣言における知財制度との関係性は，知的創造の精神性と物質性との共存とそれらの均衡にある。

② 知的所有権の貿易関連の側面に関する協定（TRIPS 協定）

1994年 4 月15日に作成され，1995年 1 月 1 日に発効した世界貿易機関を設立するマラケシュ協定（WTO 設立協定）の附属書1C「知的所有権の貿易関連の側面に関する協定」（Agreement on Trade-Related Aspects of Intellectual Property Rights：TRIPS 協定）によって，経済的権利の面で，「文学的及び美術的著作物の保護に関するベルヌ条約」や「工業所有権の保護に関するパリ条約」といった知財に関する既存の条約の主要条項を遵守することを義務づけることになる。

本協定は，知的財産権全般の保護を促進するとともに，知的財産権を

（6） UNESCO"Copyright and the Declaration of Human Rights" Copyright Bulletin, Vol.II, No. 1 （1949） pp.42-47.

行使するための措置および手続が貿易の障害とならないことを確保することにある。ここでは，情報技術の発達・普及によるコンピュータ・プログラムとデータの編集物（TRIPS協定10条）および集積回路の保護（同協定35条〜38条）とともに，地理的表示の保護（同協定22条，23条）を確認している。本協定は，文化の発展に寄与する著作権制度に関する国際条約と産業の発達に寄与する産業財産権制度および集積回路についての知的財産権に関する国際条約の遵守を貿易摩擦に対する同一のカテゴリーで規定したことになる。

（2）　著作権制度の国際条約

　著作権法制の国際条約は，著作権と著作隣接権の二つに大別される。ただし，それらの関係は，デジタル環境において融合してくる。

①　著作権に関する国際条約

　著作権の基本条約は，「文学的及び美術的著作物の保護に関するベルヌ条約」（Berne Convention for the Protection of Literary and Artistic Works）[7]である。その略称のベルヌ条約の特徴は，内国民待遇[8]，無方式主義，著作者の人格的権利（author's moral rights）の保護，遡及効，著作者の経済的権利（author's economic rights）の保護期間等に関する規定にある。

───────────────

（7）　正式名称は，「1896年5月4日にパリで補足され，1908年11月13日にベルリンで改正され，1914年3月20日にベルヌで補足され並びに1928年6月2日にローマで，1948年6月26日にブラッセルで，1967年7月14日にストックホルムで及び1971年7月24日にパリで改正された文学的及び美術的著作物の保護に関する1886年9月9日のベルヌ条約」である。

（8）　内国民待遇とは，自国民と同様の権利を相手国の国民や企業に対しても保障することである（ベルヌ条約5条）。なお，内国民待遇の原則の例外があり，それは，最恵国待遇である。最恵国待遇とは，通商条約，商航海条約において，ある国が対象となる国に対して，関税などについて別の第三国に対する優遇処置と同様の処置を供することを，現在および将来において約束することである。また，相互主義では，我が国より保護期間の短い同盟国の著作物については，その国において定められている保護期間だけ保護すればよいことになる。

ベルヌ条約は，1971年以降，改正されていない。それは，発展途上国と先進国との不調和による南北問題が原因である。TRIPS協定が発効し，デジタル環境の対応であるコンピュータ・プログラムとデータの編集物がベルヌ条約で保護されることが規定される必要を生じることになる。しかし，ベルヌ条約とTRIPS協定は，情報技術の発達・普及に十分な対応がなされていなかった。そして，その検討は，WIPOの提唱でなされることになる。著作権に関しては，「著作権に関する世界知的所有権機関条約」（WIPO Copyright Treaty：WCT）が1996年12月に作成され，2002年3月6日に発効した。WCTは，コンピュータ・プログラム，データの編集物，頒布権，貸与権，著作物のデジタル送信，技術的措置の回避，電子的権利管理情報の改ざん等を規定する。

② 著作隣接権に関する国際条約

実演家，レコード製作者および放送機関の著作物に関する権利（著作隣接権）の国際条約は，1961年にイタリアのローマにおいて作成された「実演家，レコード製作者及び放送機関の保護に関する国際条約」（International Convention for the Protection of Performers, Producers of Phonograms and Broadcasting Organizations）である。その略称のローマ条約は，内国民待遇と連結点，保護の範囲，保護期間，不遡及等からなる。ベルヌ条約では遡及し，ローマ条約では遡及しないことから，著作隣接権の概念を有しない米国において，例えばレコードに関して齟齬が生じうる。

なお，商業レコードに関して，「許諾を得ないレコードの複製からレコード製作者を保護するための条約」（Convention for the Protection of Producers of Phonograms Against Unauthorized Duplication of Their Phonograms）は，1971年に作成されたレコード製作者の保護に関する国際条約である。その略称であるレコード保護条約は，レコード製作者の権利（いわゆる原盤権）について定めた条約である。レコード製作者の権利を含む著作隣接の保護はローマ条約で包括的に規定されているが，本条約では特に海賊版の防止を目的とする。① 無断複製物の

作成や輸入・頒布からレコード製作者を保護すること，② レコード製作者の保護期間を20年以上とすること，③ 方式主義国においては，レコード製作者の権利の表示として℗を付すこと，等が定められている。

　著作隣接権に関して，WCTと同時に1996年12月に作成され，2002年3月6日に発効した「実演及びレコードに関する世界知的所有権機関条約」（WIPO Performances and Phonograms Treaty：WPPT）は，実演家人格権，固定されていない実演に関する放送権等，貸与権，アップロード権等について規定する。なお，視聴覚実演家の排他的許諾権の移転に関しては，「視聴覚的実演に関する北京条約」（Beijing Treaty on Audiovisual Performances，略称：視聴覚的実演北京条約）において，実演家の権利を映画製作者に移転することを国内法で規定するか否かを締約国に委ねるとの規定を設けて調整を委ねている。

　また，WPPTでは放送機関が抜けている。それは「放送機関の保護に関する世界知的所有権機関条約」として検討されている。本条約案では，保護の対象（ウェブキャスティングの保護の当否），利用可能化権の付与（固定物，非固定物の取り扱い），再送信権の付与（同期・非同期の再送信の保護），禁止権の取扱い，送信前信号の保護，締約国の資格が論点となっている。

　偽造品やデジタル環境における著作権侵害，いわゆる海賊版の取り締まりに関しては，我が国が主導する「偽造品の取引の防止に関する協定」（Anti-Counterfeiting Trade Agreement：ACTA）がある。我が国は，2012年にACTAを批准している。

（3）　産業財産権制度の国際条約

　産業財産権の基本条約は，「工業所有権の保護に関するパリ条約」[9]（Convention de Paris pour la protection de la propriété industrielle）

（9）　正式名称は，「1900年12月14日にブラッセルで，1911年6月2日にワシントンで，1925年11月6日にヘーグで，1934年6月2日にロンドンで，1958年10月31日にリスボンで及び1967年7月14日にストックホルムで改正され，並びに1979年9月28日に修正された工業所有権の保護に関する1883年3月20日のパリ条約」である。

である。その略称のパリ条約は，内国民待遇，優先権，特許独立の原則（商標独立の原則）を規定する。パリ条約も，1979年以降，南北問題により改正されていない。

特許協力条約（Patent Cooperation Treaty：PCT）に基づく国際出願は，多数の指定国に同時に出願したと同様の利益を与えることになる。工業意匠の国際分類を設定するロカルノ協定（Locarno Agreement Establishing an International Classification for Industrial Designs）は，意匠の国際分類について定める。

商標法条約（Trademark Law Treaty：TLT）は，利用者の利便性の向上の観点から，各国の商標登録制度の手続面の簡素化および調和を図ることを目的とする。標章の国際登録に関するマドリッド協定議定書（Protocol Relating to the Madrid Agreement Concerning the International Registration of Marks）は，商標の保護に関する国際条約であり，保護を希望する多数の国を指定し，日本の特許庁を経由して国際事務局へ国際登録出願をする。一つの手続きで，複数の国に商標登録出願するのと同等の効果を得られる利点がある。標章の登録のため商品及びサービスの国際分類に関するニース協定（Nice Agreement Concerning the International Classification of Goods and Services for the Purposes of the Registration of Marks）は，商標の登録のためには，商品および役務（サービス）の分類が必要となる。この分類は，各国で統一している方が便利である。この協定は，国際的に統一した分類の採用について規定する。

上記のパリ条約を除く国際条約は，産業財産権の基本理念に関するものではなく，方式主義をとる産業財産権の手続きに関するものになる。

（4）　その他の知財制度に関する国際条約

植物の新品種に関しては，「植物の新品種の保護に関する国際条約」（International Convention for the Protection of New Varieties of Plants, Union internationale pour la protection des obtentions végétales：UPOV）がある。この UPOV 条約は，植物の新品種を育成

者権として保護することにより，植物新品種の開発を促進し，これを通じて公益に寄与することにある。半導体チップのマスク面の保護に関しては，「集積回路についての知的所有権に関する条約」（Treaty on Intellectual Property in Respect of Integrated Circuits）がある。

そして，ソフトウェアのコードが表示されるとき，そのタイプフェイス自体が知的創造保護の対象になる。1973年 6 月に WIPO の外交会議において採択された「タイプフェイスの保護及びその国際寄託に関するウィーン協定」（Vienna Agreement for the Protection of Type Faces and Their International Deposit）は，タイプフェイスの国際登録について定める国際条約である。その略称であるウィーン協定の締結国は，タイプフェイスの保護の条件として新規性または独創性もしくはその両者が要求され，意匠法，著作権法または特別立法によりタイプフェイス・デザインを保護することが規定されている。ただし，ウィーン協定は未発効であり，我が国はウィーン協定を批准していない。

（5） 知財制度に関連する協定

環太平洋経済連携協定（Trans-Pacific Partnership Agreement：TPP）は，モノの関税だけでなく，サービス，投資の自由化を進め，さらには知的財産，電子商取引，環境など，幅広い分野で21世紀型のルールを構築するものである。TPP は，著作権の保護期間（死後・公表後70年），著作権侵害の非親告罪化，バイオ医薬品のデータ保護期間など，今までの知的財産権法の理解の転換を迫る。著作権等侵害に関する捜査が告訴されなくても捜査当局が起訴できる非親告罪へ統一される傾向にある。なお，TPP は米国の離脱で，参加11カ国による「環太平洋パートナーシップに関する包括的及び先進的な協定」（Comprehensive and Progressive Agreement for Trans-Pacific Partnership：CPTPP）となっている。CPTPP の知的財産章では，TPP の生物製剤特許の保護や著作権保護期間延長などの米国の強い関心を反映した条項が停止されている。経済連携協定（Economic Partnership Agreement：EPA）は，CPTPP と同様な視座にあり，知的財産権に関わりを持っている。

GATT の流れで，自由貿易協定（Free Trade Agreement：FTA）も，物やサービスの流通を自由に行えるようにする取り決めであることから，知的財産権との関わりもある。

3. 知財制度に関する国内法

知財制度に関する法律は，知的財産権法になる。各国の知的財産権法は，国際条約の基本理念に基づいて制度デザインがなされる。それは著作権法と産業財産権法などになり，それらは法目的が異なっている。

（1） 知的財産基本法

国内外の社会経済情勢の変化に伴い，我が国産業の国際競争力の強化を図ることの必要性が増大している。それは，もの作りの経済社会から新たな知的財産の創造およびその効果的な活用による付加価値の創出を基軸とする活力ある経済社会の実現にある。知的財産の創造，保護および活用に関する基本法が知的財産基本法（平成14年12月4日法律第122号）である。本法は，知的財産の創造・保護・活用に関する施策を集中的かつ計画的に推進することを目的とする。

知的財産基本法は，知的財産の創造，保護および活用に関し，基本理念およびその実現を図るために基本となる事項を定める。そのために，本法は，国，地方公共団体，大学等および事業者の責務を明らかにして，知的創造活動を促すことになる。また，「知的財産の創造・保護・活用に関する推進計画」（知的財産推進計画）の作成について定めるとともに，知的財産戦略本部を設置するとする。そして，知的財産基本法で知的財産と知的財産権は，知財制度の個別法によって保護され活用される。

（2） 著作権制度

我が国の著作権制度では，著作権法，著作権等管理事業法，「コンテンツの創造，保護及び活用の促進に関する法律」が関わりをもつ。著作権制度における著作権の法目的は，「創造的精神を涵養し，これに対して報酬を与えること」[10] といえる。ただし，我が国の著作権制度は，

著作権（copyright）だけを対象とするものではない。

①　著作権法

著作権法（昭和45年5月6日法律第48号）は，著作物ならびに実演，レコード，放送および有線放送に関して，著作者の権利およびこれに隣接する権利を定める。そして，著作物ならびに実演，レコード，放送および有線放送の文化的所産の公正な利用に留意しつつ，著作者等の権利の保護を図り，もって文化の発展に寄与することを目的とする（著作権法1条）。著作者の権利とそれに隣接する権利は，著作権と関連権（copyright and related rights）と略記されることがある。

文化審議会著作権分科会は，著作権法の全体的な「構造」の単純化，「権利」に関する規定の単純化，「権利制限」に関する規定の単純化，「契約」に関する規定の見直し，さらに特定の著作物等のみを対象とした規定の見直しについて着手していくとともに，今後ともこの問題について検討していくことが適当とする[11]。この状況は，改善されているとはいえない状況が続いている。

②　著作権等管理事業法

著作権等管理事業法[12]（平成12年11月29日法律第131号）は，著作権と著作隣接権の管理を委託する者を保護するとともに，著作物，実演，レコード，放送と有線放送の利用を円滑にし，もって文化の発展に寄与することを目的とする（著作権等管理事業法1条）。本法は，著作権と著作隣接権を管理する事業を行う者について登録制度を実施し，管理委託契約約款および使用料規程の届出および公示を義務づける等，その業

(10)　文化審議会著作権分科会・文化審議会著作権分科会報告書(2004年1月)3頁。
(11)　文化審議会著作権分科会・前掲注（10）3頁。
(12)　著作権等管理事業法は，「著作権ニ関スル仲介業務ニ関スル法律」（以下，「仲介業務法」とよぶ）の改正によるものである。著作権等管理事業法は，仲介業務法の「許可制」による規制を大幅に緩和し，一定の条件を満たせば管理事業を行える「登録制」としている。使用料規程も，これまでの「認可制」から「届出制」に改めて，著作権管理事業への新規事業者の参入を容易にするとしている。

務の適正な運営を確保するための措置を講ずることを求めている。

　著作権等管理の著作権等とは，著作権と著作隣接権になる。著作権法の著作権と関連権とは異なり，人格的権利である著作者人格権と実演家人格権は，著作権等管理の対象外である。なお，著作権法における経済的権利の出版権は，著作権等管理事業法では明記されていないが，著作権等のカテゴリーでとらえられよう。

③　コンテンツの創造，保護及び活用の促進に関する法律

　知的財産基本法の基本理念により，コンテンツの創造・保護・活用の促進に関する基本法が「コンテンツの創造，保護及び活用の促進に関する法律」（平成16年6月4日法律第81号）（以下，「コンテンツ基本法」という）である。本法は，国民生活の向上および国民経済の健全な発展に寄与することを目的とする。コンテンツ基本法では，コンテンツの創造・保護・活用の促進に関し，国，地方公共団体およびコンテンツ制作等を行う者の責務等を明らかにし，コンテンツ創造活動を促す観点にある。それとともに，本法は，コンテンツの創造・保護・活用の促進に関する施策の基本となる事項およびコンテンツ事業の振興に必要な事項を定める。それによって，コンテンツの創造・保護・活用の促進に関する施策を総合的かつ効果的な推進がはかられるとする。コンテンツ基本法では，著作権の文言はなく，知的財産権に触れる規定がある。それは，知的財産基本法の知的財産権をいう。

　我が国の著作権制度の三つの法律は，対象とする権利と法目的が異なっている。著作権法と著作権等管理事業法の法目的は文化の発展の寄与にあって共通するが，コンテンツ基本法の法目的は国民生活の向上および国民経済の健全な発展の寄与にある点で異なる。国民生活の向上および国民経済の健全な発展は，必ずしも文化の発展の寄与と直結するものではなく，産業の発達と関連づけることもできる。

（3）　産業財産権制度

　産業財産権法は，特許法と実用新案法および意匠法⁽¹³⁾，そして商標

法からなる。特許法（昭和34年4月13日法律第121号）は，発明の保護および利用を図ることにより，発明を奨励し，もって産業の発達に寄与することを目的とする（特許法1条）。実用新案法（昭和34年4月13日法律第123号）は，物品の形状，構造または組合せに係る考案の保護および利用を図ることにより，その考案を奨励し，もって産業の発達に寄与することを目的とする（実用新案法1条）。意匠法（昭和34年4月13日法律第125号）は，意匠の保護および利用を図ることにより，意匠の創作を奨励し，もって産業の発達に寄与することを目的とする（意匠法1条）。商標法（昭和34年4月13日法律第127号）は，商標を保護することにより，商標の使用をする者の業務上の信用の維持を図り，もって産業の発達に寄与し，あわせて需要者の利益を保護することを目的とする（商標法1条）。

　産業財産権法は産業の発達に寄与することを法目的とし，商標法は需要者の利益を保護することもあわせて法目的とする。

（4）　農林水産知財制度

　特許法と類似する法律に種苗法がある。また，TRIPS協定において確認された地理的表示保護の我が国の対応は，商標法（地域団体商標制度）の対応があり，2015年に「特定農林水産物等の名称の保護に関する法律」が施行される。

①　種苗法

　種苗法（平成10年5月29日法律第83号）は，新品種の保護のための品種登録に関する制度，指定種苗の表示に関する規制等について定める。本法は，品種の育成の振興と種苗の流通の適正化を図ることにより，農

---

(13)　諸外国の中には，実用新案権法の規定を有しない国がある。米国における特許（patent）は，日本における特許発明と登録意匠の両方を含む。米国においては，発明を示すためには utility patent，意匠（インダストリアルデザイン）を示すためには design patent と表記される。中国では，専利法で発明創造に発明・実用新型（考案）・外観設計（意匠）を含み，発明創造に専利権が付与される。

林水産業の発展に寄与することを目的とする（種苗法１条）。なお，現行の種苗法は，農産種苗法（昭和22年10月２日法律第115号）の全部を改正するものである。

　種苗法と産業財産権法の法目的の違いは，産業の発達に寄与が農林水産業の発展に寄与となっている点である。しかし，Industrial Property が産業を広く解し，工業に限定されるものではなく，農林水産業にも該当することからいえば，産業財産権法の法目的と同一性がある。

②　特定農林水産物等の名称の保護に関する法律

　TRIPS協定に基づき，地理的表示保護を規定する法律が「特定農林水産物等の名称の保護に関する法律」（平成26年６月25日法律第84号）（以下，「地理的表示法」という）である。本法は，農林水産業およびその関連産業の発展に寄与し，あわせて需要者の利益を保護することを目的とする（地理的表示法１条）。地理的表示法は，特定農林水産物等の名称の保護に関する制度を確立することにより，特定農林水産物等の生産業者の利益の保護を図るものである。

　TRIPS協定で地理的表示保護が再確認されたとき，我が国ではまず商標法の地域団体商標制度で地理的表示の保護がはかられている。我が国では，二つの法律で保護されることになる。ところが，それらの保護のされ方は，登録商標に商標権が求められるのに対して，登録標章に地域共有の財産が認められるというように整合性がない。

　種苗法と地理的表示法は，農林水産省における知財制度になる。我が国の知財制度は，商標法と同じような法目的の地理的表示法が施行されたことにより，文化庁の著作権制度と特許庁の産業財産権制度および農林水産知財制度の三つに体系づけられることになる。

（5）　著作権制度と産業財産権制度との中間的な知財制度

　情報技術の発達・普及による知的創造として，コンピュータ・プログラムがあり，その法的保護が問題となる。同じ時期に，半導体チップのマスク面の法的保護も問題となり，米国に習い，我が国は，新規立法で

対応することになる。他方，コンピュータ・プログラムの法的保護も新規立法で対処していこうとして，「プログラム権法」という新規立法が検討されている⁽¹⁴⁾。コンピュータ・プログラムは，著作権制度と産業財産権制度のはざまで，当初，著作権制度で保護されるが，今日，産業財産権制度でも保護されることになる。

　著作権法と産業財産権法とを折衷する法律ともいえる半導体チップのマスク面の法的保護として，「半導体集積回路の回路配置に関する法律」（昭和60年5月31日法律第43号）（以下，「半導体集積回路配置法」とよぶ）がある。本法は，半導体集積回路の開発を促進して，国民経済の健全な発展に寄与することを目的とする（半導体集積回路配置法1条）。半導体集積回路配置法は，半導体集積回路の回路配置の適正な利用の確保を図るための制度を創設することにある。

　上記までの法律は，秘密特許や秘密意匠のように非公表または非公開によるものが含まれるが，公表と公開を原則とする。しかし，公表または公開を原則とする知的財産権法の中で，営業秘密のような非公表または非公開を原則として保護する不正競争防止法がある。

（6）　不正競争防止法

　不正競争防止法（平成5年5月19日法律第47号）は，事業者間の公正な競争およびこれに関する国際約束の的確な実施を確保する。そして，本法は，不正競争の防止および不正競争に係る損害賠償に関する措置等を講じて，国民経済の健全な発展に寄与することを目的とする（不正競争防止法1条）。不正競争防止法は，著作権法，産業財産権法では不十分な対象も含めて，権利者の知的創造に関する保護を図る。その中には，営業秘密があり，営業秘密はソースコードやノウハウとして，著作物や発明等に含まれることがある。

　なお，不正競争防止法と対極をなす法律が「私的独占の禁止及び公正

---

(14)　「プログラム権法案」は，登録を効力発生要件とし，使用権を設け，人格権を認めないものであり，当初からプログラムの権利の構造は著作権法と特許法との折衷でとらえていたといえよう。

取引の確保に関する法律」（以下，「独占禁止法」とよぶ）（昭和22年 4 月14日法律第54号）である。本法は，一般消費者の利益を確保するとともに，国民経済の民主的で健全な発達を促進することを目的とする（独占禁止法 1 条）。

　著作権制度は文化の発展に寄与することを目的にし，産業財産権法制は産業の発達に寄与することを目的とする。ただし，コンテンツ基本法は，文化の発展と産業の発達とともに通じる国民生活の向上と国民経済の健全な発展に寄与することを目的とする。また，商標法は，産業の発達への寄与だけでなく，需要者の利益を保護することを目的としている。そして，不正競争防止法は，コンテンツ基本法の目的の国民経済の健全な発展に寄与することを目的としており，著作権制度と産業財産権制度の保護を補完する。我が国の知財制度は，知的財産基本法を起点に放射状に関連づけることができる。

4. 知財制度に関する視座

　グローバルな知財制度は，南北問題，貿易摩擦，デジタル環境において，教育，文化，経済に関わりを持ち，それらが相互にからみあって，知的財産の諸相を見せている。

（1）　知財制度の二つの価値—人格的価値と経済的価値—

　知的創造が知財制度の中で知的財産権として保護される。その観点から，知的創造が著作物または発明であっても，経済的価値で議論される傾向をもつ。ところが，世界人権宣言では，創作者に精神的価値と物質的価値の両者を認めている。ベルヌ条約においては著作者人格権を認め，WPPT においては実演家人格権を認めている。

　したがって，我が国の著作権法でも，著作者人格権と実演家人格権の規定を有する。他方，産業財産権法で，人格権が問題となることはないだろう。パリ条約においては，発明者掲載権の規定がある。我が国の特許法でも，発明に対する発明者掲載権に関する規定がある。それは，創作者の経済的権利の面からだけでとらえるのではなく，創作者の人格的

権利からもとらえることになる。

　なお，デジタル環境において，著作物と発明には同一性が認めうる。その観点から，知的創造の価値は，知的財産の相互のインターオペラビリティをはかる必要がある。それは，知的財産権の帰属において，創作者の経済的権利が輾転流通していくとき，創作者の人格的権利との関係を考慮することに求めうる。

（2）　知財制度の二つの法理―大陸法系と英米法系―

　知財制度がたとえ一つの国際条約の中で立法化できる状況であっても，国際知財制度においても大陸法系と英米法系に大別される。そして，国際条約の同じ理念の法制度であっても，その法制度は各国の文化や社会制度によって理解し解釈される。

　著作権制度では，大陸法系と英米法系はauthor's right アプローチとcopyright アプローチがある。それは，パンデクテン体系と信託（trust）[15] の関係になる。すなわち，その関係は，知的財産を物権と債権を区分けして理解するか，物権と債権とを区分けしないで理解するかの違いになる。また，産業財産権制度にみられる先発明主義（first-to-invent priority rule）であるか先願主義（first-to-file priority rule）であるかのとらえ方は，産業財産権の付与という手続規定の差異による。さらに，登録が権利発生要件か効力発生要件または第三者対抗要件かという要件関係とともに，それら幾何学的な対称関係にからみあって国際的な課題へ投影されている。それは，知的財産の課題の諸相をいっそう複雑なものに見せる。

　我が国の著作権制度は，著作権法と著作権等管理事業法は，法理が異なる。著作権等管理事業法は，信託の法理に基づくものである。信託は，

---

(15)　信託は中世の英国において利用されていたユース（use）が始まりとされ，ユースとは，ある人が自分または他の人の利益のために，信頼できる人にその財産を譲渡する制度をいい，時代の変遷を経て近代的な信託制度へと発展し，人と人との信頼関係によることからトラスト（trust）とよばれるようになる（知的財産研究所・知的財産権の信託（雄松堂出版，2004年）5〜8頁）。

英米法により育まれてきた法理であり，大陸法界のパンデクテン体系，すなわち物権と債権を厳密に分ける著作権法の法理とは異なる。さらに，コンテンツ基本法は，エンターテインメントコンテンツを主としており，著作権法の著作物とは観点が異なる。

　我が国の著作権法および特許法等の法改正の経緯をみれば明らかなように，法政策上，それらには段階的に修正が加えられている。通説では，著作権法は表現（expression）を保護対象とするものであり，特許法はアイディア（idea）を保護するものとされ，それらは截然と区別されるものとなっている。この表現／アイディアの二分法（dichotomy）は，著作権法における権利の保護の範囲を明確にするために米国の判例により提示されたものである[16]。著作権法分野では，表現／アイディアの二分法の法理が培われており，表現の著作権での保護とアイディアの共有財産とを分けて，著作権の保護対象はアイディアの表現と解釈されている。この法理は，ソフトウェアの著作権保護に適用されている[17]。

（3）　知財制度の三つの要素―創作物，準創作物，コモンズ―

　著作権制度は，デジタル環境の対応が必要であるにしても，著作物が無体物であることからアナログとデジタルとの区分けを要しない。そして，著作物が無体物であることから，著作権制度は，著作物と著作物を伝達する行為（実演，レコード，放送，有線放送）も保護の対象になる。著作物は著作物性が前提であるが，著作物を伝達する行為（著作物の伝達行為）は，著作物性は想定されていないが，準著作物性が擬制される。

　産業財産権制度では，発明・考案・意匠の創作は，装置や物品との不可分性から，有体物として認識されている。しかし，発明・考案・意匠の創作も無体物であり，そこに特許性が認められる。商標を付した商品と役務の使用に関しては，直接，創作性が推定しえない。ただし，商標を付した商品と役務の使用は，特許権，実用新案権，意匠権，著作権と

---

(16)　Bakerv.Selden,101 U.S.99（1879）.

(17)　Dennis S. karjala＝椙山敬士・日本―アメリカコンピュータ・著作権法（日本評論社，1989年）114～116頁，230～238頁。

著作隣接権と抵触する，したがって，商標を付した商品と役務の使用は，少なくとも，準創作性が擬制しうる。

　ところで，知的創造が知財制度の中で知的財産権として保護されるにしても，知的創造の始原としてコモンズが活用される。知的財産も，財産権の保護期間が徒過したものは，コモンズになっていく。そして，知財制度は，コンテンツ，知的財産，農水知財が編集，いわゆるスプライシングによって，ありとあらゆる性質とロジックのばらばらの素材（データ，コード，コンテンツ）が組み合わされてコラージュ化されている状況の中で，オープン化の促進をはかることが求められている。

　知的創造サイクルの中で，創作物と準創作物およびコモンズが知的創造サイクルの中でスプライシングされる。知的創造の諸相を再評価し，知的創造サイクルの法システムを著作権法と産業財産権法等との協調システムとしてスケッチするために，その知的創造サイクルの始原が，どのようなものかをとらえておく必要がある。

5. 知的創造サイクルの法システム

　21世紀に入り，我が国では，「知的財産戦略大綱」において，知的創造サイクルの確立がいわれている[18]。この知的創造サイクルとは，「質の高い知的財産を生み出す仕組みを整え，知的財産を適切に保護し，知的財産が社会全体で活用され，再投資によりさらに知的財産を創造する力が生み出されてくる」という循環をいう。その知的創造サイクルは，「知財制度の枠内で好循環となるように改善していこう」とする。

　知財制度で，著作権制度と産業財産権制度とは，法システムを大きく異にしている。他方で，保護される知的創造には類似性が見られ，それらの法律の法目的にも著作権制度の法目的にも類似性が見られる。国民生活の向上および国民経済の健全な発展に寄与することを掲げるコンテンツ基本法の法目的は，著作権法の法目的よりも，産業財産権法，特に半導体集積回路配置法と不正競争防止法の法目的と共通する。著作権法

---

(18)　知的財産戦略会議・知的財産戦略大綱（2002年）5頁。

の保護の対象は，産業と切り離すことはできない。

　ところで，我が国では，2015年，知財制度の各法の転換点が見られる。出版権の改正により複製権に公衆送信権等が加えられ，職務発明規定に法人帰属が付加され，商標に新たな形態が追加され，農林水産省が管轄する地理的表示保護制度が新設され，不正競争行為の罰則規定が強化されるなどがある。デジタル環境では，知的財産が多様性を見せ，「無体物と有体物のはざま」をつなぐことに求められる。コンテンツ創造サイクル，知的財産創造サイクル，農水知財創造サイクルの三つの法システムからとらえ，知的創造サイクルを創作者の人格的権利と経済的権利のライフサイクルから好循環を見出す。

　知的創造サイクルの法システムは，狭義の知財制度で保護される前後を含め，知的創造に関する権利（人格的権利と経済的権利）のライフサイクルの関係から広義の知財制度から鳥瞰する。知的創造に関する法システムの状態は，線形の幾何学的な二極関係ではなく，位相的な関係からとらえるものになる。知的創造サイクルの法システムは，憲法の保障する「表現の自由」という精神的な面と知的財産権の物質的な面とが，別個独立の社会的価値としてではなく，一つの閉じた再帰的システム[19] として機能するものになろう。

---

(19)　N. Luhmann, "The Autopoiesis of Social System", *Essays on Self Reference* (Columbia University Press, 1990) pp.1-20.

研究課題

1　知財制度の各個別法の法目的を比較し，その異同を説明せよ。

2　ベルヌ条約と WCT およびローマ条約と WPPT との関係を考察せよ。

3　方式主義と無方式主義との違いについて説明せよ。

2 知的創造の始原

　知的創造は，全くの無から生まれるものとはいえない。その知的創造の始原と呼びうるものの中には，知財制度での直接の保護対象ではないものを多く含む。それらは，世界遺産，無形文化遺産および生物多様性ならびにそれらの保全に求められる。本章は，それら知的創造の始原と知財制度との関わりを考える。

1．知的創造サイクルの起点

　知的創造サイクルは，知的創造から始まる。その知的創造は，全くの無から生まれるとはいえない。知的創造サイクルは，世の中に満ち溢れている五感を通して感知できるものに対して第六感の働きにより共振するものから始まっている。そのことは，知的財産権の保護期間に関連する狭義の知財制度で直接に保護されない対象を利活用してなされることを示唆している。

　それらは，自然物であれば自然環境の中で育まれた生命体であり，人工物であれば先人の名もない人々の額に汗する作業を伴う遺跡になって継受されている。また，人工物は，自然物をもとに形成される。それら人工物と自然物は，世界遺産，無形文化遺産および生物多様性などに求められる。それらは，狭義の知財制度の知的財産権の保護期間の関係とは別に，広義の知財制度から知的財産権と先住民族の権利との関係から焦点があてられている。

　知的創造サイクルの起点となりうる自然遺産・文化遺産および遺伝資源・伝統的文化表現・伝統的知識ならびにそれらの保全は，知的創造の

始原となる。そして、それらは、知的創造サイクルの好循環からの知財
制度へ展開していくことになる。知的創造サイクルの好循環は、狭義の
知財制度と広義の知財制度の協調関係からなりえよう。

2. 世界遺産と無形文化遺産

　各国には、その土地に根ざした自然や文化が受け継がれている。それ
ら自然遺産や文化遺産は、これからも永く保存されることに異論はない
であろう。それを物語るのは、自然遺産と文化遺産がたえず修復される
対象になっていることである。ところが、ときに、自然遺産や文化遺産
が存在する国の政治情勢により破壊されることがある。そのような不都
合なことが起こらないように、それらを世界遺産や無形文化遺産に登録
することによって、保護することになる。

（1）　世界遺産

　「世界の文化遺産及び自然遺産の保護に関する条約」（Convention
Concerning the Protection of the World Cultural and Natural
Heritage：略称は世界遺産条約）は、世界の文化遺産および自然遺産を
保護するため、保護を図るべき遺産をリストアップし、締約国の拠出金
からなる世界遺産基金により、各国が行う保護対策を支援する[1]。世界
遺産条約の目的は、「世界のすべての人に関係するようなきわだって普
遍的な価値を持つ遺産を保護すること」、すなわち、国境を越えて世界
的に価値を持ち、人類共通の財産といえる貴重な自然や文化財を守るこ
とにある。世界遺産リストは、条約の条文に基づいて加盟国に存する文
化遺産・自然遺産のうち、「すぐれて普遍的な価値を持つ遺産」である
と承認されたものからなる一覧表である。

（1）　世界遺産条約、ユネスコ（UNESCO：国際連合教育科学文化機関）に事務局
をおき、1972年11月16日、パリで開催された第17回ユネスコ総会で採択された。我
が国は、1992年6月30日に締約国となっている。

①　文化遺産

　世界遺産の「文化遺産」は，記念工作物，建造物群，遺跡である（世界遺産条約1条）。記念工作物は，建築物，記念的意義を有する彫刻および絵画，考古学的な性質の物件および構造物，金石文，洞穴住居ならびにこれらの物件の組合せであって，歴史上，芸術上または学術上顕著な普遍的価値を有するものである。建造物群は，独立し，または連続した建造物の群であって，その建築様式，均質性または景観内の位置のために，歴史上，芸術上または学術上顕著な普遍的価値を有するものである。遺跡は，人工の所産（自然と結合したものを含む）および考古学的遺跡を含む区域であって，歴史上，芸術上，民族学上または人類学上顕著な普遍的価値を有するものになる。例えば文化遺産に，スペインの世界遺産「アントニ・ガウディ作品群」の中の一つに数えられるサグラダ・ファミリアがある。

②　自然遺産

　世界遺産の「自然遺産」は，1）無生物もしくは生物の生成物または生成物群からなる特徴のある自然の地域であって，観賞上または学術上顕著な普遍的価値を有するもの，2）地質学的または地形学的形成物および脅威にさらされている動物または植物の種の生息地または自生地として区域が明確に定められている地域であって，学術上または保存上顕著な普遍的価値を有するもの，3）自然の風景地および区域が明確に定められている自然の地域であって，学術上，保存上または景観上顕著な普遍的価値を有するもの，である（世界遺産条約2条）。

　ピーターラビットの著作は，自然環境の動物たちの生息観察から着想されているという。ピーターラビットの原作者であるビアトリクス・ポター（Beatrix Potter）は，自然環境が開発されようとしたとき，湖水地方の土地を保全するため，ポターは私財（ピーターラビットの絵本の印税）を投じて湖水地方の土地を買い上げて，自然環境を保持したとされる。それは，ナショナル・トラストであり，自然環境の保護の仕組みである。トラストは，英米法系の法制度になる。ピーターラビットとビ

クトリア・ポターとの関係は，自然環境とコンテンツ創造および知的財産創造が密接に関連することを示唆している。

③ 複合遺産

　複合遺産は，文化遺産と自然遺産との両方について顕著な普遍的価値を兼ね備えるものをいう。その他，複合遺産，文化的景観，産業遺産などがある。世界遺産の候補地は，条約に示された文化遺産と自然遺産の定義および世界遺産委員会が定めた登録基準に該当することが必要である。それらの基準は，「すぐれて普遍的な価値」を有する地域であるということである。普遍的価値の判断は，世界遺産条約３条により，各国の判断に委ねられている。

　富士山は，文化財保護法に基づき，国から「特別名勝」および「史跡」に指定されている文化財であるが，世界遺産では複合遺産ではなく「富士山─信仰の対象と芸術の源泉─」として文化遺産のみで登録されることになる（図１参照）。

図１　絹本著色富士曼荼羅図（富士山本宮浅間大社蔵）

　なお，公式な定義や分類はないが，負の世界遺産がある。何を負の遺産とするかは，見る者の視点によって異なることがある。負の遺産には，二面性がある。

（2）　無形文化遺産

　世界遺産条約により，世界各地の遺跡や歴史的都市，あるいは雄大な自然といった「有形」の文化遺産と自然遺産については，「顕著な普遍的価値を有する」人類共通の遺産として，国際的な体制が整えられ，保護が図られてきた。しかし，伝統的な音楽や舞踊，演劇，祭礼，あるいは工芸技術のような，無形の「生きた文化」については，世界遺産条約では言及されていない。このような「無形文化遺産」（Intangible Cultural Heritage）は，有形の遺産と等しく人類にとって重要な文化遺産であり，伝え手がいなくなれば永遠に失われてしまうことが危惧される。

　そこで，無形文化遺産を保護する国際的協力体制を整え，次の世代に伝えていくために，無形文化遺産の保護に関する条約（無形文化遺産条約）がある。無形文化遺産条約は，世界遺産条約と同様にユネスコに事務局をおき，2003年のユネスコ総会で採択され，2006年4月20日に発効し，我が国は2004年6月に締結している。「無形文化遺産」とは，慣習，描写，表現，知識および技術ならびにそれらに関連する器具，物品，加工品および文化的空間であって，社会，集団および場合によっては個人が自己の文化遺産の一部として認めるものをいう（無形文化遺産条約2条）。無形文化遺産は，例えば民族文化財，フォークロア，口承伝統などになる。

　無形文化遺産条約は，1948年の世界人権宣言，1966年の「経済的，社会的及び文化的権利に関する国際規約」および1966年の「市民的及び政治的権利に関する国際規約」に言及している。無形文化遺産条約は，無形文化遺産と有形文化遺産および自然遺産との間の深い相互依存関係が考慮され，地球規模化および社会の変容の過程が社会間の新たな対話のための状況を作り出すと同時に，不寛容の現象と同様に，特に無形文化遺産の保護のための資源の不足により，無形文化遺産の衰退，消滅および破壊の重大な脅威をもたらすことを認識するとする。本条約は，特に先住民の社会，集団および場合により個人が無形文化遺産の創出，保護，維持および再現に重要な役割を果たすことにより，文化の多様性および人類の創造性を高めることに役立っていることを認識し，1972年の世界

遺産条約の作成におけるユネスコの活動の広範な影響を受けるものである。

　本条約は，無形文化遺産に関するユネスコの事業，特に「人類の口承及び無形遺産に関する傑作の宣言」を考慮し，人々をより緊密にさせ，ならびに人々の間の交流および理解を確保する要素としての無形文化遺産の極めて重要な役割を考慮し採択された。「人類の口承及び無形遺産に関する傑作の宣言」事業は，たぐいない価値を有する世界各地の口承伝統や無形遺産を讃えるとともに，政府，NGO，地方公共団体に対して口承および無形遺産の継承と発展を図ることを奨励し，独自の文化的特性を保持することを目的とする。ユネスコが定める基準を満たすものを2001年から隔年で「人類の口承及び無形遺産に関する傑作」として宣言し，傑作宣言リストが公表されている。

　世界の記憶（Memory of the World）の人類口伝および無形遺産傑作（Masterpiece of the Oral and Intangible of Humanity）の無形文化遺産は，「人類の口承及び無形遺産に関する傑作」に宣言されるためには，下記（1）のいずれかの条件を満たすとともに，下記（2）の六つの基準を考慮する必要がある。

　（1）（イ）たぐいない価値を有する無形文化遺産が集約されていること，（ロ）歴史，芸術，民族学，社会学，人類学，言語学または文学の観点から，たぐいない価値を有する民衆の伝統的な文化の表現形式であること。

　（2）（イ）人類の創造的才能の傑作としての卓越した価値，（ロ）共同体の伝統的・歴史的ツール，（ハ）民族・共同体を体現する役割，（ニ）技巧の卓越性，（ホ）生活文化の伝統の独特の証明としての価値，（ヘ）消滅の危険性。

　世界の記憶には，マグナ・カルタ，グーテンベルク聖書，ベートーヴェンの交響曲第9番　自筆譜，フランス人権宣言，アンネの日記などが登録されている。我が国では，江戸時代の浮世絵のその芸術性が諸外国の方で評価されている。また，能楽，人形浄瑠璃文学，歌舞伎が宣言されている。しかし，その宣言とは趣を異にして，2011年5月25日，福岡

県田川市と福岡県立大学が共同で2010年3月に申請した，炭鉱記録画家の山本作兵衛氏の絵画や日記697点が，日本初のユネスコの世界の記憶に登録されている。

　浮世絵が明治時代に外国に散逸していった経緯を考慮すると，伝統的文化表現の発祥の地と国際社会の中でも価値の評価の基準にはずれがある。美術館で鑑賞する絵画や音楽会で演奏される楽曲は，それら芸術家に資金援助するパトロンのために創作されたものといえる。

　クールジャパンは，国家に支援を得ることを前提に公的に認知された文化表現といえる。日本の伝統的文化表現として歌舞伎がある。しかし，その歴史的な経緯からいえば，公的に認知されて誕生したものとはいいえない。歌舞伎と大衆演劇，能と狂言，俳句と川柳との文化表現の優劣は，特定の国の公的機関によって一律に判断できるものではない，といえよう。浮世絵版画でいえることは，我が国よりは，諸外国の個人美術収集家や美術館で数多く所有されていることである。それは，当時の庶民に人気があった浮世絵版画の芸術性は，日本人が発見したのではなく，仏国などの他国の審美眼のある人によって見出されているといえる。

　世界遺産や無形文化遺産は，コンテンツ創造サイクルのコンテンツ創造の始原の一形態になる。無形文化遺産の構図は，科学でもいえる。

（3）　技術遺産

　遺産には，技術に関する科学技術遺産，機械遺産などとよばれるものがある。科学遺産は，国立科学博物館が認定する。機械遺産は，一般社団法人 日本機械学会によって登録されている。

①　未来技術遺産

　未来技術遺産は，国立科学博物館が定めた登録制度により保護される，先進技術による文化財の愛称で，正式名称は重要科学技術史資料になる。次世代に継承していく上で重要な意義を持つ資料および国民生活・社会・経済・文化のあり方に顕著な影響を与えた資料の保存と活用を図るのが狙いとして，過去に遡り，時代を画した技術製品が登録される。

　2008年10月9日に，第1回登録製品が制定され，以降，毎年一度選定されている。未来技術遺産に選定されると，その製品の所有者に登録証を交付し，同博物館のウェブ上で公開される。これまで「エンタテインメントロボット　AIBO ERS-110—家庭用として初めて事業化され販売されたエンタテインメントロボット—（製作年：1999年）」，「人工知能ロボット（ETLロボット　Mk1）—世界初の作業用ハンド・アイ・システム—（製作年：1970年）」，「八木・宇田アンテナ—世界最初の超短波アンテナ—（製作年：1930年）」などが登録されている。

②　機械遺産

　日本機械学会は，2007年6月から，我が国に存在する機械技術面で歴史的意義のある機械遺産を認定している。それは，歴史に残る機械技術関連遺産を保存し，文化的遺産として次世代に伝えることを目的とする。その分類は，歴史的景観を構成する機械遺産S（Site），機械を含む象徴的な建造物・構造物L（Landmark），保存・収集された機械C（Collection），歴史的意義のある機械関連文書類D（Documents）になる。これまで「東京帝国大学水力学及び水力機講義ノート（真野文二／井口在屋教授）」，「自働算盤（機械式卓上計算機）パテント・ヤズ・アリスモメートル」，「札幌市時計台の時計装置」，「からくり人形　弓曳き童子」などが登録されている。

　登録される未来技術遺産や機械遺産の中には，製作年からいって，特許権の保護期間にあるものが想定しうる。

　技術遺産は，発明創造サイクルの発明創造の始原の一形態になる。この傾向性は，イノベーションにもあてはまる。大企業でイノベーションが生まれ続けるわけではない。それは，ソニー，ホンダの創業やマイクロソフトやアップルの起業を見れば明らかである。

　上記の見方は，知的創造サイクルにおける知的創造の始原になる。

3.　生物多様性

　知的創造は，自然物を起点にし，そしてロケットやコクピットなどの

デザインは有機体を想起させる造形に依拠している[(2)]。生物の多様性に関する条約（Convention on Biological Diversity：CBD）は，略称が生物多様性条約（CBD）といい，生物の多様性が有する内在的な価値ならびに生物の多様性およびその構成要素が有する生態学上，遺伝上，社会上，経済上，科学上，教育上，文化上，レクリエーション上および芸術上の価値を意識する。CBDは，伝統的知識と遺伝資源を認識し，人類の口承および無形遺産に関して考慮する。

（1）　遺伝資源と人工物

　CBDは，生物の多様性の保全および持続可能な利用が食糧，保健その他増加する世界の人口の必要を満たすために決定的に重要であること，ならびにこの目的のために遺伝資源（genetic resources：GRs），技術の取得の機会の提供およびそれらの配分が不可欠であることを認識するとする。

　石油や石炭や金は鉱物資源として広く一般に認識されている。他方，生物資源とは主として製薬会社が薬の原料として使用する動物・植物・微生物をさす。「生物資源」には，現に利用されもしくは将来利用されることがある，または人類にとって現実のもしくは潜在的な価値を有する遺伝資源，生物またはその部分，個体群その他生態系の生物的な構成要素を含む。

　「遺伝資源」とは，現実のまたは潜在的な価値を有する遺伝素材をいい，「遺伝素材」は遺伝の機能的な単位を有する植物，動物，微生物その他に由来する素材をいう（CBD2条）。第10回生物多様性条約会議（COP10）で，遺伝資源が主要なテーマになっており，COP10では遺伝資源という言葉を使用している。

　各国は，自国の天然資源に対して主権的権利を有するものと認められ，遺伝資源の取得の機会につき定める権限は，当該遺伝資源が存する国の

（2）　Marshall McLuhan（井坂学訳）・機械の花嫁—産業社会のフォークロア（竹内書店新社，1991年）234～245頁。

政府に属し，その国の国内法令に従うとある（CBD15条1項）。締約国が提供する遺伝資源は，その遺伝資源の原産国である締約国またはこの条約の規定に従ってその遺伝資源を獲得した締約国が提供するものに限る（CBD15条3項）。そして，締約国は，他の締約国が提供する遺伝資源を基礎とする科学的研究について，その他の締約国の十分な参加を得て，および可能な場合にはその他の締約国において，これを準備し，実施するよう努力する，とある（CBD15条6項）。

　そのうえで，締約国は，遺伝資源の研究および開発の成果ならびに商業的利用その他の利用から生ずる利益を当該遺伝資源の提供国である締約国と公正かつ衡平に配分するため，資金供与の制度を通じ，適宜，立法上，行政上または政策上の措置をとるとし，その配分は相互に合意する条件で行うこと，としている（CBD15条6項）。

（2）　伝統的文化表現とコンテンツ

　伝統的文化表現（traditional cultural expressions：TCEs）またはフォークロアの表現（expressions of folklore）には，音楽，美術，デザイン，名称，符号および記号，性能，建築形態，手工芸品や物語がある。フォークロアの表現は，先住民の社会および地域社会の文化的，社会的アイデンティティにとって不可欠であり，それらのノウハウやスキルを体現し，核となる価値観や信念を伝承する。

　縄文時代は，巷間いわれていたような評価とは比べようもないほどに高度な文明を築いている。その縄文土器は我が国の伝統的文化表現といってよいものであり[3]，岡本太郎は縄文土器（土偶）という伝統から太陽の塔を創造している[4]（図2参照）。

　それらの保護が創造性の促進，強化された文化的多様性と文化遺産の保存に関連している。伝統的文化表現は，知的財産のいくつかの特定の法律や政策問題を提起している。

（3）　岡本太郎・日本の伝統（光文社，1956年）78〜101頁。
（4）　岡本・前掲注（3）57〜77頁。

　WTO の新ラウンド交渉では，新たな技術発展に対応した TRIPS 協定の見直しとともに，TRIPS 協定におけるフォークロア（民間伝承）および伝統的知識の保護が課題にあげられている。

ハート形土偶（個人蔵，画像提供：東京国立博物館，image：TNM Image Archives）

太陽の塔

図 2　縄文時代の造形物と近代芸術

（3）　伝統的知識と営業秘密

　CBD は，伝統的な生活様式を有する多くの先住民の社会および地域社会が生物資源に緊密にかつ伝統的に依存していること，ならびに生物の多様性の保全およびその構成要素の持続可能な利用に関して伝統的知識（traditional knowledge：TK），工夫および慣行の利用がもたらす利益を衡平に配分することが望ましいことを認識する。全く新しい新薬の分子構造はコンピュータによる合成で作り出すことが難しいので，画期的な新薬は先住民が太古より使用していた薬草類から発見されることが多い。

　WIPO の「知財と遺伝資源，伝統的知識及びフォークロアに関する政府間会合」（IGC）は，知的財産と遺伝資源に関する交渉において数多くの提案を一つのテキスト[5] に統合化している。

（5）　"Consolidated Document Relating to Intellectual Property and Genetic Resources", http://www.wipo.int/meetings/en/doc_details.jsp?doc_id =197964, （2019.10.31アクセス）

　多くのコミュニティは，伝統的文化表現，伝統的知識とそれらに関連した遺伝資源のための単一の統合された遺産の一部を形成する。生物多様性と知的財産との関係として，伝統的文化表現は同一性が保持された情報としてコンテンツ創造のもとになり，遺伝資源は同一性が保持された情報として人工物としての知的財産創造になり，伝統的知識は営業秘密の性質を含む同一性が保持された財産的情報となる。

4.　自然の権利

　自然環境を保護するために動物を原告とする自然の権利訴訟がある。例えば諫早湾の干拓事業に対する訴訟において，ムツゴロウを原告にする自然の権利訴訟に加えて，個人としての漁業者と沿岸在住の市民が原告となって，豊かな自然を享受できる権利は人格権の一内容とし，人格権を豊かな自然を享受できる環境権に近いものとしている。この訴訟の起源は，南カルフォルニア大学ロースクールのストーン教授の論文[6] と1972年4月19日のアメリカ連邦最高裁判所の判例[7] の中の少数意見として述べられたダグラス（Dauglas）裁判官の表明によっている。

　自然の権利訴訟と類似するものとして，自然人に認められるパブリシティ権[8] の自然人以外（競走馬）のパブリシティへ拡張する「物のパブリシティ」がある。自然の権利訴訟と同様に，物のパブリシティは認められるにいたっていない[9]。「サルの自撮り写真」の動物に著作権が認め

（6）　Christopher D. Stone, " Should Trees Have Standing? — Toward Legal Rights for Natural Objects ", 45 S. Cal. L. Rev. 450（1972）.
（7）　Sierra Club v. Morton, 405U.S.727, 31 L.Ed.2d 636.
（8）　パブリシティは生存する人物の肖像や氏名を利用するものをいい，パブリシティ権は自然人に認められる財産権である。人の氏名，肖像等を無断で使用する行為は，（1）氏名，肖像等それ自体を独立して鑑賞の対象となる商品等として使用し，（2）商品等の差別化を図る目的で氏名，肖像等を商品等に付し，（3）氏名，肖像等を商品等の広告として使用するなど，専ら氏名，肖像等の有する顧客吸引力の利用を目的とするといえる場合に，当該顧客吸引力を排他的に利用する権利（いわゆるパブリシティ権）を侵害するものとして，不法行為法上違法となる（最一判平24.2.2平21（受）2056号）。
（9）　最二判平16.2.13民集58巻2号311頁。

られるかどうかの裁判例がある。これは，インドネシアに生息する野生のサルが，写真家デービッド・ジョン・スレーター氏のカメラを使って「自撮り」した写真の著作権が争われた裁判の米国の控訴審である。米国の第9巡回連邦控訴裁は，サルの著作権を認めなかった一審判決[10]支持し，動物が原告となって著作権侵害訴訟を起こすことはできないと判示している[11]。連邦控訴裁が公表した意見書では，「動物には憲法上の地位はあっても法令上の地位はなく，「サルの自撮り」とよばれる写真に対する著作権侵害を主張することはできない」と指摘している。「動物の倫理的扱いを求める人々の会」（PETA）とスレーター氏の間では和解が成立し，スレーター氏はナルトの自撮り写真で得た収入の25％を，インドネシアのクロザルの生息地保護のために寄付することに同意している。

5.　遺産と知財制度との摩擦と調整

　世界遺産，無形文化遺産は，知財制度と直接に関連するものとはいえない。したがって，生物多様性の中の遺伝資源，伝統的文化表現，伝統的知識は，知的創造の始原として，知的制度と間接的に関わりをもちうる。そこに，知的創造の始原と知的財産権との摩擦が生じ，その調整が必要になる。

（1）生物多様性と知財制度との摩擦
　遺伝情報，伝統的知識，伝統的文化表現と知財制度との関係は，画期的な新薬の多くが先住民が太古より使用していた薬草類から発見されることに見出せる。例えば，がん細胞を劇的に死滅させるコンブレタスタチンという新薬がアフリカ南部に生息するブッシュウィローから作られ，独国の製薬会社が開発した風邪薬（ウンカロアボ）は原料が南アフリカ原産のペラルゴニウムという花の球根から作られている。また，サイモ

---

(10)　*Naruto, et al. v. Slater, et al.*, no. 15-CV-04324 (N.D. Cal. January 28, 2016).
(11)　*Naruto v. Slater*, No. 16-15469 (9th Cir. 2018).

ンとガーファンクル（Simon & Garfunkel）がアンデスのフォルクロー
レの代表的な曲「コンドルは飛んでいく（El Cóndor Pasa）」をカバー
し，メキシコの企業だけでなく仏国の高級ブランド「エルメス」がメキ
シコ先住民族（オトミ族）の刺繍を採用するケースなどに伝統的文化表
現と知財制度との摩擦が見られる。

　世界遺産，無形文化遺産および生物多様性などに関わる歴史的資料の
デジタルアーカイブ化による編集物は，それ自体が狭義の知財制度の枠
組みに関係する。そして，知的創造の始原となる遺伝資源，伝統的文化
表現，伝統的知識の保護（CBD 8 条（ j ））は，知財制度との連結点の
関係になる。実際，遺伝資源，伝統的文化表現，伝統的知識は，知財制
度との関係が明記されることもある(12)。世界遺産，無形文化遺産および
生物多様性などは知的創造の始原となる。それらデータ，情報，知識は，
知的創造の始原として，広義の知財制度の観点からいえば，知的創造サ
イクルを循環させる潤滑油になる。文化遺産等に関する登録の法的な効
果，法的な意味について，知財制度との関連づけが求められる。

　自然遺産や文化遺産そして複合遺産は，ある地域の自然と文化の中で
育まれる。その視聴覚で認識できる世界遺産はそのまま，または修復さ
れて保存されていく。それら世界遺産は，そこに暮らす人々の無形的な
記憶として伝承されていく対象になる。それらは，遺伝資源，伝統的文
化表現，伝統的知識の形で，営業秘密やノウハウとして伝承される過程
で，伝承された地域以外の人の目にとまったとき，知財制度との摩擦が
生ずることになる。その問題は，遺伝資源，伝統的文化表現，伝統的知
識が活用され営利性が生じてくると，その利益配分になる。

---

(12)　遺伝資源に関しては，法令に違反して遺伝資源を獲得し利用し，また当該遺
伝資源に依拠して完成された発明創造に対しては，特許権が付与されない（中国専
利法 5 条）。また，発明創造の完成が遺伝資源の獲得と利用によるものであるとき
は，出願人は，出願書類に当該遺伝資源の直接的由来と原始的由来を明示しなけれ
ばならない（同法26条）。韓国では，伝統文化の保護に関して強化している。

（2）生物多様性条約と知財制度との調和

　技術の取得の機会および移転に関しては，締約国は，技術にはバイオテクノロジーを含むことならびに締約国間の技術の取得の機会の提供および移転が，この条約の目的を達成するための不可欠の要素であることを認識し，生物の多様性の保全および持続可能な利用に関連のある技術または環境に著しい損害を与えることなく遺伝資源を利用する技術について，他の締約国に対する取得の機会の提供および移転をこの条の規定に従って行いまたはより円滑なものにすることを約束する（CBD16条1項）。開発途上国に対する技術の取得の機会の提供および移転については，公正で最も有利な条件の下に，必要な場合には資金供与の制度に従って，これらを行いまたはより円滑なものにするとされる（CBD16条2項）。特許権その他の知的財産権によって保護される技術の取得の機会の提供および移転については，その知的財産権の十分かつ有効な保護を承認しおよびそのような保護と両立する条件で行うこととする。このCBD16条2項の規定は，下記の規定と両立するように適用する関係にある。

　締約国は，遺伝資源を利用する技術（知的財産権によって保護される技術を含む。）について，その遺伝資源を提供する締約国，特に開発途上国が，相互に合意する条件で，その取得の機会を与えられおよび移転を受けられるようにするため，必要な場合には，国際法に従いならびにCBD16条4項および5項の規定と両立するような形で，適宜，立法上，行政上または政策上の措置をとるとする（CBD16条3項）。そして，締約国は，開発途上国の政府機関および民間部門の双方の利益のために自国の民間部門が技術の取得の機会の提供，共同開発および移転をより円滑なものにするよう，適宜，立法上，行政上または政策上の措置をとり，これに関し，CBD16条1項から3項までに規定する義務を遵守する（CBD16条4項）。また，締約国は，特許権その他の知的所有権がこの条約の実施に影響を及ぼす可能性があることを認識し，そのような知的財産権がこの条約の目的を助長しかつこれに反しないことを確保するため，国内法令および国際法に従って協力する（CBD16条5項）。

（3）先住民族の権利と知的財産権との調整

　先住民族の権利に関する国際連合宣言が国連総会第61会期（2007年9月13日）に採択されている。生物多様性（伝統的文化表現，遺伝資源，伝統的知識）と知的財産との摩擦の調整のひとつになる。先住民族の権利に関する国際連合宣言では，人権から環境権に及ぶ幅広く規定されている。先住民族の権利として，例えば集団および個人としての人権の享有，文化的伝統と慣習の権利，民族としての生存および発展の権利，土地や領域，資源に対する権利，土地や領域，資源の回復と補償を受ける権利，環境に対する権利などを規定する。先住民族の権利に関する国際連合宣言の第31条に「遺産に対する知的財産権」の規定がある。そこでは，先住民族は，人的・遺伝的資源，種子，薬，動物相・植物相の特性についての知識，口承伝統，文学，意匠，スポーツおよび伝統的競技，ならびに視覚芸術および舞台芸術を含む，自らの文化遺産および伝統的文化表現ならびに科学，技術，および文化的表現を保持し，管理し，保護し，発展させる権利を有すると規定する。先住民族はまた，このような文化遺産，伝統的知識，伝統的文化表現に関する自らの知的財産を保持し，管理し，保護し，発展させる権利を有するとする。また，国家は，先住民族と連携して，これらの権利の行使を承認しかつ保護するために効果的な措置をとることになる。

🔲 研究課題

1　知的創造の始原と世界遺産との関連をイメージして調査せよ。
2　遺伝資源・伝統的文化表現・伝統的知識と知的財産権との課題について考察せよ。
3　自然の権利と人権との関係について調査せよ。

3 | 知的創造

　知的創造は，オリジナリティが求められる。他方，そのオリジナリティは，模倣を伴うことがある。オリジナリティと模倣との関係は，芸術的創造の基点となる。また，ひらめきまたはサムシングニューイズムの見方は，科学的発見に見られる。本章は，芸術的創造と科学的発見との関連から知的創造について考える。

1．知的創造の保護

　貿易摩擦やデジタル環境が知財保護を促進する面を見せているが，その見方と逆の見解がある。ここで，認識しておかなければならないもう一つの面は，モノから記号へと消費構造がシステム化されてしまったという社会のシフト現象である[1] [2]。その現象とは新しいブランドと結びついた新製品が従来の形態との交換可能性を生じてくることをいい，それにともなって，時代遅れになってしまう特許権や著作権，色褪せてしまう商標と同様に，グッドウィルの形態も償却資産の意味しか有さないことになっているという面である[3]。

　そして，デジタル化・ネットワーク社会は，「著作権を考慮に入れる必要がなく，著作権という考え方は幾分馬鹿馬鹿しいと感じられる」と

（1）　Jugen Habermas（藤沢賢一郎他訳）・ポスト形而上学の思想（未来社，1990年）44，122，142，294頁。
（2）　Jean Baudrillard（今村仁司他訳）・消費社会の神話と構造（紀伊國屋書店，1979年）14頁。
（3）　Robert B. Reich（中谷巖訳）・ザ・ワーク・オブ・ネーションズ―21世紀資本主義のイメージ（ダイヤモンド社，1991年）143〜147頁。

いう見解がある[4]。著作権制度は，活版印刷術によっているといわれる。オング（Walter Jackson Ong）は，口頭伝承の時代の文化を一次的なオラリティとし，書くこと（筆写術）および印刷の時代の文化をリテラシーととらえ，エレクトロニクスの時代を二次的なオラリティと位置づけている[5]。リテラシーで著作権と著作者の概念が育まれて，二次的なオラリティでは一次的なオラリティに回帰して著作権と著作者の概念が消滅するという関係になる。それらの見解は，貿易摩擦やデジタル環境において，真正品に対する海賊版といった問題に反映されていよう。

　ところで，知財制度の中で，知的創造は，思想または感情を創作的に表現したもの，自然法則を利用した技術的思想の創作，物品の形状，模様もしくは色彩またはこれらの結合であって視覚を通じて美感を起こさせるもの，といった定義がある。しかし，それらは，知的創造された後のストックであって，知的創造のプロセスをいうものではない。知的創造の構造は，知財制度の中で明らかにされているわけではない。

　知的創造に対しては，発見・発明に対するインスピレーション，セレンディピティ，暗黙知といったとらえ方がある。他方で，知的創造でも，先人の肩に乗ってちょっと先を見通すことによるとの見方もある。そこには，知的創造の態様として，オリジナルなものと模倣の関係がある。知的創造は，芸術的創造と科学的発見に関係する。芸術的創造と科学的発見は，知的創造において共通する面がある。そして，知的創造は，知財制度との接点で，先取権と先使用権に求められる。それらは，知的創造サイクルの起点となって，知財制度で保護されていく。

2. 知的創造の態様

　知的創造には，オリジナリティが必要である。そのオリジナルなもの

（4）　Jay David Bolter（黒崎政男他訳）・ライティング　スペース—電子テキスト時代のエクリチュール（産業図書，1994年）48〜49頁。
（5）　Walter J Ong, *Orality and literacy : the technologizing of the word*（Methuen, 1982）pp.10-11.（桜井直文他訳・声の文化と文字の文化（藤原書店，1991年）31〜32頁）。

は無から生み出されることがあるかもしれない。しかし，一般的には，模倣を伴うことがある。そのオリジナリティと模倣との関係は，次のようにモデル化できよう。通時的には，一般に認識されているような直線的に進展していくのではなく，らせん的運動にたとえることができる[(6)]。ただし，らせん的運動が規則性を有するといっても，まったく同一のものに回帰するような周期性をもつものではなく，そこにはずれが存在する。それは，共時的には，入れ子になる。

（1）　オリジナリティ

知的財産権ではオリジナルが議論されるが，人がやっていないことすべてがオリジナリティ（originality）をもつことにはならない。オリジナリティが認められるためには，オリジナルかつ重要度が高いもので，より一般性のある法則の発見があることが前提になる[(7)]。この尺度は，著作物性の要件であり，特許発明を受けるための特許性（patentability）の要件である新規性（novel）・発明の進歩性（inventive step），すなわち自明のものでないもの（non-obvious）の判断規準になる。

オリジナリティの発現は，次のような三つのフェーズでとらえられよう。それは，既存のデータ・情報・知識をシリアルに記憶していく学習段階（第一フェーズ），その知識データベースをランダムにアクセスし検索できる関係段階（第二フェーズ），その知識ネットワークから自己再生産を繰り返す循環段階（第三フェーズ）よりなる。そして，自己再生産がオリジナリティの発現を意味する。模倣が批判的にいわれるのは，第一フェーズにとどまっているか，第二フェーズから第三フェーズへの転換がないとみなされるものに対しての社会的な評価に対応するものといえよう。

もし純粋にオリジナルなものがあるとすれば，引用する必要はない。科学理論の創作では先行研究との比較から，多くの引用や参考文献が表

（6）　Edmund Husserl（田島節夫他訳）・幾何学の起源（青土社，1992年）20頁。
（7）　立花隆＝利根川進・精神と物質—分子生物学はどこまで生命の謎を解けるか（文藝春秋，1993年）117頁。

記される[8]。引用による文献の表示は，先人により知的創造された物を合理的に集約していく[9]。そのとき，先人により知的創造された物へのアクセスの存在が伴う。創作時や公表時の前後とは別に，そのアクセスの有無が模倣とオリジナリティとの判断に関係する。

（2） 模　倣

　悪意のある模倣を禁止することは当然のことであるが，模倣は，筆写により芸術的創造を洗練させていく行為でもあり，科学技術を進展させる。特許発明の公開は，模倣の実践（ディコンピレーション，リバースエンジニアリング）によって技術の進歩を促進させる。我が国で模倣でくくられる言葉には，何段階かのフェーズがあり，そこには許容される模倣の形態がある[10]。模倣と創作的に表現される行為は，段階的に評価しうる。

① イミテーション

　アダム・スミスは，芸術論で芸術の本質はイミテーション（imitation）であることを説いている[11]。イミテーションは，浮世絵師が遠近法（パースペクティブ）の画法をまね，印象派画家が浮世絵の構造をモノマネしたように，芸術的創造を培っていくための常套手段といってよい。

　また，NHKで放映された番組の中で，大江光氏（大江健三郎氏の長男）がオリジナル曲を創作するプロセスが紹介されていたが，それを要

（8）　アインシュタインの特殊相対性理論の論文（"Zur Elektrodynamik bewegter Korper"（1905））には，引用や参考文献の記載がない。しかし，特殊相対性理論には，マッハの物理理論のアイディアがあったとされる。

（9）　John Ziman, *Prometheus Bound science in a dynamic steady state* (Cambridge University Press, 1994) p.180.

（10）　北川善太郎「知的財産と模倣—法的に許される模倣と許されない模倣」日経エレクトロニクス501号（1990年）79～84頁。

（11）　Adam Smith, "Of the Nature of that Imitation which takes place in what are called The Imitation Arts", W. P. D. Wightman, J. C. Bryce and I. S. Ross (ed.), *Essays on Philosophical Subjects* (Oxford University Press, 1980) p. 176.

約すれば，次のようになろう。創作は，既存の楽曲（データ・情報・知識）がシリアルに記憶され，その知識データベースがランダムにアクセスされるようになり，その知識ネットワークから自己再生産を繰り返す循環プロセスが形成されて，オリジナル曲が発現するようになる。芸術的な創作活動には，イミテーションが前提条件になる。

②　エミュレーション

　技術覇権（テクノヘゲモニー）を持たない国は，それを持っている国の科学技術を競争的に模倣する（エミュレーション（emulation））というモデルが提供されている[12]。当時の英国（パクス・ブリタニカ）と米国との関係および米国（パクス・アメリカーナ）と日本・中国・韓国との関係のように，複製可能技術の開発により模倣されていく歴史的事実を検証している。

　以前，我が国に対し批判が加えられ，今日，中国や韓国でいわれる基礎技術のただ乗り論の問題は，上のモデルにあてはめると技術史の文脈から理解することができよう。米国が惹起する知的財産権問題は，テクノヘゲモニーの観点からとらえると，技術的優位にあるコンピュータ・プログラムのエミュレーションに対する権利要求であり，特許権より保護期間の長い著作権で保護しようとした政策問題になる。また，半導体集積回路も，同様なとらえ方ができる。さらに，技術標準問題は，技術覇権の典型例といえよう。

③　コピー

　コピー（copy）の伝統的な概念としては，オリジナルなものに対し鋳型をとり，その鋳型を使って模倣したものを増やしていくことが想起される。そこには，潜在的に，模倣したものは，オリジナルなものと比べて，品質的に劣るということが含まれる。一方，オリジナルなものをそっくりそのままコピーしていくことは，上であげた品質の差異と劣化

---

(12)　薬師寺泰蔵・テクノヘゲモニー（中央公論社，1989年）11～13頁。

という欠点を含まない。前者はアナログ形式に対応し，後者はデジタル形式に該当し，それぞれ RNA（ribo nucleic acid：リボ核酸）および DNA（deoxyribonucleic acid：デオキシリボ核酸）のコピーの仕方と相合である。デジタル環境のコピー問題は，後者の概念によろう。

　独創的な数学者は創作する詩人に劣らず想像が活躍し，自然の模倣を目論むものは芸術と名づけられ，模倣に基づく知識（模倣度）は「絵画」，「彫刻」，「詞」，「音楽」の順にあげられる[13]。また，デジタル環境にあるコンテンツの認識は，次の模倣形態で表象できる。コンテンツは書籍のエミュレーションであり，その表現形式はイミテーション，そして権利関係はコピーにある。その態様は，編集のエディット（edit），コンパイル（compile），スプライシング（splicing）に対応しよう。そして，知的創造の態様は，オリジナルなものが模倣によって派生物（derivative works）となり，その派生物は新たなオリジナルなものに取り込まれていくらせん運動で表象しうる。

3.　芸術的創造と科学的発見

　芸術においては，許されうる模倣により新たな創作がなされる。科学研究は，新たな発見が契機になり技術開発に結びつく。それら芸術的創造と科学的発見との間には，共通性が見出せる。

（1）　芸術的創造

　芸術においても，モーツァルトは，曲は頭の中に，ある完成されたかたちをもっており，ただ単にそのかたちを譜面に書き写していったという。他方，ベートーヴェンは，作曲をするとき，譜面を何度も書き直しながら，完成させたという。なお，ベートーヴェン以降，音楽が作曲家個人のオリジナリティと関連づけていわれるようになる。また，ショウペンハウアーは，創造性のためには読書をしないことを説いている[14]。

---

(13)　Diderot et d'Alembert（桑原武夫訳編）百科全書　序論および代表項目（岩波書店，1971年）54〜57頁，72頁。

歌川広重「亀戸梅屋舗」　　　　ゴッホ美術館にある歌川広重「亀戸
（ユニフォトプレス）　　　　　梅屋舗」の模写　　（ユニフォトプレス）

図1　浮世絵とその模倣の例

　そして，スティーブ・ジョブズは，「優れた芸術家はまねし，偉大な
芸術家は盗む」とピカソはいったといい，だからすごいと思ってきたの
で，さまざまなアイディアをいつも盗んできたとさえいう。それは，オ
ランダのゴッホ美術館の浮世絵と印象派との間の関係[15] に見られると
もいえよう（図1参照）。浮世絵の模倣は，その後のゴッホの絵画の持
つ色彩感を大きく変化させている。その逆のキャッチボールは，遠近法
が日本画へ影響した点に見られる。対称形の遠近法による絵画が視点を
固定して鑑賞するのに対して，対称形とはいえない大和絵は視点を移動
して鑑賞する。そして，その大和絵の技法は，テレビゲームの横スクロ
ールに活かされている。また，有田焼柿右衛門とマイセンとの関係は，
李三平と有田焼との関係と同様である。
　ところで，パロディは，他人の著作物の中で表現されている思想（ア

---

(14)　Arthur Schopenhauer（斎藤忍随訳・著作と文体（岩波書店，1960年），斎
藤忍随訳・読書について　他二篇（岩波書店，1960年），細谷貞雄訳・知性につい
て　他四篇（岩波書店，1961年）。
(15)　芸術的創造の継受は，古伊万里とマイセンにも見られる。

イディア）自体を他人の表現から抽出し，それを自分の著作物に取り入れ自分の言葉で表現するかぎり，著作権侵害にはあたらない。「諷刺が，代数のように，抽象的な不定の価値の操作に当てるべきものであり，具体的な価値，あるいは定量の操作に当てるべきものではない」[16] といわれるのとは違いがある。それは，ロマン派がパロディ形式を寄生的なものとしたのは，おそらく文学を個人の所有しうる商品に変えてしまった資本主義倫理の発展を反映していることからいえる[17]。パロディの歴史的先祖は古典やルネサンスにあった模倣という習慣であるが，パロディは，模倣よりももとのテクストや約束事との差異や距離をより強調する再コード化であり，自己言及の技巧の一つである[18]。パロディは，我が国で見られる諷刺やもじりとは異なり，芸術として認知されるものである[19]。

　ジョイスの『ユリシーズ』がホメロスの『オデッセイヤ』のパロディであり，『ウェストサイド・ストーリー』がシェークスピアの『ロミオとジュリエット』，『スター・ウォーズ』が『オズの魔法使い』，手塚治虫の『ジャングル大帝』がウォルト・ディズニーの『バンビ』というように，その芸術性において前者は後者に引けを取ってはいない。絵画や音楽の世界においても，もともとある素材をそれと認めて作り直す点からいって，嘲笑的な意図はなく，この状況に差異はない。芸術的な模倣では，オリジナルなものに対するリスペクトまたオマージュがある。オリジナルなものを模倣し，パロディ化すること自体は，科学技術の発展や，芸術性を有するものとみなすことができる。さらに，それらの行為を高めていくと，そこからまた新たな知的創造が発現されることになる。

(16)　Arthur Schopenhauer（斎藤忍随訳）・著作と文体（岩波書店，1960年）40頁。
(17)　Linda Huchon, A（辻麻子訳）・パロディの理論（未来社，1993年）13頁。
(18)　Huchon（辻訳）・前掲注（17）16，22，196，229頁。
(19)　Campbell v. Acuff-Rose Music, Inc., 114 S.Ct. 1164 (1994).

（2）　科学的発見

　発明・発見において，次のような見方がある。科学的発見は，先人の業績の肩に乗った分，ほんのちょっと遠くまで展望できただけといった表現でいわれる[20]。科学の歴史は「巨人の肩の上にのる（*nani gigantum umeris insidentes*）」という言葉で表現できる。アインシュタインは，ニュートンの言葉「私がデカルトより遠くのほうが見えたのは，巨人たちの肩に乗せてもらったからである。」を引用して述べている。そして，学問と同様に，大部分の技術はほんのちょっとだけ発明されてきたものにすぎない[21]。すなわち，オリジナルなものは，先人のオリジナルなものと階層関係にある。また，多重発見は，単に両者に差があるにも拘らず，語義的な重なり合いの部分があって，それを一組の一致しあう考えへと変形することが可能であるにすぎない[22]。発見・発明は，社会環境との相関関係をもつ。

　コンピュータ・ソフトウェアは，ハッカーのような一人の天才によってあたかも瞬間的にプログラミングされてしまうこともあろうし，いろいろなモジュールを組み合わせたアンサンブルとしてシステム設計されることもある。例えば準結晶（quasicrystal）の発見以前は，現実世界には対称性のある結晶とランダムなアモルファスの二つの状態の個体物質しか確認されていなかった。そこに，第三の高い規則性のある個体物質として発見されたのが準結晶である。その発見は，ダニエル・シェヒトマンによりなされたものであるが，すでにロジャー・ペンローズの数学理論により導き出されたモザイクと共通するものであった（図2参照）。しかも，そのモザイクは，ギリーとよばれる中世イスラム建築の幾何学模様であり，白黒のサッカーボールの網目模様としてすでに存在するものであった。それらの関係は合理的な説明はできないが，今日の

---

(20)　Werner Heisenberg（山崎和夫訳）・科学における伝統（みすず書房，1978年）1～20頁。

(21)　Diderot et d'Alembert（桑原訳編）・前掲注（13）61頁。

(22)　Gunther S. Stent（長野敬訳）「科学的発見と芸術的創造」日経サイエンス3巻2号（1973年）93頁。

近代科学の発展のルーツまたは背景には占星術や錬金術が関係していたように，科学的発見に対して何らかの相互作用は否定できないだろう。

　ところで，発明と発見に関して，探してないものを見つけだす方法を意味するセレンディピティ（serendipity）[23] や観念の多くの組合せから有用なものを見つけだすインスピレーション[24]，あるいは経験を能動的に形成し統合することによって可能となる暗黙知（tacit knowledge）[25] で説明する見方がある。すなわち，知的創造は，セレンディピティ，インスピレーション，暗黙知といった天才的な人物のひらめきを契機とするものと，先人の知識にちょっと付加したというサムシングニューイズムという見方が共存する。

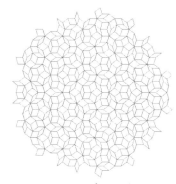

アルミニウム・パラジウム・マンガン（Al-Pd-Mn）合金の準結晶の原子配列[26]　　　ペンローズ・タイル

図2　科学的発見の例

　ノーベル医学・生理学賞を受賞した山中伸弥教授の iPS 細胞に関する

(23)　Norbert Wiener（鎮目恭夫訳）・発明　アイディアをいかに育てるか（みすず書房，1994年）42～45頁。

(24)　Jacques Hadamard（伏見康治他訳）・数学における発明の心理（みすず書房，1990年）40～43頁。

(25)　Michael Polanyi（佐藤敬三訳）・暗黙知の次元　言語から非言語へ（紀伊國屋書店，1980年）17～18頁。

発見は，英国のケンブリッジ大学のジョン・ガードン教授のオタマジャクシによる理論に依拠する。また，iPS細胞に関する発見は，共同研究者の高橋和利講師のアイディアと一緒に研究している200名余りの協力者によっている。その科学的発見は，ノーベル賞の受賞者3名に限定されるものではない。ところで，ノーベル化学賞の受賞者の白川英樹博士と田中耕一博士および吉野彰博士は，実験の失敗が新物質の発見につながったといい，失敗しないと成功はないと述べている。それは多数の失敗の中の想定外の失敗によるものであるが，その失敗に対してインスピレーションが関与しうる。

　科学的考え方によれば，どの法則も不完全で暫定的な表現に過ぎず，別の法則によって置き換えられなければならず，不変の法則とは生の事実の間の関係であり，そこから普遍的調和が生まれる[27]。1964年に，素粒子の「質量の起源」を説明する電弱理論における対称性の破れ（ノーベル物理学賞を受賞した南部陽一郎氏の対称性の自発的破れが原型）の理論が提出された。この仮説を裏づけるヒッグス粒子の発見は素粒子物理学の大きな課題となっており，スイスの大型ハドロン衝突型加速器を用いて陽子どうしを衝突させ，ヒッグス粒子を検出する計画が進められてきた。2012年には，欧州原子核研究機構（CERN）がヒッグス粒子ではないかと見られる物質を発見したことを発表するに至っている[28]。もしヒッグス粒子の発見がなければ，フィクションといえないこともないが，科学の発展につながるといえないこともない。さらに，メンデルの

---

(26)　準結晶（Al-Pd-Mn 合金）の原子配列の写真は，論文（Copyright(C) P.A. Thiel, B. Unal, C. Jenks, A. Goldman, P. Canfield, T. Lograsso, J.W. Evans, M. Quiquandon, D. Gratias, and M. Van Hove, "A distinctive feature of the surface structure of quasicrystals : Intrinsic and extrinsic heterogeneity" Israel Journal of Chemistry, by John Wiley and Sons Arranged through Japan UNI Agency, Inc. 51 (2011) pp.1326-1339) の Fig.9の転載による。

(27)　Henri Poincaré（吉田洋一訳）・科学の価値（岩波書店，1977年）264，259，283頁。

(28)　2013年のノーベル物理学賞をヒッグス粒子の存在を理論的に予言したエディンバラ大学名誉教授のピーター・ヒッグスと，ブリュッセル自由大学名誉教授のフランソワ・エングレールに授与されている。

法則は，データ捏造から導かれ，後日，立証されたともいわれる。

　いずれにしても，科学的発見の論証は，演繹（deduction），帰納（induction），アブダクション（abduction）によらなければならない。人間の探求過程は，未知の問題（驚くべき事実）に遭遇した人間が，その問題を説明する仮説を発見し（アブダクション），そして導き出される合理的な帰納を推論し（演繹），そして導出される帰結を検証する（帰納）ことにより形成されるとの見方がある[29]。そうすると，知的創造は，与えられた不完全なデータや情報から，失われた意味を再発見していく過程ということができる。さらに，それらは，21世紀に新しい科学理論が誕生しない限り，20世紀の科学理論である一般相対性理論（特殊相対性理論），不確定性原理，不完全性定理によらなければならない。相対性理論（theory of relativity）は，ユークリッド幾何ではなく，非ユークリッド幾何で理解されるものであり，real part（実数）だけでなく real part（実数）＋ imaginary part（虚数）で理解するものになる。不確定性原理（uncertainty principle）は，光が粒子か波かではなく，粒子でも波でもあるとするものであり，0か1かではなく0でも1でもあるとする。不完全性定理は，完全無欠に見える数学理論の中にも，「真とも偽とも決められない命題」，「証明も反証もできない命題」が含まれている（第1不完全性原理），数学理論が「自らの理論体系は完璧に正しい」と証明することは不可能（第2不完全性原理）になる。さらに，そこには，知的創造を受容する社会環境も，用意されていなければならない。

（3）　芸術的創造と科学的発見との共通性

　レオナルド・ダ・ヴィンチは，芸術家であり，今日の科学者または発明家ともいえる。ヨハン・ヴォルフガング・フォン・ゲーテも，小説家といえるし，ニュートンの色彩論を批判してゲーテの色彩論を展開した

---

(29)　Charles Hartshorne and Paul Weiss（eds）（内田種臣編訳）・パース著作集2　記号学（勁草書房，1986年）24-27頁，Charles Hartshorne and Paul Weiss（eds）（遠藤弘編訳）・パース著作集3　形而上学（勁草書房，1986年）158〜162頁。

科学者ともいえる。知的創造する者に，芸術的創造と科学的発見とを兼ね備えた人物がいる。そして，芸術的創造と科学的発見とは一見異質とみられているが，実際は多くの共通性をもつという見方がある[30]。そこには，相対性理論と不確定性原理にキュビスムとシュールレアリスムを対照させながら，メディア論を展開しているように読める。

この点に芸術と科学技術との関連が見られる。芸術家と科学者のどちらの場合でも，創造的行為という意味は，世界について意味のある新しい表明を作ることであり，「私たちの文化遺産」とよばれることのある蓄積資本につけ加えを行うことである[31]。

サイバネティクス[32]は，科学技術や人文・社会科学に広く用いられている概念である。川野洋によれば，このサイバネティクスという方法論を，ノーバート・ウィーナーは芸術分野に適用することを最終目標にしていたという。ここで，芸術的創造のプロセスとは，人工知能（artificial intelligence：AI），人工生命（artificial life：ALife）の研究領域に関連するものであり，コンピュータ・シミュレーションでは解析されない生物の行動を予測する概念にたとえられる。機械による芸術的創造システムの理論化の可能性についてサイバネティクスを用い，科学と芸術とはシミュレーションとシンセシスという方法論の関係でとらえられている[33]。この観点は，AI 創造物へ転用できるかもしれない。

上で述べてきたことを知財制度のカテゴリーで書き換えてみると，芸術的創造とは著作物を発現する知的な資源となり，科学的発見は発明（discovery, invention）へ導く。コンピュータによる数値シミュレーションを取り込んだ計算力学，計算物理，計算化学という学問領域が科学技術分野を内的に脱構築しているといわれる[34]。これは，コンピュ

---

(30)　Marshall McLuhan（井坂学訳）・機械の花嫁—産業社会のフォークロア（竹内書店新社，1991年）13〜15頁。

(31)　Stent（長野訳）・前掲注（22）84〜95頁。

(32)　Norbert Wiener（鎮目恭夫他訳）・人間機械論—人間の人間的な利用［第2版］（みすず書房，1979年）。

(33)　M. J. Rosenberg, *The Cybernetics of Art : Reason and The Rainbow* (Gordon and Breach Science Publishers, 1983) pp. 33-34, pp. 180-181.

ータのデジタル技術の開発・普及により可能となった学問分野である。特許法でいう自然法則の伝統的な解釈は，理論物理と実験物理との相関関係により把握されたものといえる。計算物理は，そのエートス（イソス）である思考実験（thought experiment）を延長する機能を有する位置づけとなる[35]。自然法則の許容範囲は，コンピュータとその関連技術が対象となり，AI や IoT の第四次産業革命がいわれる現在，計算物理も加えたジオラマ（georama）により理解していくことに合理性があろう。

4. 先取権と先使用権

　芸術的創造と科学的発見がなされたとき，それらは知的創造として知財制度と接点をもつ。それは，著作者の権利や発明者の権利となる。著作者の権利は著作権制度で保護されるが，発明者の権利は産業財産権制度で直接に保護されるわけではない。知的創造の保護は，本来，先になされるものが優先される。しかし，知財制度の仕組みとの関係で，必ずしも先になされる知的創造の保護が優先されるとは限らない。

　それは，知的財産権の発生に関する無方式主義か方式主義，その方式主義の中の先願主義か先発明主義かの違いから生じる。ただし，先になされる知的創造は，先使用権また先取権によって一定の保護がなされる対象になりうる。

（1）　先取権

　科学的発見をした者には，先取権（priority right）がある。それは，高度な研究業績に与えられる科学者の名誉としての証しで，エポニミー（eponymy）として認識されるものである[36]。発明は一人の天才から生

---

(34)　有馬朗人＝金田康正＝村上周三共編・アドバンスト・コンピューティング―21世紀の科学技術基盤（培風館，1992年）55～210頁。
(35)　一般相対論と量子論を統一する量子重力理論という物理学の先端領域では，実験や観測が有効なものとはみなされない（Stephen W. Hawking, *The Chronology Protection Conjecture* (1991)）。

まれるというよりは，膨大な人々の創造的営みの連鎖と，それを後押しする時代精神から生まれるというとらえ方ができ，そのとらえ方には先取権も同様な見方ができる[37]。

　科学は，科学者の倫理をも逸脱する常に激しい先取権の競争を伴う。例えば，ワトソンとクリックの二重らせん構造の発見は，無邪気で危険な科学者達のさながらスパイ合戦のシーンを彷彿とさせる説明が展開されている[38]。そしてエイズウイルス（HIV）の発見論争とウイルス抗体の検査法の特許に関する係争も，その典型的な例を与えている。また，プリゴジンがノーベル賞を受賞した散逸構造理論の先駆的な業績をチューリングとの意見交換があるとされていながら，その事実を無視したかたちで謝辞を述べるにとどめている[39]。このような科学者の倫理が問われる行動は，偉大な科学的発見が，特にノーベル賞のような大きな賞と名誉を勝ち取ることと深く関わっている。先取権は，科学的発見に関する学術論文の公表および特許出願に関連する。それは，知的創造としての著作物と発明に関する始原となるからである。

　先取権は，科学的発見をした者の知的創造の精神的価値と物質的価値になる。科学的発見をした者の中には，「鈴木・宮浦カップリング」を発見しノーベル化学賞を受賞した鈴木章（北海道大学名誉教授）のように，それに対して特許出願することなく，エポニミーとしての人格的価値にとどめることがある。

---

(36)　多くの言説が著作者の意味や有効性とは関係なしに通過し，匿名という性格において伝えられる（ただし，この関係は，科学的言説において17世紀以来妥当するものであり，文学上の言説の秩序とは逆になっている）（Michel Foucault（中村雄二郎訳）・言語表現の秩序（河出書房新社，1981年）28〜29頁）。
(37)　John H. Lienhard（中島由恵訳）・発明はいかに始まるか―創造と時代精神―（新曜社，2008年）15〜30頁。
(38)　James D. Watson（江上不二夫＝中村桂子訳）・二重らせん』（講談社，1986年）66頁
(39)　Justin Leiber（今井邦彦訳）・認知科学への招待　チューリングとウィトゲンシュタインを道しるべに（新曜社，1994年）286〜287頁。

（2） 先使用権

　知的創造がなされたとき，それらを知財制度との関連を持たせずに実施し利用する行為がなされることがある。それらの行為は，知的財産権，特に方式主義をとる産業財産権と直接に関連するものとはならない。産業財産権制度は，米国が先発明主義から先願主義に変更したことにより，先に出願した者に産業財産権が付与される。

　米国がとっていた先発明主義には，いわゆるサブマリン特許という弊害がある。その例としては，世界的に売り上げが好調であったミノルタの一眼レフカメラの一眼レフの技術に対して，いきなり特許権侵害の訴訟が起こされることが挙げられる。先発明主義に対して，先願主義は，法的安定性があるとされる。

　ところが，先願主義の立場を徹底すると，先願者の特許出願前に，同一内容の発明を完成させ，それを実施したり，その実施事業の準備をしたりしていた者に対して，公平に反する等の結果となりうる[40]。その者への対応としては，先使用権として，産業財産権制度の枠内で一定の範囲で保護されうる。先使用権者は，特許権を付与された特許権者に対して，無償の通常実施権が得られる。この関係は，商標や植物の新品種に関しても認められる。先使用権の立証のために，技術関連書類（研究ノート，技術成果報告書，設計書・仕様書），事業関係書類の資料等が必要になる[41]。なお，先使用権は，諸外国とのノウハウとの関連で訴訟問題となる[42]。

5. 知的創造とそれに準じる行為

　著作権法の保護の対象は，著作物と実演・レコード・放送・有線放送になる。著作権法は，著作物とそれを伝達する行為を保護する。そして，産業財産権法の特許法と実用新案法および意匠法は創作法とよばれるこ

---

(40)　特許庁・先使用権制度の円滑な活用に向け─戦略的なノウハウ管理のために（2006年）7頁。

(41)　特許庁・前掲注（40）36～51頁。

(42)　市橋智峰＝加藤真司「中国の使用権」パテント65巻9号（2012年）20～30頁。

とがあり，商標法は標識法とよばれる。著作権法の保護の対象の関係を産業財産権法の保護の対象に適用すると，創作に関する発明，考案，意匠の創作と，商標（登録商標）を付して商品と役務（サービス）を伝達する行為になる。また，種苗法と地理的表示法は，植物の新品種の創作と農林水産物等の名称を地理的表示とあわせた登録標章を農林水産物等に付して伝達する行為といえる。

　産業財産権制度は，特許法等の創作法と商標法の標識法との間に，コンテンツ創造とそれを伝達する行為に類似する関係が見出せる。農水知財制度は，産業財産権制度と対応関係にある。それら著作権制度と産業財産権制度および農水知財制度の保護の対象は，知財制度の中に知的創造とそれに準じる行為の関係が見出せる。

　ところで，知的財産推進計画において，これまでの知財戦略である知的創造サイクルを指向するものから，2030年頃を見据えた知財戦略として価値デザイン社会の実現へ展開している[43]。知的創造サイクルとは，「大学等の活用を通じた知財の創造」，「知財の保護強化」，「技術移転，知財流通を通じた知財の活用」の好循環になる。価値デザイン社会の実現とは，適切な権利保護により，創作活動を促し，利益を上げて，国富・経済的価値を増大することから，「脱平均」の発想で個々の主体を強化し，チャレンジを促し，分散した多様な個性の「融合」を通じた新結合を加速し，「共感」を通じて価値が実現しやすい環境を作ることを指向する。そして，新たな社会Society5.0は，サイバー空間（仮想空間）とフィジカル空間（現実空間）を高度に融合させたシステムをいう。なお，Society5.0以前の社会は，Society1.0が狩猟，Society2.0は農耕，Society3.0は工業，Society4.0が情報になる。サイバー空間（仮想空間）とフィジカル空間（現実空間）を高度に融合させたシステムにおいて，知的創造とそれに準じる行為とは融合し，知的創造サイクルと価値デザイン社会の実現とは表裏一体となってこよう。

---

(43)　「知的財産推進計画2019」，https://www.kantei.go.jp/jp/singi/titeki2/kettei/chizaikeikaku20190621.pd，（2019.10.31アクセス）

　知財制度は，知的創造だけでなく，知的創造に準じる行為も保護している。無体物である知的財産は，それを有形的な媒体またはそれを擬制して準創作物として流通し利用される。そのとき，知的創造の客体と主体および知的創造に準ずる行為の客体と主体との関係が明らかにされなければならない。

🔲 **研究課題**────────────────────────────────

　　1　オリジナリティと模倣との関係について考察せよ。
　　2　科学的発見と芸術的創造との関係について考察せよ。
　　3　先取権と先使用権について考察せよ。

4 | 知的創造とそれに準じる行為の客体 —創作物と準創作物—

　知財制度は，知的創造とそれに準じる行為を保護の対象とする。その保護の対象は，著作権制度における著作物とそれを伝達する行為になり，産業財産権制度における発明と商標の使用，農水知財制度における植物の新品種と標章の使用になる。本章は，知的財産権法の客体について考える。

1. 知的創造とそれに準じる行為の客体

　知財制度は，著作権制度，産業財産権制度，そして農水知財制度からなる。それらに不正競争防止法が関与する構造を有する。また，知財制度は，知的創造とそれに準じる行為を保護の対象とする。それらは，創作物と準創作物との関係になる。

（1）　知的創造の客体

　知財制度は，知的創造の客体を知的財産として保護する。知的財産とは，発明，考案，植物の新品種，意匠，著作物その他の人間の創造的活動により生み出されるもの[1]，および営業秘密その他の事業活動に有用な技術上または営業上の情報と定義される（知的財産基本法2条1項）。それら知的財産は，知財制度の各法律で保護される。

　著作権制度における知的創造の客体は，著作物になる。産業財産権法制における知的創造の客体は，発明，考案，意匠の創作になる。そして，農水知財制度における知的創造の客体が植物の新品種であり，その他に

（1）　人間の創造的活動により生み出されるものには，発見または解明がされた自然の法則または現象であって，産業上の利用可能性があるものが含まれる。

半導体集積回路の回路配置があり，さらにそれらを包含する営業秘密が関わり合っている。

（2）　知的創造に準じる行為の客体

　知財制度は，知的創造に準ずる行為も保護の対象にしている。知的財産基本法2条1項の知的財産の定義では著作物となっているが，著作権法と著作権等管理事業法では実演，レコード，放送，有線放送も保護される対象になる。また，知的財産の定義に，商標，商号その他事業活動に用いられる商品または役務を表示するものがある（知的財産基本法2条1項）。著作物の伝達行為である実演，レコード，放送，有線放送ならびに商標等を商品・役務に付する行為は，知的創造というより，知的創造に準ずる行為になる。

　知的財産は，無体物である。著作権制度における知的創造に準ずる行為の客体の著作物の伝達行為は，無体物である著作物を有形的媒体に固定して伝達する行為といえる[2]。産業財産権法における知的創造に準ずる行為の客体として，著作物の伝達行為と同じような発明と考案および意匠の創作を伝達する行為は見出しえない。ただし，逆説的には，無体物としての発明と考案および意匠の創作が装置や物体との不可分性[3]に見出すことができる。

　また，産業財産権法の中にあって，トレードマーク・サービスマークと商品・役務は，一体化して伝達される商標等の使用に著作物の伝達行為と同じ機能が見られる。無体物としての発明と考案および意匠の創作は，商品・役務として伝達されることが想定できる。また，地理的表示は，商標・標章と農林水産物や加工品とが一体化して伝達される。

（2）　有形的な媒体への固定を保護の要件とする米国連邦著作権法は，著作物の伝達行為という概念を含まないが，デジタル環境では著作物の伝達行為が擬制される。
（3）　ネットワーク型特許のプログラムやグラフィカルユーザインタフェース（GUI）など発明と意匠には，装置や物品との不可分性にゆらぎが見られる。発明と意匠の創作は，著作物と同様に，無体物であることからいえば，装置や物品との不可分性と著作物の伝達行為とは，対応の関係にある。

2．著作物と著作物の伝達行為

　著作権制度における著作物と著作物の伝達行為は，文化の発展に寄与する著作物と実演，レコード，放送と有線放送が知的創造の客体の客体になる（著作権法 1 条，著作権等管理事業法 1 条）。著作物に創作性が認められ，著作物の伝達行為には準創作性が擬制される。

（1）　著作物

　著作物とは，思想または感情を創作的に表現したものであって，文芸，学術，美術または音楽の範囲に属するものである（著作権法 2 条 1 項 1 号）。著作物には，言語[4]，舞踊または無言劇，音楽，美術[5]，映画[6]，写真[7]，プログラム[8]が例示される（著作権法10条 1 項，12条の 2 第 1 項）。言語の著作物は，小説，脚本，論文，講演などからなり，まだ定義されるまえのコンピュータ・プログラムにも，暫定的に適用されている[9]。美術の著作物は，絵画，版画，彫刻などからなる。図形の著作物は，地図または学術的な性質を有する図面，図表，模型などになる。プログラムの著作物の保護は，その著作物を作成するために用いるプログラム言語（プログラムを表現する手段としての文字その他の記号およびその体系），規約（特定のプログラムにおける前号のプログラム言語の用法についての特別の約束）および解法（プログラムにおける電子計算機に対する指令の組合せの方法）に及ばない。

（4）　事実の伝達にすぎない雑報および時事の報道は，言語の著作物に該当しない。
（5）　美術の著作物には，美術工芸品を含む。
（6）　映画の著作物は，映画の効果に類似する視覚的または視聴覚的効果を生じさせる方法で表現され，かつ物に固定されている著作物を含む。
（7）　写真の著作物には，写真の製作方法に類似する方法を用いて表現される著作物を含む。
（8）　プログラムは，コンピュータを機能させて一の結果を得ることができるようにこれに対する指令を組み合わせて表現したものをいう。
（9）　コンピュータ・プログラムは，ベルヌ条約 2 条に定める文学的著作物（literary works）として保護される（WCT 4 条）。

①　共同著作物

　著作物は，一人で創作的に表現されるというよりも，複数人や組織によって著作される。共同著作物は，二人以上の者が共同して創作した著作物であって，その各人の寄与を分離して個別的に利用することができない共有物である（著作権法2条1項12号）。共同著作物として，学術論文がある[(10)]。

②　著作物の派生物

　著作物の派生物として，二次的著作物[(11)]（著作権法11条），編集著作物（同法12条）・データベース[(12)]の著作物（同法12条の2）がある。二次的著作物は，原著作物を含む構造をもつ。編集著作物（データベースの著作物）は，部分的な著作物を含む構造をもつ。編集著作物は，データベースの著作物を含まない。編集著作物はアナログ形式であり，データベースの著作物はデジタル形式になる[(13)]。

③　映画の著作物

　映画の著作物は，その映画の著作物において翻案され，または複製された小説，脚本，音楽その他の著作物を除き，その映画の著作物の全体

---

(10)　学術論文は，公表された著作物の引用等によりなる。それから導き出せることは，たとえ一人による著作物であっても，そこには第三者の著作物が含まれていることになる。

(11)　二次的著作物は，著作物を翻訳し，編曲し，変形し，脚色し，映画化し，その他翻案することにより創作した著作物をいう。例えば放送大学のゆるキャラ「まなぴー」は，永井一正氏（日本デザインセンター）の著作物になる放送大学の校章を含む二次的著作物になる。

(12)　データベースは，論文，数値，図形その他の情報の集合物であり，それらの情報をコンピュータを機能させて一の結果を得ることができるように，これに対する指令を組み合わせて表現したものを用いて検索することができるように，体系的に構成したものをいう。

(13)　著作物が無体物からいえば，アナログ形式とデジタル形式との区分けは不要なはずである。データの編集物（データベース）は，その形式のいかんを問わず，著作物として保護される（WCT 5条）。

的形成に創作的に寄与する制作，監督，演出，撮影，美術等により形成される著作物の合有物になる（著作権法16条）。なお，映画の著作物には，実演が含まれる。

　共同著作物，二次的著作物，編集著作物（データベースの著作物）および映画の著作物は，著作物の構造において違いがある。共同著作物は一体不可分となり分けえないのに対して，二次的著作物と編集著作物（データベースの著作物）は全体と部分で分けられる。そして，映画の著作物は，制作，監督，演出，撮影，美術等を担当してその映画の著作物の全体的形成に創作的に寄与した著作物に，小説，脚本，音楽その他の著作物が内包される。映画の著作物は，原著作物の構造と二次的著作物の構造，編集著作物（データベースの著作物）に類似する構造を呈する。

④　保護される著作物

　日本国民の著作物，最初に国内において発行された著作物，その他の条約により我が国が保護の義務を負う著作物は，著作権法により保護される（著作権法6条）。日本国民には，我が国の法令に基づいて設立された法人および国内に主たる事務所を有する法人を含む。また，保護を受ける著作物には，最初に国外において発行されたが，その発行の日から30日以内に国内において発行されたものを含む。ここで，発行とは，著作物の性質に応じ公衆の要求を満たすことができる相当程度の部数の複製物が頒布[14]された場合において，発行されたものとする（同法3条1項）。二次的著作物である翻訳物が公衆の要求を満たすことができる相当程度の部数が作成され，頒布された場合には，その原著作物は，

---

(14)　頒布とは，有償であるかまたは無償であるかを問わず，複製物を公衆に譲渡し，または貸与（いずれの名義または方法をもってするかを問わず，これと同様の使用の権原を取得させる行為を含む）することをいい，映画の著作物または映画の著作物において複製されている著作物にあっては，これらの著作物を公衆に提示することを目的として当該映画の著作物の複製物を譲渡し，または貸与することを含む。

発行されたものとみなされる（著作権法3条2項）。なお，発行された著作物は，著作物が有形的な媒体に固定された複製物であり，それが発行物（出版物）として伝達される行為に対する保護を指している。著作物の保護が有形的な媒体に固定されることが求められ，著作物の伝達行為という概念を有しない米国のとらえ方と同一性がある。著作物の発行と著作物の公表は，著作物の伝達行為と密接に関連する。

　なお，憲法その他の法令，国もしくは地方公共団体の機関，独立行政法人または地方独立行政法人が発する告示，訓令，通達その他これらに類するもの，裁判所の判決，決定，命令および審判ならびに行政庁の裁決および決定で裁判に準ずる手続により行われるもの，それらの翻訳物および編集物で，国もしくは地方公共団体の機関，独立行政法人または地方独立行政法人が作成するものは，権利の目的の対象とならない（著作権法13条）。ただし，それらに付加される文書や判決文の権利侵害の有無が問題となる係争対象物（イ号物件）に含まれる資料は，保護される著作物の対象となる。

　情報技術は，半導体チップ，情報ネットワークといったハードウェアと，プログラム，インタフェース，オペレーティングシステムといったソフトウェアに大別される。このうち，ハードウェアは特許法等により，ソフトウェアのうちプログラム（オペレーティングシステム）は著作権法等で保護される。著作権法は，電話帳のように単にデータや事実を収集したにすぎない製作物，すなわち創作性のないデータベースは保護しないとしたことである[15]。本判決では，電話帳のホワイトページの部分には著作権の保護は及ばないと判示する。ここで注目すべき点は，労力を費やしたことを著作権保護の根拠とする額に汗（sweat of the brow）の理論が退けられたことである。しかし，データの収集は，無償でなされるものではない。そのような創作性のないデータベース（*sui generis*権）が議論され，国際的には，柔軟な対応により保護される対象といえる[16]。インタフェースについては，我が国では著作権法のカテゴリー

---

(15)　Feist Publications, Inc. v. Rural Telephone Service Co., 499 U. S. 340（1991).

には加えられていないが，米国の判例において，グラフィカルユーザインタフェース（GUI）の広義な意味まで拡張し，著作物性（copyrightability）が認められている[17]。EUにおいては，GUIは著作物としての保護が明記されている（EC指令（91/250/EEC）Article 1）。なお，メニュー画面は，著作物性がないとする判示が出されている[18]。

（2）　著作物の伝達

　著作物は，印刷系から，パッケージ系，ネットワーク系で流通する。音楽がレコード盤・テープからCD・DVD，ネット配信へ，またラジオ・テレビの番組が電波とネット同時配信へと，著作物の伝達の態様が展開されている。著作物の伝達行為には，出版，実演，レコード，放送，有線放送，自動公衆送信が想定できる。そのうち，実演とレコードおよび放送（有線放送）は，我が国の著作権法で保護対象として明記されるが，出版と自動公衆送信の規定はない。

　著作物の公表は，著作物が発行され，上演，演奏，上映，公衆送信，口述，または展示の方法で公衆に提示された場合において，公表されたものとする（著作権法4条1項）。そして，著作物が送信可能化された場合には，公表されたものとみなされる（同法4条2項）。そして，二次的著作物である翻訳物が上演，演奏，上映，公衆送信または口述の方法で公衆に提示され，または送信可能化された場合には，その原著作物は公表されたものとみなされる（同法4条3項）。さらに，美術の著作物または写真の著作物は，展示が行われた場合には公表されたものとみ

---

(16)　児玉晴男「*sui generis* right と著作権・知的所有権の相関関係について」パテント50巻5号（1997年）14～22頁。

(17)　Digital Communications Associates v. Softklone Distributing & Foretec Development Corp., 659 F.Supp.449（V.D.Ga.1987）. Lotus Development Corp. v. Paperback Software International & Stephenson Software, Limited, 740 F.Supp. 37（D. Mass.1990）.

(18)　Lotus Development Corp. v. Borland Intern., Inc., 49 F.3d 807（1st Cir. 1995）.

なされる（著作権法4条4項）。それら著作物の公表は，著作物の伝達行為になる。

　上記の著作物の伝達行為は，他にも見られる。それが著作物の発行（同法3条）であり，著作物が発行物（出版物）の形態で伝達される。その形態は，著作物が複製物として媒体に固定されるものである。その出版は，著作物の伝達行為の原型である。また，自動公衆送信は，デジタル環境において，デジタルコンテンツ（コンテンツ）をオンデマンドで伝達する行為の最も進化した形態である。しかし，著作権法と著作権等管理事業法では，出版と自動公衆送信は著作物の伝達行為の実演，レコード，放送と有線放送には含まれていない[19]。

① **実　演**

　実演とは，著作物を，演劇的に演じ，舞い，演奏し，歌い，口演し，朗詠し，またはその他の方法により演ずることをいう（著作権法2条1項3号）。実演は，これらに類する行為で，著作物を演じるものではないが芸能的な性質を有するものを含む。

　保護を受ける実演は，国内において行われる実演，レコードに固定された実演，放送において送信される実演，有線放送において送信される実演になる（同法7条1項1号〜4号）。そして，「実演家，レコード製作者及び放送機関の保護に関する国際条約」（ローマ条約）の締約国において行われる実演，レコードに固定された実演，放送において送信される実演が保護される実演（同法7条1項5号），「実演及びレコードに関する世界知的所有権機関条約」（WPPT）の締約国において行われる実演，レコードに固定された実演（同法7条1項6号），世界貿易機関（WTO）の加盟国において行われる実演，レコードに固定された実演，放送において送信される実演（同法7条1項6号），が保護される実演になる。ただし，実演家の承諾を得て送信前に録音され，または録画さ

---

(19)　独国著作権法と中国著作権法では，出版行為は実演，レコード，放送・有線放送のカテゴリーに含まれる。

れているものは除かれる。それは，映画の著作物に関するものになる。

② **レコード**

　レコードとは，蓄音機用音盤，録音テープその他の物に音を固定したものをいう（著作権法2条1項5号）。ただし，音をもっぱら影像とともに再生することを目的とするものは除かれる。なお，商業用レコードとは，市販の目的をもって製作されるレコードの複製物をいう（同法2条1項7号）。

　保護を受けるレコードは，日本国民をレコード製作者とするレコード，レコードでこれに固定されている音が最初に国内において固定されたものである（同法8条1項1号，2号）。ローマ条約の締約国の国民（法人を含む）をレコード製作者とするレコード，レコードでこれに固定されている音が最初にローマ条約の締約国において固定されたもの（同法8条3号），WPPTの締約国の国民（法人を含む）をレコード製作者とするレコード，レコードでこれに固定されている音が最初にWPPTの締約国において固定されたもの（同法8条4号），WTOの加盟国の国民（法人を含む）をレコード製作者とするレコード，レコードでこれに固定されている音が最初にWTOの加盟国において固定されたもの（同法8条5号），「許諾を得ないレコードの複製からのレコード製作者の保護に関する条約」（レコード保護条約）により我が国が保護の義務を負うレコード（同法8条6号），が保護されるレコードになる。また，レコードは，国外頒布目的商業用レコードが国内において頒布する目的をもって輸入する行為が問題となる。

③ **放送と有線放送**

　放送とは，公衆送信のうち，公衆によって同一の内容の送信が同時に受信されることを目的として行う無線通信の送信をいう（同法2条1項8号）。ここで，公衆送信とは，公衆によって直接受信されることを目的として無線通信または有線電気通信の送信を行うことをいう（同法2条1項，7号の2）。ただし，電気通信設備で，その一の部分の設置の

場所が他の部分の設置の場所と同一の構内，その構内が2以上の者の占
有に属している場合には同一の者の占有に属する区域内にあるものによ
る送信，すなわちLAN（Local Area Network）は除かれる。そして，
プログラムの著作物の送信は，コンテンツの送信とは異なり，除かれる。

　保護を受ける放送は，日本国民である放送事業者の放送，国内にある
放送設備から行われる放送になる（著作権法9条1号，2号）。ローマ
条約の締約国の国民である放送事業者の放送，ローマ条約の締約国にあ
る放送設備から行われる放送（同法9条3号），WTOの加盟国の国民
である放送事業者の放送，WTOの加盟国にある放送設備から行われる
放送（同法9条4号），が保護される。

　有線放送とは，公衆送信のうち，公衆によって同一の内容の送信が同
時に受信されることを目的として行う有線電気通信の送信をいう（同法
2条1項，9号の2）。有線放送は，山間部に放送が届かない地域に，
有線で放送された番組を届ける補助手段であったものが，独自性を備え
てきたものである。有線放送はローマ条約に規定されていないが，それ
は有線放送が放送に内包されるからである。

　保護を受ける有線放送は，日本国民である有線放送事業者の有線放送，
国内にある有線放送設備から行われる有線放送になる（同法2条1項，
9号の2，1号，2号）。有線放送はデジタル環境で放送番組が伝達され
ることと有線という点で類似性があるとされるが，有線と無線の区別は
著作物の伝達行為においては分ける必要はない。

④ **出　版**

　出版は，頒布の目的をもって，著作物を原作のまま印刷その他の機械
的または化学的方法により文書または図画として複製する行為，またそ
の方式により原作のまま記録媒体に記録された当該著作物の複製物を用
いて公衆送信を行うことである（同法80条1項）。出版は，我が国では，
実演，レコード，放送（有線放送）という著作物の伝達行為のカテゴリ
ーで保護されていない。しかし，諸外国では，著作物の伝達行為のカテ
ゴリーとして保護され，我が国でも検討されている課題でもある。この

出版・書籍の関係は，電子出版・電子書籍，そして図書館・電子図書館との関係から問われる対象になる。それは，著作物と出版物との関係から理解することができる。

　文化財の蓄積およびその利用に資するために，出版物を国立国会図書館に納入する規定がおかれている（国立国会図書館法25条1項）。国立国会図書館法でいう出版物は，図書，小冊子，逐次刊行物，楽譜，地図，映画フィルムが列挙されており，それら以外に印刷その他の方法により複製した文書または図画，そして蓄音機用レコードをいう（同法24条1項1号〜8号）。国立国会図書館法でいう出版物は，基本的に，著作権法における著作物の例示と関連づけられる（著作権法10条1項）。また，国立国会図書館法でいう出版物には，電子的方法，磁気的方法その他の人の知覚によっては認識することができない方法により文字，映像，音またはプログラムを記録した物が含まれる（国立国会図書館法24条1項9号）。それらは，当然のことではあるが，国立国会図書館法でいう出版物とは，著作物が有形的媒体である紙へ固定された後の有体物を前提にする。

⑤　自動公衆送信とウェブキャスティング

　自動公衆送信は，ウェブキャスティングの取扱いと関係する。WIPO「放送機関に関する新条約案」（WIPO放送機関条約案）は，デジタル化・ネットワーク化に対応した著作権関連条約の見直しの一部をなすものであり，他の著作隣接権とのバランスを確保するものである。その中で，インターネット放送やウェブキャスティングについて検討されている。そもそもウェブキャスティングの保護の当否があり，ウェブキャスティングがストリーミングかオンデマンドかという検討課題がある。

　ウェブキャスティングに関するこれまでの議論は，欧米からそれぞれ提案がなされてきた。米国は，海賊版対策の必要性から「ウェブキャスティング（インターネット放送）を行う者を放送条約の主体として位置づけるべきである」と主張してきた。また，EUは，「放送機関が放送と同時にネット上でウェブキャスティングを行う場合には本条約の保護

の対象とすべきである」と主張してきた。これに対し，我が国をはじめとする大部分の国は，「ウェブキャスティングは現在まだ実態も事業形態も明確ではないことから，本条約の対象とすることは時期尚早である。」と主張してきている。

ウェブキャスティングの取扱いについては，2005年4月に議長により新たにまとめられた作業文書において，二つの方法が提案されている。一つは，ウェブキャスティングをいったん条約の保護の対象としながらも，保護の義務については，条約批准時に締約国が相互主義の原則に基づき，通告または留保の宣言を通じて，一部または全部を保護するもしくはまったく保護しないことを選択できる方法である。もう一つは，ウェブキャスティングを条約の保護の対象からいったん切り離し，それを条約に付随する法的に拘束力のある議定書において規定すると同時に，議定書を批准するか否かについては締約国の選択に委ねる方法である。

インターネット放送（IPマルチキャスト放送）に関する検討が行われ，IPマルチキャスト放送は自動公衆送信になる[20]。なお，IPマルチキャスト放送のストリーミングは有線放送を類推適用するとしても，オンデマンドをどう扱うかは残された課題となっている。デジタル環境において，ストリーミングとオンデマンドは，著作物の保護が有形的媒体への固定の有無で分岐する。有形的媒体への固定を要しないとする法理では，著作物の伝達行為として，ストリーミングとオンデマンドとを分ける必要はないはずである。

3. 発明と商標の使用

産業財産権制度における知的創造は，発明と考案および意匠の創作になる。産業財産権制度と類似する半導体集積回路配置法における知的創造の客体に半導体集積回路の回路配置がある。そして，産業財産権制度における知的創造に準じる行為は，トレードマークとサービスマークお

---

(20)　文化審議会著作権分科会・文化審議会著作権分科会（IPマルチキャスト放送及び罰則・取締り関係）報告書（2006年8月）2～3頁。

および登録商標の使用になる。

（1）　発明・考案・意匠の創作

　産業財産権制度における産業（工業）の発達に寄与する知的創造の客体は，発明と考案および意匠の創作が特許庁において登録されて特許発明，登録実用新案，登録意匠が客体になる。

①　発　明

　発明とは，自然法則を利用した技術的思想の創作のうち高度のものをいう（特許法2条1項）。我が国の特許法は，近代法の立法形式に則り，「自然法則による…」という発明の定義をおいている。我が国の特許法がイメージする自然法則とは，自然現象の究明をとおして一般的な規則を見出すことという画一化した固定観念から理解されたものといえる。プログラムを発明として保護するためには，自然法則の利用の解釈として装置との一体化を必要としたことと関係する。そして，装置との一体化の保護は，考案と意匠が物体と一体化した保護と共通する。

　発明の定義は，一般的に難しいものといわれ，各国の特許法では別段の定義をおいておらず，学説・判例によって明確化されるものといわれる。この論理に従えば，自然法則に法文上たとえ明確な規定をおいた場合でも，現在の科学技術観によって形成される自然法則の合理的な理解・解釈を融合させることが必要である。

　自然法則は一つの進化のプロセスが生みだした結果であるとすれば，この進化のプロセスは依然として進行中と考えなければならなくなる[21]。このアブダクションによれば，自然法則の理解は，情報技術が先導する科学技術観により再構成すべきものといえ[22]，自然法則を装置との関わりでとらえる必要性はない。なお，自然法則との関連で問題となったものに，カーマーカー法特許がある。

---

(21)　Charles Hartshorne and Paul Weiss（eds）（遠藤弘編訳）・パース著作集3 形而上学（勁草書房，1986年）75〜78頁。

　発明は，物，方法，物を生産する方法の三つになる（特許法2条3項）。物を生産する方法の発明は物の発明と方法の発明との組合せであり，米国では物を生産する方法の発明の定義はない。なお，我が国では，プログラムは，物の発明になる。特許発明は，特許を受けている発明，すなわち発明登録を受けている発明をいう（同法2条2項）。特許発明（登録発明）とされるためには，新規性，進歩性，産業上利用可能性が求められる。新規性の要件は，特許出願前に日本国内または外国において公然知られた発明と公然実施をされた発明，特許出願前に日本国内または外国において，頒布された刊行物に記載された発明または電気通信回線を通じて公衆に利用可能となった発明であってはならないとするものになる（同法29条1項1号，2号，3号）。なお，特許出願に係る発明がその特許出願の日前の他の特許出願または実用新案登録出願であって，特許掲載公報と実用新案掲載公報の発行されたものの願書に最初に添付した明細書，特許請求の範囲もしくは実用新案登録請求の範囲または図面に記載された発明または考案と同一であるときは，その発明については特許を受けることができない（同法29条の2）。

　そして，特許出願前にその発明の属する技術の分野における通常の知識を有する者が新規性のある発明に基づいて容易に発明をすることができたときは，特許を受けることができない（同法29条2項）。すなわち，特許発明は，進歩性が求められる。さらに，新規性と進歩性のある発明であっても，産業上利用することができる発明でなければならない（同法29条1項柱書）。ただし，公の秩序，善良の風俗または公衆の衛生を害するおそれがある発明については，特許が受けられない（同法32条）。なお，地球規模の装置，常温核融合のような絶えずエネルギーを要する

---

(22)　特許法2条1項でいう自然法則とは，数学の理論やコンピュータ・プログラムを含むものではないという法解釈が我が国では通説として受け入れられている。例えば，発光ダイオード論文事件（大阪地判昭54.9.25判タ397号152頁）においても，そのような見解が述べられている。事実，数学の理論やコンピュータ・プログラムについては，特許協力条約に基づく規則39.1（i），（vi）に規定されるように，国際調査機関の調査対象から除外されている。

ようなものやエッシャーの水が上に流れ水車を動かし杵を打つような永久機関は，そもそも発明にならない。

　我が国の特許法では，特許請求の範囲（the claims）の記載要件を請求項ごとに号分けして規定することにしているが（著作権法36条4項2号），別の請求項から同一の発明が把握されてくることを妨げないとしている（同法36条5項）[23]。

②　考　案

　考案とは，自然法則を利用した技術的思想の創作をいう（実用新案法2条1号）。自然法則を利用した技術的思想の創作である考案が発明と異なる点は技術的思想の創作に高度なことを必要としなくともよいことにあるが，考案が発明より高度であってもよい。考案は，物品の形状，構造または組合せからなる（同法1条）。考案には，物品との不可分性がある。

　登録実用新案とは，実用新案登録を受けている考案をいう（同法2条2号）。実用新案登録を受けることができる考案（登録考案）は，特許発明（登録発明）と同様に，新規性，進歩性，産業上利用可能性が求められる（同法3条）。実用新案登録出願に係る考案がその実用新案登録出願の日前の他の実用新案登録出願または特許出願であって，その実用新案登録出願後に実用新案掲載公報の発行または特許公報の発行もしくは出願公開がされたものの願書に最初に添付した明細書，実用新案登録請求の範囲もしくは特許請求の範囲または図面に記載された考案または発明と同一であるときは，その考案については，実用新案登録を受けることができない（同法3条の2）。

　また，公の秩序，善良の風俗または公衆の衛生を害するおそれがある考案については，実用新案登録が受けられない（同法4条）。

---

(23)　新原浩朗編著・改正特許法解説（有斐閣，1987年）7〜25頁。

③ 意 匠

　意匠とは，物品の形状，模様もしくは色彩またはこれらの結合であっ
て，視覚を通じて美感を起こさせるものである（意匠法2条1項）。意
匠には，考案と同様に，物品との不可分性がある。物品は物品の部分を
含むが，同時に使用される2以上の物品であって，経済産業省令で定め
る組物の意匠（同法8条）は除かれる。物品の部分の形状，模様もしく
は色彩またはこれらの結合には，物品の操作の用に供される画像であっ
て，当該物品またはこれと一体として用いられる物品に表示されるもの
が含まれる（同法2条2項）。画像とは，いわゆるグラフィカルユーザ
インタフェース（GUI）である。

　登録意匠は，意匠登録を受けている意匠をいう（同法2条4項）。意
匠登録を受けることができる意匠は，新規性，創作非容易性（進歩性），
工業上利用可能性が求められる。新規性は，意匠登録出願前に日本国内
または外国において，公然知られた意匠および頒布された刊行物に記載
された意匠，または電気通信回線を通じて公衆に利用可能となった意匠
でないことが求められる（同法3条1項1号，2号）。そして，それら
に類似する意匠でないことも，新規性には必要である（同法3条1項3
号）。意匠登録出願に係る意匠が，その意匠登録出願の日前の他の意匠
登録出願であって，その意匠登録出願後に意匠公報に掲載されたもの
（「先の意匠登録出願」）の願書の記載および願書に添付した図面，写真，
ひな形または見本に現された意匠の一部と同一または類似であるときは，
その意匠については，意匠登録を受けられない（同法3条の2）。

　そして，意匠登録出願前にその意匠の属する分野における通常の知識
を有する者が日本国内または外国において公然知られた形状，模様もし
くは色彩またはこれらの結合に基づいて容易に意匠の創作をすることが
できる意匠は，意匠登録を受けることができない。すなわち，登録意匠
は，創作非容易性（進歩性）が必要になる。さらに，登録意匠は，工業
上利用することができる意匠でなければならない（同法3条1項柱書）。
登録意匠の工業上利用可能性は，特許発明（登録発明）と登録実用新案
（登録考案）の産業上利用可能性と異なる。それは，意匠が産業より狭

い概念の工業にとどまるとの立法者の意向による。なお，公の秩序また
は善良の風俗を害するおそれがある意匠，他人の業務に係る物品と混同
を生ずるおそれがある意匠，物品の機能を確保するために不可欠な形状
のみからなる意匠は，意匠登録を受けられない（意匠法5条）。

　グラフィカルユーザインタフェース（GUI）が意匠で保護される状況
において，物品との不可分性に拘泥することはできない。プログラムが
物の発明として特許法で保護されることによって，自然法則との関係の
装置に拘泥せずに，プログラムの著作物と同様にネットワーク型特許の
発明が保護される対象になっている。また，意匠を「工業上の利用」に
限定してしまうことは，産業も工業も Industrial であり，工業所有権を
産業財産権というようになったことからも，不適切となる。意匠の定義
は，無体財産の始原的な意味に合わせて，非物品性の許容や産業上の利
用という広義に理解・解釈し，特許法との整合性を有する規定にすべき
と考える。また，エンジニアリングの本質は，デザインにあるといわれ
る。人工物を創作するには，デザインが必要となる。ここでいうデザイ
ンとは，コンピュータ・グラフィックス（CG）による位相変換をイメ
ージさせるものになる。

（2）　半導体集積回路の回路配置

　半導体集積回路とは，半導体材料もしくは絶縁材料の表面または半導
体材料の内部に，トランジスターその他の回路素子を生成させ，かつ不
可分の状態にした製品であって，電子回路の機能を有するように設計し
たものをいう（半導体集積回路配置法2条1項）。そして，回路配置と
は，半導体集積回路における回路素子およびこれらを接続する導線の配
置をいう（同法2条2項）。

　半導体集積回路自体は，発明として保護されうる。その発明としての
半導体集積回路は，回路配置によって推測されうる。半導体集積回路の
回路配置とマクロコードとの関係は，プログラムとソースコードとの関
係と相同である。

（3） トレードマークとサービスマークおよび登録商標の使用

　産業財産権制度における産業の発達に寄与し，あわせて需要者の利益を保護するトレードマークとサービスマークおよび登録商標の使用が知的創造に準じる行為になる。

　商標とは，人の知覚によって認識することができるもののうち，文字，図形，記号，立体的形状もしくは色彩またはこれらの結合，音その他政令で定めるもの（標章）[24] をいう（商標法2条1項）。ただし，商標が単独で保護される対象になるわけでなく，業として商品を生産し証明しまたは譲渡する者がその商品について使用をするもの，業として役務を提供しまたは証明する者がその役務について使用をするものでなければならない。その役務には，小売および卸売の業務において行われる顧客に対する便益の提供が含まれる（商標法2条2項）。標章についての使用とは，商品または商品の包装に標章を付すること，役務の提供に当たりその提供を受ける者の利用に供する物に標章を付する行為，商品または役務に関する広告等に標章を付する行為等，音の標章を発する行為が含まれる（同法2条3項）。商品その他の物に標章を付することには，平面または立体の標章では商品または商品の包装，役務の提供の用に供する物または商品もしくは役務に関する広告を標章の形状とすること，音の標章では商品，役務の提供の用に供する物または商品もしくは役務に関する広告に記録媒体が取り付けられている場合において当該記録媒体に標章を記録することが含まれる（同法2条4項）。

　商標は，発明と考案および意匠と同様に，登録を受けて登録商標として保護される（同法2条5項）。なお，商品に類似するものの範囲には役務が含まれ，役務に類似するものの範囲には商品が含まれることがある（商標法2条6項）。商標登録の要件は，自己の業務に係る商品または役務について使用をするものでなければならない（同法3条1項柱書）。ただし，商品または役務について普通名称を普通に用いられる方

---

(24)　政令で定める商標は，「色彩」，「音」，「動き」，「ホログラム」，「位置」である。

法で表示する標章のみからなる商標と慣用されている商標，商品の産地，販売地，品質，原材料，効能，用途，数量，形状，価格もしくは生産もしくは使用の方法もしくは時期またはその役務の提供の場所，質，提供の用に供する物，効能，用途，数量，態様，価格もしくは提供の方法もしくは時期を普通に用いられる方法で表示する標章のみからなる商標，ありふれた氏または名称を普通に用いられる方法で表示する標章のみからなる商標，極めて簡単で，かつ，ありふれた標章のみからなる商標，需要者が何人かの業務に係る商品または役務であることを認識することができない商標は，商標登録を受けることはできない（同法3条1項）。ただし，上記であっても，普通名称と慣用商標でなければ，使用をされた結果，需要者が何人かの業務に係る商品または役務であることを認識することができるものについては，商標登録を受けることができる（同法3条2項）。

　また，商標登録を受けることができない商標は，国旗，菊花紋章，勲章，褒章または外国の国旗，パリ条約の同盟国，WTOの加盟国または商標法条約の締約国の国の紋章その他の記章であって，経済産業大臣が指定するもの，国際連合その他の国際機関を表示する標章であって経済産業大臣が指定するもの，「赤十字の標章及び名称等の使用の制限に関する法律」1条の標章もしくは名称または「武力攻撃事態等における国民の保護のための措置に関する法律」158条1項の特殊標章と同一または類似のものになる（商標法4条1項1号〜4号）。そして，日本国またはパリ条約の同盟国，WTOの加盟国もしくは商標法条約の締約国の政府または地方公共団体の監督用または証明用の印章または記号のうち経済産業大臣が指定するものと同一または類似の標章を有する商標であって，その印章または記号が用いられている商品または役務と同一または類似の商品または役務について使用をするものも同様である（同法4条1項5号）。なお，国もしくは地方公共団体もしくはこれらの機関，公益に関する団体であって営利を目的としないものまたは公益に関する事業であって営利を目的としないものを表示する標章であって著名なものと同一または類似の商標も，商標登録を受けることができない（商標

法4条1項6号）。ただし，国または地方公共団体もしくはこれらの機関，公益に関する団体であって営利を目的としないものまたは公益に関する事業であって営利を目的としないものを行っている者が商標登録出願をするときは，商標登録を受けうる（同法4条2項）。

公の秩序または善良の風俗を害するおそれがある商標は，商標登録を受けることができない（同法4条1項7号）。他人の肖像または他人の氏名もしくは名称もしくは著名な雅号，芸名もしくは筆名もしくはこれらの著名な略称を含む商標，政府もしくは地方公共団体（政府等）が開設する博覧会もしくは政府等以外の者が開設する博覧会であって特許庁長官の定める基準に適合するものまたは外国でその政府等もしくはその許可を受けた者が開設する国際的な博覧会の賞と同一または類似の標章を有する商標は，商標登録を受けることができない（同法4条1項8号，9号）。それぞれ，その他人の承諾を得ているものおよび賞を受けた者が商標の一部としてその標章の使用をするものは，商標登録を受けることができる。

他人の業務に係る商品もしくは役務を表示するものとして需要者の間に広く認識されている商標またはこれに類似する商標であって，その商品もしくは役務またはこれらに類似する商品もしくは役務について使用をするもの，商標登録出願の日前の商標登録出願に係る他人の登録商標またはこれに類似する商標であって，その商標登録に係る指定商品もしくは指定役務またはこれらに類似する商品もしくは役務について使用をするもの，他人の登録防護標章（防護標章登録を受けている標章）と同一の商標であって，その防護標章登録に係る指定商品または指定役務について使用をするものも，商標登録を受けることができない（商標法4条1項10号〜12号）。種苗法18条第1項の規定による品種登録を受けた品種の名称と同一または類似の商標であって，その品種の種苗またはこれに類似する商品もしくは役務について使用をするものは，商標登録を受けることができない（同法4条1項14号）。そして，それら以外で他人の業務に係る商品または役務と混同を生ずるおそれがある商標，商品の品質または役務の質の誤認を生ずるおそれがある商標も，商標登録を

受けることができない（商標法 4 条 1 項15号，16号）。

　商標法は，一商標一出願になる。商標登録出願は，商標の使用をする 1 または 2 以上の商品または役務を指定して，商標ごとにしなければならない（同法 6 条 1 項）。その指定は，政令で定める商品および役務の区分に従ってしなければならない（同法 6 条 2 項）。ただし，商品および役務の区分は，商品または役務の類似の範囲を定めるものではない（同法 6 条 3 項）。例えば，オペレーティングシステム（OS）やアプリケーションソフトウェアの名称は，商標として表示される商品および役務の区分（同法施行令 1 条）の規定による商品（商標法施行規則　別表（ 6 条関係） 9 類16（電子応用機械器具及びその部品）（ 5 ））の電子計算機用プログラムの対象になる。

　なお，発明，考案，意匠の創作の権利の発生は，「特許発明」が「特許を受けている発明」となり，「登録実用新案」と「登録意匠」がそれぞれ「実用新案登録を受けている考案」と「意匠登録を受けている意匠」と定義されるように，特許または登録を受けることが必要である。ここで，特許と登録を同義と解し，特許発明と登録実用新案を「登録発明」と「登録考案」とすれば，その表記は登録商標とも整合することになる。

4.　植物の新品種と登録標章の使用

　農水知財制度における知的創造とそれに準じる行為の客体は，それぞれ植物の新品種と登録標章の使用になる。

（1）　植物の新品種

　品種とは，重要な形質に係る特性の全部または一部によって他の植物体の集合と区別することができ，かつ，その特性の全部を保持しつつ繁殖させることができる一の植物体の集合をいう（種苗法 2 条 2 項）。種苗とは，植物体の全部または一部で繁殖の用に供されるものをいう（同法 2 条 3 項）。

　品種の育成とは，人為的変異または自然的変異に係る特性を固定し，

または検定することをいう。その品種についての登録（品種登録）の要件は，品種登録出願前に日本国内または外国において公然知られた他の品種と特性の全部または一部によって明確に区別されること，同一の繁殖の段階に属する植物体のすべてが特性の全部において十分に類似していること，繰り返し繁殖させた後においても特性の全部が変化しないことになる（種苗法3条1項）。品種登録出願または外国に対する品種登録出願に相当する出願に係る品種につき品種の育成に関する保護が認められた場合には，その品種は出願時において公然知られた品種に該当するに至ったものとみなされる（同法3条2項）。

品種登録出願に係る品種（出願品種）の名称が，一の出願品種につき一でないとき，出願品種の種苗に係る登録商標または当該種苗と類似の商品に係る登録商標と同一または類似のものであるとき，出願品種の種苗または当該種苗と類似の商品に関する役務に係る登録商標と同一または類似のものであるとき，出願品種に関し誤認を生じ，またはその識別に関し混同を生ずるおそれがあるものであるときは，品種登録は認められない（種苗法4条1項）。品種登録は，出願品種の種苗または収穫物が，日本国内において品種登録出願の日から1年さかのぼった日前に，外国において当該品種登録出願の日から4年[25]さかのぼった日前に，それぞれ業として譲渡されていた場合には，受けることができない[26]（同法4条2項）。

（2） 登録標章の使用

地理的表示は，登録された地理的表示であることを示す標章（マーク）を併せて付すことになる（地理的表示法4条1項）。地理的表示であることを示す標章（マーク）が地理的表示登録標章（GIマーク）である。地理的表示登録標章（GIマーク）が地理的表示に付加された形

---

(25)　永年性植物として農林水産省令で定める農林水産植物の種類に属する品種にあっては6年になる。
(26)　その譲渡が，試験もしくは研究のためのものである場合または育成者の意に反してされたものである場合は，この限りではない。

態が地理的表示法による登録標章の使用になる。酒類については，地理的表示法では適用除外になっている。

5.　創作物と準創作物との関係

　著作権制度と産業財産権制度とは，二分性が根源的に存在するかのようにみなされてきた[27],[28]。それは，デジタル環境における知財制度の中で，著作権法と産業財産権法との相互の法理に混乱を見せることになる。その中に，農水知財制度が加えられた構図になる。知財制度の中では，著作物，発明と考案および意匠，半導体集積回路の回路配置と植物の新品種に創作性があり，著作物の伝達行為および商標と商品・役務との一体化した伝達行為ならびに標章と農林水産物とその加工品との一体化した伝達行為に準創作性ある。

　著作権制度と産業財産権制度および農水知財制度における創作物と準創作物は公表と公開を原則とするが，知財制度の中には非公表と非公開を原則とする営業秘密がある。営業秘密とは，秘密として管理されている生産方法，販売方法その他の事業活動に有用な技術上または営業上の情報であって，公然と知られていないものをいう（不正競争防止法 2 条 6 項）。営業秘密は，秘密管理性，有用性，非公知性が求められる。先取権が認められる知的創造が知財制度との関係で営業秘密として，また著作物と発明等に分化し，あるいはそれらの中間的な創作物として保護される対象になりうる。そして，著作物と発明のプログラムは，営業秘密のソースコードが入れ子になる。

　その関係は，プログラム以外にも，潜在的にいえることであろう。発明が薬品のとき，保護期間が終了してジェネリック薬品が製造される。発明の内容は請求項に同業者が製造できるように記載されていることによって特許発明となるが，ブランド薬品とジェネリック薬品との違いがあることの指摘がある。それは，その製造方法にはノウハウが含まれて

---

(27)　斉藤博・概説 著作権法［第 3 版］（一粒社，1994 年）30〜33 頁。
(28)　吉藤幸朔・特許法概説［第 10 版］（有斐閣，1994 年）57〜61 頁，134〜136 頁。

いることが示唆される。また，ソフトウェア（プログラムの著作物，物の発明）のソースコードとオブジェクトコードおよび回路配置のマクロコードは，営業秘密の対象になる。営業秘密は，創作物と準創作物とを含む。

　実演家である俳優は，台本をもとに演ずるときであっても，その演技の中に創作性が認められる著作者としての演技がある[29]。そして，指定商品または指定役務についての登録商標の使用がその使用の態様によって，著作権等と抵触することがある（商標法29条）。また，商標の保護対象は，国際的には，すでに，動き，ホログラム，色彩，位置，音，におい，触感，味，に及んでいる。現実世界において，商標は視覚から五感（視覚，聴覚，触覚，味覚，嗅覚）へ拡張されている。商標（標章）自体および商標の利用の態様によっては，創作性と準創作性とが潜在的に関わっている。創作物と準創作物との関係は，必ずしも，二分されるものではないことになる。さらに付言すれば，創作物はミクロスコピックには創作物と準創作物やコモンズも含み，準創作物はミクロスコピックには創作物とコモンズも含む。

---

(29)　知財高判平20.7.30平19年（ネ）10082号。

📱 研究課題───────────────────

　1　著作権制度の中で創作物と準創作物を考察せよ。
　2　産業財産権制度の中で創作物と準創作物を考察せよ。
　3　農水知財制度の中で創作物と準創作物を考察せよ。

5 知的創造とそれに準じる行為の主体
―創作者と準創作者―

知的創造の主体は，知的創造に直接的に寄与する者になり，著作者と発明者等の創作者になる。そして，知的創造に準じる行為の主体は，著作物の伝達行為者と商標（標章）の使用者の準創作者になろう。ところが，著作者は著作権者であるが，それ以外の発明者等は，特許権者等とは必ずしもなりえない。本章は，知的財産権法の主体について考える。

1. 知的創造とそれに準じる行為の主体

知財制度の知的創造とそれに準じる行為の主体は，創作物と準創作物に対応する創作者と準創作者になる。ただし，知的財産権者は，創作者と準創作者であることもあるが，創作者でない場合もある。それは，著作権法と産業財産権法において，違いがある。

（1） 知的創造の主体

知的創造の始点は，創作物に対する先取権者ということができる。先取権者は，著作者と発見者・発明者などに分岐する。それらは，著作物を創作する者であり，発明と考案および意匠を創作する者になる。また，品種を育成する者と回路配置を創作する者になる。それらの者は，創作物における創作者になる。また，それら創作者は，それぞれ公表・公開を前提にして個別の創造活動をする者になるが，さらに非公表・非公開を前提にして営業秘密を保有する者にもなりうる。

そして，知財制度で保護される知的創造の主体は，知的財産権者になる。それらは，著作物における著作者と著作権者になり，発明における

88

特許権者と考案における実用新案権者および意匠の創作に対する意匠権者の関係になる。そして，その関係は，品種における育成者権者，回路配置に関する回路配置利用権者になる。したがって，知的創造に直接的に寄与する者である創作者は，必ずしも知的財産権者ではない。すなわち，著作者は著作権者であるが，それ以外の発明者等は知財制度において知的財産権者とは必ずしもなりえない。

なお，ソフトウェアは，著作物と発明（考案）および意匠の創作になりうることから，著作者と発明者（考案者）および意匠の創作者，そして営業秘密の保有者は，重なり合うことにもなる。知的創造の主体である創作者の先取権または先使用権を有する者を起点にすれば，知的創造の主体である創作者は，包括的にとらえうる。

（2）　知的創造に準じる行為の主体

著作権制度における知的創造に準じる行為の主体は，著作物の伝達行為の客体に対応して，実演家，レコード製作者，放送事業者，有線放送事業者となる。それらは，著作隣接権者になる。なお，著作隣接権者と同じ機能を果たす者がある。第一に出版者であり，出版者は印刷技術の発明による印刷物の形態で著作物の伝達行為をなしている。第二に，インターネットで放送と同様の公衆送信を行う自動公衆送信事業者またはウェブキャスティング事業者が想定できる。

そして，産業財産権制度における知的創造に準じる行為の主体は，発明，考案，意匠の創作に対応する発明者（特許権者），考案者（実用新案権者），意匠の創作者（意匠権者）とは性質を異にする商品と役務（サービス）に商標を付して使用する者（商標権者）になる。また，農水知財制度における知的創造に準じる行為の主体は，商標法の地域団体商標制度と同様の構図をもっている農林水産物とその加工品に標章（地理的表示とGIマーク）を付して使用する者（登録生産者団体）になる。

それら知的創造に準じる行為の主体は，知財制度の中で，創作者に対して準創作者となる。そして，創作物と準創作者との関係のように，それらは明確に二分されるものではなく，創作者と準創作者とに相互の連

関がある。

2.　著作者と著作物の伝達行為者

　著作権制度における著作物とその伝達行為は，著作者と実演家，レコード製作者，放送事業者と有線放送事業者が知的創造とそれに準じる行為の主体になる（著作権法1条，著作権等管理事業法1条）。著作者に創作性が認められ，著作物の伝達行為者（著作者と実演家，レコード製作者，放送事業者と有線放送事業者）には準創作者が擬制される。

（1）　著作者

　著作者とは，著作物を創作する者をいう（著作権法2条1項2号）。また，著作者が不詳のときは，著作者を推定する規定がある。著作物の原作品に，または著作物の公衆への提供もしくは提示の際に，その「実名」またはその「変名」として周知のものが著作者名として通常の方法により表示されている者は，その著作物の著作者と推定される（同法14条）。「実名」とは氏名または名称であり，「変名」とは雅号，筆名，略称その他実名に代えて用いられるものである。

　著作者は，自然人である。しかし，著作者は原則として自然人であるが，職務上作成する著作物の著作者，すなわち職務著作または法人著作は，その限定した範囲においてではあるが，法人が著作者となりうる。法人その他使用者（法人等）の発意に基づきその法人等の業務に従事する者が職務上作成する著作物で，その法人等が自己の著作の名義の下に公表するものの著作者は，その作成時における契約，勤務規則その他に別段の定めがない限り，その法人等とされる（著作権法15条1項）。著作物に関しては法人等の自己の著作の名義の下に公表することが条件になるが，プログラムの著作物の著作者については，公表を前提とせずにその法人等とされる（同法15条2項）。それは，プログラムが必ずしも公表されて利用されるものではないことによる。職務著作においては，法人が自然人と同じ著作者になりうる。この職務著作の規定は，我が国の著作権法の特色をなすものである。

① 共同著作物の著作者

共同著作物は，二人以上の者が共同して創作した著作物に対して，その各人の寄与を分離して個別的に利用することができない共有物の著作者となる。共同著作物に学術論文があり，それは著作者の連名による共著者の成果になる[1]。共同著作物の著作者は，渾然一体となっている共同著作物において代表者を決めることができる。共同著作物の著作者は，役割分担を問うものではないが，保護期間との関係では各著作者と区分けされていることになる。

② 著作物の派生物の著作者

著作物の派生物の著作者は，二次的著作物，編集著作物（データベースの著作物）の構造の性質に対応する。原著作物を含む構造をもつ二次的著作物の著作者は，原著作物の著作者を含む構造をもつ（図1参照）。

編集著作物（データベースの著作物）は，部分的な著作物の著作者を含む構造を有する。二次的著作物の著作者の関係と編集著作物（データベースの著作物）に関する著作者の関係は，それら著作者と原著作者とが入れ子で並存する（図2参照）。

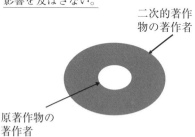

二次的著作物に対する保護は，その原著作物の著作者の権利に影響を及ぼさない。

二次的著作物の著作者

原著作物の著作者

図1 二次的著作物の著作者と原著作物の著作者との関係

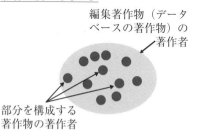

編集物（データベース）の部分を構成する著作物の著作者の権利に影響を及ぼさない。

編集著作物（データベースの著作物）の著作者

部分を構成する著作物の著作者

図2 編集著作物（データベースの著作物）の著作者と部分を構成する著作物の著作者との関係

③ 映画の著作物の著作者

映画の著作物の著作者は，映画の著作物において翻案され，または複

製された小説，脚本，音楽その他の著作物の著作者を除き，制作，監督，演出，撮影，美術等を担当してその映画の著作物の全体的形成に創作的に寄与した者になる（著作権法16条）。映画の著作物の創作活動の全体にわたって関与し，参画した者をモダンオーサーという。また，映画の著作物の著作者（モダンオーサー）は，制作，監督，演出，撮影，美術などを担当して，映画の著作物に対して全体的形成に創作的に寄与した者になる。映画の著作物において翻案され，または複製された小説，脚本，音楽その他の著作物の著作者をクラシカルオーサーといい，それらの者は，映画の著作物の著作者ではないが，二次的著作物の利用に関する原著作者の権利が認められる（著作権法28条）。映画の著作物の著作者は，モダンオーサーの創作物がクラシカルオーサーの創作物を内包する関係にある。それら著作者は，共同著作者と異なり，内容をまったく異にする著作者の集合になる。映画の著作物の各著作者は，複数であるときは共同著作物のように代表者になる。

　ところで，映画製作者とは，映画の著作物の製作に発意と責任を有する者をいう（同法2条1項10号）。職務著作の規定の適用がある場合は，法人，すなわち職務著作のときの映画製作者が著作者となる（同法15条1項）。このように，映画の著作物の著作者は，二つの著作者の形態を持ちうることになる。

（2）　著作物の伝達行為者

　著作物の伝達行為者，すなわち著作隣接権者は，自然人と法人になる。その自然人は実演家であり，法人はレコード製作者および放送事業者・有線放送事業者になる。

（1）　セレラ（Celera Genomics）は，ヒトゲノムの解読データを2001年2月16日に，米国のサイエンス誌に論文を著作者として連名で発表した。また，日米欧の国際ヒトゲノム解読共同研究体（International Human Genome Sequencing Consortium）は，2001年2月15日に，ネイチャー誌に論文を著作者として組織名で発表した。それらは，学術論文の著作者の表記において対照的である。

① 実演家

実演家とは，俳優，舞踊家，演奏家，歌手その他実演を行う者および実演を指揮し，または演出する者をいう（著作権法2条1項4号）。実演家は，著作物で表現される内容をそのまま複製する行為といえる。実演家と著作者は，自然人で共通するが，創作性の有無で違いがあることになる。もし教員が自作のノート（印刷教材）ではなく，第三者の教科書に準拠しているのであれば，その教員は実演家といってもよい。

著作者と実演家は，二分されるとは限らない。吟遊詩人やシンガーソングライターは，著作者が実演家も兼ねる。教員の講義も，同様な関係が想定される。独国型の講義（Vorlesung）は，典型的には，教員が自作のノートを読み上げる形で行われることが多い[2]。放送大学の講義は，教員が著作物である台本（印刷教材）の著作者と実演家の関係によりなされる，読む行為とみなすことができる。

② レコード製作者

レコード製作者とは，レコードに固定されている音を最初に固定した者である（著作権法2条1項6号）。レコードの中には，実演家による音が含まれる。また，レコードは，映画に用いられる。

レコードによる著作物または実演が伝達される経路によって，レコード製作者と著作者との関係に変化がある。着メロ Ⓡ と着うた Ⓡ の関係で，前者は著作者の関連であるが，後者は著作者とレコード製作者と実演家が関係する。また，公衆送信に関わる事業者が関与しうるものになる。

③ 放送事業者と有線放送事業者

放送事業者とは，放送を業として行う者をいう（著作権法2条1項9号）。そして，有線放送事業者は，有線放送を業として行う者をいう

（2）　Max Weber（尾高邦雄訳）・職業としての学問（岩波書店，1980年）19～20頁。

（著作権法2条1項9の3号）。放送と有線放送が無線と有線で分けられているが，放送番組を伝達する行為としては，それらに違いはない。

「放送機関」とは「音もしくは影像もしくは影像および音またはこれらを表すものの公衆への送信ならびに送信のコンテンツの収集およびスケジューリングについて，主導し，かつ責任を有する法人」と定義されており，送信する放送番組への関わりが考慮されている。我が国の著作権法においては，放送番組への関わりは規定されていないが，放送事業者の著作隣接権を整備した際には，ローマ条約における著作隣接権の根拠についての「その著作権との関係は，著作者がその著作物の公衆への伝達をこれらの権利の受益者に依存しているので，後者は前者の補助者であるという事実に由来する。」[3]という考え方を受けている。

また，「著作物を公衆に伝達する媒体としての（中略）放送事業者等の行為に著作物の創作行為に準じた精神性を認め，労働保護あるいは不正競争防止の観点より一歩進んだ，無体財産保護的な保護を（中略）与えようとするものである」[4]との指摘もなされている。

さらに，有線放送事業者が著作物の伝達行為者（著作隣接権者）に加えられた際にも，「（有線放送事業者の活動には）放送番組の制作，編成に著作物の創作性に準ずる創作性が認められる」[5]との評価がなされている。

条約テキスト（Consolidated Text）では，「放送機関」は「音もしくは影像もしくは影像および音またはこれらを表すものの公衆への送信ならびに送信のコンテンツの収集およびスケジューリングについて，主導し，かつ責任を有する法人」とあり，「法人」に限定されている。ローマ条約では，「放送」は定義されているが，「放送事業者」は定義されていない。我が国では，著作権法に，「放送事業者」とは「放送を業として行う者」とあり，業として反復継続性があれば法人に限らず対象となるため，放送の保護の主体を法人に限ることについては検討が必要とな

（3）　WIPO事務局・隣接権条約・レコード条約解説（著作権資料協会，1983年）。
（4）　著作権制度審議会・著作権制度審議会第5小委員会審議結果（1966年11月）。
（5）　著作権審議会・著作権審議会第7小委員会結果報告書（1985年9月）。

る。実態としては，放送を行うためには一定の投資が求められること，また，権利調整のためには権利者を特定する必要があること等から，条約上は条約の保護の主体が「法人」に限定されても問題ないと考えられる。

　本条約テキストでは，「保護の客体となる放送行為」については，ローマ条約に規定されている「放送」のほか，「有線放送」が提案されている。これらの行為は，送信の形態により区分されており，それぞれ，無線または有線を用いた送信形態として定義されている。さらにこれを受けて，条約の保護の主体としては，「放送機関」と「有線放送機関」を規定し，「有線放送機関」については放送機関と同様の定義がされている。国内では，著作権法において「有線放送事業者」も著作物の伝達行為者（著作隣接権者）として位置づけており，「放送機関」と「有線放送機関」を条約の保護の主体として位置づけていくことが適当と考えられる。

3. 発明者等と商標等の使用者

　知的創造の主体は，発明者と考案者および意匠の創作者になる。そして，知的創造に準じる行為の主体は，トレードマーク・サービスマークを商品・役務に付して使用する者になる。

（1）　発明者・考案者・意匠の創作者

　発明者は，産業上利用することができる発明をした者である（特許法29条1項柱書）。特許出願人が特許を受ける権利を有する者になる（同法36条1項柱書）。そして，考案者は，産業上利用することができる考案であって物品の形状，構造または組合せに係るものを考案した者である（実用新案法3条1項柱書）。そして，実用新案登録出願人が実用新案登録を受けようとする者になる（同法5条1項柱書）。また，意匠の創作をした者は，工業上利用することができる意匠の創作をした者である（意匠法3条1項柱書）。意匠登録出願人は，意匠登録を受けようとする者になる（同法6条1項柱書）。したがって，発明者，考案者，そ

して意匠の創作者は，必ずしも，それぞれ特許出願人，実用新案登録出願人，意匠登録出願人ではない場合がある。

　知的創造の主体である創作者は，立法目的からいえば，個人を対象におくものである。しかし，特許発明などは，著作物と同様に，個人単位により創造されるというよりも，個人間の共同作業とその展開としての企業単位で組み立てられる，参加的な共有形態または合有形態をなすものといえる。このとらえ方は，株式会社制度と私有財産との関係[6]に擬制しうる。特に特許発明は個人から企業へ，そして国家から国際規模へとその主体の拡がりをみせている。この現象は，法社会学的に言い換えれば，すでに機械時代に，「発明とは個人の行為ではなく，個人による社会の行為」とし，「発明ということに関して個人の役割を過大評価してはならない」と論じられている[7]。それら発明者の構造と変容の経緯についても，考慮される必要がある。

　そして，学術論文の著作者は，新規性・進歩性（創作非容易性）・産業上利用可能性という発明者，考案者，そして意匠の創作者の観点が含まれている。学術研究の成果物に対する著作者は，発明者にもなりうる。それは，先取権から見たとき，発明・発見における著作者と発明者は合一した関係である。また，著作物の伝達行為は著作権法では準創作物となるが，コンテンツの送信システムは特許法の発明にもなりうる。著作者の関係は図1，図2の関係になり，映画の著作物の著作者（映画製作者），コンテンツの著作者（コンテンツ事業者）の関係は，発明者と考案者および意匠の創作者の関係にも想定される関係になる。

　なお，職務著作は，自然人でなく，法人でも著作者になりうる。他方，

（6）　Adolf A. Berle, Jr., Gardiner C. Means（北島忠男訳）・近代株式会社と私有財産（文雅堂銀行研究社，1959年）1〜155頁。株式会社では，所有権の増加によって，財産とよんでいた実体を名目的な所有権と支配（権力）との分離へと誘引したという（5，7，11頁）。所有権の地位が積極的動因から消極的動因のそれへと変化し，さらに所有権に付随していた精神的価値も，所有権から分離したことにより，所有者の意のままになった直接的な満足を喪失させるに至ったとしている（84頁）。
（7）　Eugen Ehrlich（河上倫逸 = Manfred Hubricht 訳）・法社会学の基礎理論（みすず書房，1984年）399頁。

特許法では職務発明規定には，使用者等（法人等）が発明者とみなす規定を有しない[8]。すなわち，発明と考案および意匠の創作は自然人に限られ，職務発明と職務考案および職務意匠であっても原始的に従業者（研究者）である発明者と考案者と意匠の創作者が発明・考案・意匠の創作の主体になる。

（2）　商標等の使用者

　商標等を使用する者（商標等の使用者）は，自己の業務に係る商品または役務について商標を使用す条件になる。その商標の使用をする者は，商標と商品および商標と役務（サービス）に使用する二つの関係からなる。第一は，業として商品を生産し，証明し，または譲渡する者である（商標法2条1項1号）。第二は，業として役務を提供し，または証明する者である（同法2条1項2号）。商標を使用する者が商標登録出願人であれば，商標権者になりうる。実演家・レコード製作者・放送事業者・有線放送事業者が著作隣接権者であるのと異なる。

　商品名は，著作物名である場合があり，また別な意味をもつ。例えばWindows® は，Windows のプログラムの著作物に，Windows という登録商標の二重の意味を有している。また，UTokyo OCW[9] のウェブページに使われているその他のブランド名およびロゴについても，第三者の商標とロゴがある。この商標の入れ子は，著作物の引用等と同じ構造を有している。

　商標法29条は，特許法，実用新案法，意匠法，そして著作権法との調整規定をおく。例えば，商標の使用形態と意匠の創作が相互に抵触する

（8）　文化庁・コンピュータ・プログラムに係る著作権問題に関する調査研究協力者会議報告書：コンピュータ・ソフトウェアと法人著作について（1992年3月）2頁，14〜15頁。
（9）　OCW は，オープンコースウェア（OpenCourseWare）のロゴであり，マサチューセッツ工科大学（MIT）が2001年に公表した大学等で正規に提供された講義とその関連情報をインターネットで無料公開するプロジェクトである。その流れは，大規模公開オンラインコース（Massive Open Online Courses：MOOC）のcoursera，edX，FutureLearn などへ移行している。

場合，意匠権については実施許諾を得ることにより，著作物については出版権の設定等の契約により調整されることになる。商標と商標の使用形態が発明・考案・意匠の創作および著作物・著作物の伝達行為という創作物と準創作物と関係することになり，そのことは商標自体に創作物の創作者と準創作物の準創作者が関与しうることになる。

4.　創作者・準創作者および知的財産権者

　創作者と準創作者は，必ずしも知的財産権者となれる訳ではない。それは，著作権制度と産業財産権制度で異なっている。農水知財制度とその他の知財制度は，産業財産権制度と同一性がある。

（1）　著作権制度における権利者

　著作権制度における権利者は，著作権者と著作隣接権者になる。創作者と準創作者および著作権者と著作隣接権者とは同時性がある。著作権制度では，著作物の伝達行為者で準創作者といってよいものの中で，著作隣接権者として認められていない出版行為と自動公衆送信またはウェブキャスティングに関わる者がある。

①　著作権者と著作隣接権者

　著作者は，著作権者である。そして，実演家・レコード製作者・放送事業者・有線放送事業者は，著作隣接権者である。

②　出版者

　出版は，著作物の伝達行為としては，古典的な対象である。出版行為を行う出版者は，出版権者と出版者の権利者（著作隣接権者）という面を持っている。出版者は，英国と米国は著作権者であり，独国と中国では著作隣接権者として規定される。なお，出版権の性質からいえば，出版者は，著作権者と著作隣接権者の性質も有しえよう。

(i) 出版権者

　出版行為に関しては，出版者は，出版権者として関わりを持つ。複製権等保有者（著作者または著作権者）の著作物を文書または図画として出版すること（出版行為）または記録媒体に記録された当該著作物の複製物を用いて公衆送信を行うこと（公衆送信行為）を引き受ける者である（著作権法79条）。出版行為はアナログ形式の書籍に対応し，公衆送信行為はデジタル形式の電子書籍に対応する。

　出版者には，著作物の伝達行為者であるが，著作隣接権者としての規定は設けられていない。著作物とは，公衆の要求を満たすことができる相当程度の部数の複製物が，複製権者（同法21条）またはその許諾（同法63条1項）を得た者もしくは出版権の設定を受けた者（同法79条1項）もしくはその複製許諾（同法80条3項）を得た者によって作成され，頒布された場合において，発行されたものとする（同法3条1項）。出版者は，出版権の設定または著作物の利用の許諾によって，著作物の伝達行為となる出版物の発行に関与している[10]。

　出版者が著作者による著作物の出版を出版物（書籍と電子書籍）の発行としての著作権法上の関係は，我が国の出版者は出版権者，英米系の出版者は著作権者となる。この関係は，前者は後者より相対的に弱い関係にあるように見える。このとらえ方は，デジタル化される著作物である電子書籍においても，同様になる。ところが，それらの権利の性質は，前者が著作権の支分権である複製権の期限付き譲渡であり，後者がcopyrighted works の信託譲渡であり，少なくとも著作物の発行に限れば，実質的には同じになる。これは，国際著作権制度の二つの法理に起因するものであり，米国連邦著作権法には著作物の伝達行為に関する法概念がないことによる。

---

(10)　著作権の譲渡が著作権（著作物）の利用権の譲渡とすれば，出版権は著作権（著作物）の利用権の設定，著作物の利用の許諾は著作権（著作物）の利用権の許諾とし，著作権法制における利用権制度として明確化できる。

(ii)　出版者の権利者

　出版者が著作物の伝達行為の形態である出版物の発行の主体になるためには，出版者が著作権・著作隣接権上の何らかの権利を有さなければならない。著作権に関しては，音楽出版社は，楽曲の出版にあたって，著作権の譲渡によっている。音楽出版社は，著作権者になる。著作隣接権に関しては，1990年代に「文化庁第 8 小委員会（出版者の保護関係）報告書」において，出版行為が出版者固有の権利として検討され，出版者の権利を著作隣接権として結論づけている。また，出版者固有の権利と同様な議論が2010年代に「印刷文化・電子文化の基盤整備に関する勉強会」で取り上げられる。しかし，ともに，出版者に出版者固有の権利は認められていないが，同様な議論は，今後とも生じてこよう。

③　自動公衆送信事業者とウェブキャスティング事業者

　公衆送信等には，自動公衆送信と送信可能化も含まれる。放送に対して放送事業者があり，有線放送には有線放送事業者がある。そうであるならば，自動公衆送信に自動公衆送信事業者が想定できる。ただし，自動公衆送信はオンデマンドになり，放送と有線放送はストリーミングになる。ネット配信のストリーミングは，有線放送と類似な取り扱いがなされているが，オンデマンドは明確になっていない。放送とネット同時配信では，公衆送信等の再定義が必要になろう。

　自動公衆送信事業者は，公衆送信の中に，放送，有線放送，そして自動公衆送信が含まれていることから，今後，想定される著作隣接権者といえる。それは，インターネット放送に関与する者であり，放送事業者や有線放送事業者が兼ねることもできる。また，それら事業者を含む別な事業者が，視聴覚著作物のストリーミングとオンデマンドに関与する者として別に規定されてもよいことになろう。それは，放送の有線と無線を超えた事業者といえる。

　また，ウェブキャスティング事業者は，放送とネット同時配信を想定して，ストリーミングとオンデマンドと両者の関係からとらえうるかもしれない。WIPO 放送機関条約案は，デジタル化・ネットワーク化に

対応した著作権関連条約の見直しの一部をなすものであり，他の著作隣接権とのバランスを確保するものである。WIPO 放送機関条約案は不確定な状態にあり，ウェブキャスティングの定義とウェブキャスティング事業者はデジュアリ標準として規定されることはないかもしれない。インターネットが普及していったように，デファクト標準によってウェブキャスティングが明確化し，放送事業者と有線放送事業者および出版者の中から，またはデジタルカメラのように全くの異業種からの参入により自動公衆送信事業者またはウェブキャスティング事業者として認知される形態，例えば YouTuber（ユーチューバー）やネット TV として既に現れているかもしれない。

（2）　産業財産権制度における権利者

　産業財産権制度では，創作者と準創作者が必ずしも産業財産権者になれるわけではない。発明者と考案者および意匠の創作者と特許権者・実用新案権者・意匠権者に不連続性がある。それは，商標等の使用者と商標権者の関係と同じである。

①　特許権者・実用新案権者・意匠権者

　発明者と考案者および意匠の創作者が特許出願人と実用新案登録出願人および意匠登録出願人であれば，それぞれ特許権者と実用新案権者および意匠権者になりうる。それらの関係は，著作者が著作権者であるのと異なる。

②　商標権者

　商標等の使用者は，商標登録出願人でなければ商標権者になることはできない。その関係は，実演家・レコード製作者・放送事業者・有線放送事業者が著作隣接権者であるのと異なる。

　商標登録を受けようとする者は商標登録出願人であり，その者は商標登録として直接に商標を商品と役務に使用するものでなければならない（商標法5条1項柱書）。しかし，その原則には，例外がある。それは，

団体商標制度と地域団体商標制度に関するものである。団体商標に関しては，一般社団法人その他の社団もしくは事業協同組合その他の特別の法律により設立された組合またはこれらに相当する外国の法人は，その構成員に使用をさせる商標について，団体商標の商標登録を受けることができる（同法7条1項）。地域団体商標に関しては，事業協同組合その他の特別の法律により設立された組合またはこれに相当する外国の法人は，その構成員に使用をさせる商標であって，その商標が使用をされた結果自己またはその構成員の業務に係る商品または役務を表示するものとして需要者の間に広く認識されているときは地域の商標登録を受けることができる（商標法7条の2第1項）。すなわち，商標の使用をする者は，自己またはその構成員の業務に係る商品または役務について商標を使用させる者であってもよいことになる。

（3）　農水知財制度における権利者

　種苗法の創作者と権利者との関係は，特許法の創作者と権利者との関係と同様である。ところで，地理的表示法の準創作者と登録生産者団体（権利者相当）との関係は，商標法の準創作者と商標権者との関係とは異なる。

①　育成者と育成者権者

　農水知財制度の創作者は育成者であり，育成者は品種の育成（人為的変異または自然的変異にかかる特性を固定または検定すること）をした者である（種苗法3条1項柱書）。育成者と品種登録を受けようとする者とは，産業財産権法と同様に，必ずしも同一ではない（同法5条）。そして，育成者またはその承継人が育成者権者になりうる。

②　登録生産者団体

　登録生産者団体は，特定農林水産物等（農林水産物・食品のうち,特定の地域で生産され，品質その他の特性が生産地に主として帰せられるもの)の生産者団体であって，生産行程や品質の管理を行う十分な能力

を有するものになる（地理的表示法6条）。農水知財制度の準創作者の生産者団体は，生産者や加工業者が組織する団体であり，複数の団体を登録することも可能である。そして，登録生産者団体が権利者に相当する。

（4）　その他の知財制度における権利者

　回路配置の創作をした者も，創作者である。そして，回路配置の創作をした者またはその承継人は，回路配置利用権の設定の登録を受けることができる者であり，回路配置利用権者になりうる（半導体集積回路の回路配置に関する法律3条1項）。法人その他使用者の業務に従事する者が職務上創作をした回路配置については，その創作の時における契約，勤務規則その他に別段の定めがない限り，その法人その他使用者は回路配置の創作をした者となる（同法5条）。

　営業秘密は，先取権者として，著作者でも，発明者等にもなりうるものが含まれる。それは，公表される著作物，公開される発明等，さらに公開される品種と回路配置に関する創作者であり，先使用権者になりうる。そして，先取権者は，先使用権者としてではなく，営業秘密の保有者となりうる。そして，先取権者は，先使用権者または創作者として営業秘密の保有者になりうる。

　知財制度の中で，著作者と著作権者および実演家・レコード製作者・放送事業者・有線放送事業者と著作隣接権者とは同時性がある。ところが，発明者（考案者，意匠の創作者）と特許権者（実用新案権者，意匠権者）とは発明（考案，意匠の創作）創造の時点と産業財産権法（特許法，実用新案権，意匠法）で特許発明（登録実用新案，登録意匠）が保護される時点が異なる。それは，商標等の使用者と商標権者と同じである。農水知財制度の植物の新品種の育成者と育成者権者および登録標章と農林水産物・加工品の使用者と権利者とはいえないが登録生産者団体と同じ構図になる。そして，回路配置図の創作者と回路配置利用権者は，著作権制度と産業財産権制度の中間的な性質を持つ。上記より，創作者と準創作者および知的財産権者との相関関係は，営業秘密の保有者の先取権者と先使用権者の派生として統合化される。

5. 創作者と準創作者との関係

　知的財産権者は，自然人であっても法人等であってもよい。ただし，創作者は，自然人が原則であるが，必ずしも自然人でなくてもよいとし，法技術として法人でもよい場合がある。この前提条件にたてば，ソフトウェアの職務創作を想定したとき，法人著作と相同とみなしうる法人発明が想定されることに合理性があろう。このことは，知的創造の主体である創作者において，法人著作と法人発明とを整合させることになろう。準創作物が創作物を内包しながら伝達される態様からいえば，デジタル環境においては，準創作者と創作者とを分けえないことになる。

　そして，実演家である俳優は，自然人である。著作権制度審議会の検討の中で，俳優が実演する行為に対し，俳優も映画の全体的形成に創作的に関与したと認められるものである限り，映画の著作者たりうると考えるとしている。それは，実演家が著作者へ漸近する見方といえる。実演家は，自然人であることから，著作者と同じような権利の性質をもつ。そして，放送事業者は，映画製作者として著作者となりうる。それに関して「WIPO 放送機関条約案」および「視聴覚的実演の保護に関する北京条約」の検討がある。創作者と準創作者とは，デジタル環境において，近接してくる。

　ところで，放送番組教材は，学術的な著作物，共同著作物，編集著作物，映画の著作物とも関連する。そこには，著作者と実演家が混在して関与している。印刷教材「知財制度論」は，著作者による著作物であり，出版者である放送大学教育振興会の出版物である。ただし，著作物と出版物とをつなぐための機能が想定でき，その機能は編集者が担っている。また，放送番組「知財制度論」は，放送事業者である放送大学学園の制作・著作になり，ラジオ番組教材として提供される。そのラジオ番組教材には，編集者と同様に，プロデューサーまたはディレクターが台本と放送番組とをつなぐための機能を果たしていることになる。編集者とプロデューサーまたはディレクターは著作者と著作隣接権者との中間的な機能を果たしており，その準創作者との関係はデジタル環境において明

確化されなければならない。

　デジタル環境で，コンテンツが商標を付して流通し利用されるとき，著作権制度と産業財産権制度とを分けてとらえることは，現実的とはいえない。それは，コンテンツの伝達・送信システムは発明が関係し，コンテンツの視聴のためのディスプレイ画面上のアイコンにはデザインが関与することからいえる。準創作者は，創作者と連携・融合する関係にあり，著作権制度と産業財産権制度および農水知財制度とが連携・融合する知財制度に関与する者になる。

🔲 研究課題

1　映画の著作物の著作者と映画製作者（著作者）との関係について考察せよ。
2　発明者と特許権者との関係について考察せよ。
3　ウェブキャスティング事業者について想定せよ。

6 | 知的創造の権利と関連権の構造

知的創造とそれに準ずる行為の権利の発生は，無方式主義（著作権法）と
方式主義（産業財産権法等）で異なる。また，方式主義に先発明主義と先願
主義の考え方がある。本章は，先取権と先使用権を起点にして，知的財産権
法の権利の構造を人格権と財産権との関係から考える。

1. 権利の発生—無方式主義と方式主義—

知的創造という無体物は，動産と不動産と同様に，財産権として憲法
で保護される（日本国憲法29条）。そこでは，財産権が侵されてはなら
ないとし，その私有財産権は正当な保証のもとに公共の福祉に用いるこ
とができるとする。その基本理念は，著作権制度と産業財産権制度およ
び農水知財制度の各法律の法目的になる。そして，知的創造とそれに準
じる行為は，先取権または先使用権によって，知財制度と連結する。知
財制度における権利の発生の方式には違いがある。その違いは，無方式
主義か方式主義かによる。方式主義には，先願主義と先発明主義がある。

無方式主義とは，著作権制度における原則であり，著作者の権利とこ
れに隣接する権利（著作権と関連権）を享有するためには登録，作品の
納入，著作権の表示などのどのような方式も必要としないとする原則で
ある。著作権法における著作権と関連権を得るための手続きは一切いら
ず，それらの権利が発生することになる。方式主義には，二つの意味が
ある。第一は，著作物が著作権（copyright）による保護を受けるため
には，方式的な要件が必要であるとするものである。それは，著作権法
における保護には，© 表示や登録が推奨され，また必要とされる原則
をいう。ただし，それは，著作権と関連権の発生とは関係しない。第二

は，産業財産権制度における原則であり，発明等は一定の手続きを経て登録されなければ特許権等は発生しないとする原則である。

　また，産業財産権制度における方式主義には，先願主義と先発明主義がある。例えば，最初に特許出願を行った者に特許権を与える先願主義制度の下では，同じ発明をした者が二人いた場合，どちらが先に発明をしたかに拘らず，先に特許庁に出願した者（出願日が早い方）が特許権者となりうる。この先願主義に対して，最初に発明をした者に特許権（patent）を与える先発明主義がある。同じ発明をした者が二人いた場合，出願日に拘らず，先に発明した者が特許を受ける権利を有する。

　産業財産権制度の権利の発生は，国際的には，先願主義に統一化されている[1]。ここで考慮しなければならないことは，国際的な著作権法界がベルヌ条約の下にあっても，実際には authors' right アプローチと copyright アプローチとの二つの法理が影響し合っている点である。ここに，先願主義においても，先発明主義が恒常的に影響を及ぼすことになろう。先取権と先使用権を起点にし，創作者の権利と準創作者の権利に分け，それぞれ知的創造の権利と関連権の構造を人格権と財産権との関係からとらえることにする。

2. 著作権制度における権利の構造

　著作者等は，著作者の権利とこれに隣接する権利，すなわち著作権と関連権を享有する。著作権（著作者の権利）は，著作者人格権と著作権からなる（著作権法17条1項）。その著作者人格権および著作権の享有には，いかなる方式の履行をも要しない（同法17条2項）。そして，著作者の権利に隣接する権利（関連権）とは，実演家の権利，レコード製作者の権利，そして放送事業者の権利と有線放送事業者の権利になる（同法89条1項〜4項）。それらは，著作隣接権になる（同法89条6項）。ただし，実演家の権利には，実演家人格権が含まれる（同法89条1項）。

（1）　米国は先発明主義をとっていたが，2013年3月16日以降に有効出願日がくる特許出願は，先発明主義から先願主義に変わっている。

実演家人格権と著作隣接権の享有には，どのような方式の履行をも要しない（著作権法89条5項）。

（1）　著作者の権利

　我が国の著作者の権利（author's right）は，著作者人格権と著作権からなる。著作者人格権は，公表権，氏名表示権，同一性保持権の三つからなる。著作権に含まれる権利は，複製権，上演権及び演奏権，上映権，公衆送信権等，口述権，展示権，頒布権，譲渡権，貸与権，翻訳権，翻案権等，二次的著作物の利用に関する原著作者の権利等の支分権からなっている。

　これら著作権の支分権は，著作物が創作者から利用者へ伝達され，新たに著作物が創作されていくプロセスに対応づけられて形を変える。この著作権の動的な関係は，遺伝型としての複製権が表現型としての著作権の支分権（複製権を除く）に形を変えて相転移しているとみなせる。

①　著作者人格権

　著作者人格権は，著作者の人格的権利（author's moral right）である。著作者人格権は，公表権（著作権法18条），氏名表示権（同法19条），同一性保持権（同法20条）の三つからなる。公表権とは，著作者が，その著作物でまだ公表されていないものを公衆に提供し，または提示する権利を有するとする権利である。その著作物を原著作物とする二次的著作物についても，同様とする。氏名表示権とは，著作者が，その著作物の原作品に，またはその著作物の公衆への提供もしくは提示に際し，その実名もしくは変名を著作者名として表示し，または著作者名を表示しないこととする権利を有するとする権利である。その著作物を原著作物とする二次的著作物の公衆への提供または提示に際しての原著作物の著作者名の表示についても，同様とする。同一性保持権とは，著作者が，その著作物およびその題号の同一性を保持する権利を有し，その意に反してこれらの変更，切除その他の改変を受けないものとするという権利になる。

著作者人格権（Urheberpersenlichkeitsrecht）は，1912年6月8日の
フレスコ判決（Freskenurteil）により承認されたといわれる[2]。また，
憲法の保障する基本的人権の問題であるプライバシー保護は，人権と著
作者人格権とを関連づける。

米国は，ベルヌ条約に加盟した後においても，米国連邦著作権法に著
作者人格権，特に同一性保持権を基本的に認めない立場をとっている[3]。
これは，米国の著作権（copyright）が二元的な保護からなっているこ
とに起因する。米国各州のコモンローが人権を実質的に保護していると
し，連邦著作権法であえて人格的権利を規定する必要性はないという法
解釈による。我が国の著作権法は，大陸法系のカテゴリーに入っており
著作者人格権の規定をもつが，著作権を動的に分析すると，author's
right と copyright の二つのアプローチの共時性を有している[4]。この典
型例は，コモンローの法概念に属する職務（法人）著作（著作権法15条
1項）の規定に現れている。

著作権の法理は，現行の著作権法において，出版者の版権
（copyright）から著作者の権利（author's right）へ転換がなされている。
その法理の転換の調整として，著作者人格権が創造されていく。著作者
人格権は，ベルヌ条約で規定された経緯からいって，「思想または感情
を創作的に有形的媒体へ固定を伴う表現がなされるまでの権利」という
性質をもつ[5]。この関係は，情報公開法の立法化に伴う著作物の公表に
関するみなし規定（同法18条3項），適用除外規定（同法18条4項），お
よび氏名表示権の適用除外規定（同法19条4項）についても，著作者人

（2）　齊藤博『人格権法の研究』（一粒社，1979年）97頁。
（3）　米国連邦著作権法では，視覚芸術著作物の著作者は，フェアユースを条件と
して，copyright の排他的権利と独立して，人格権（moral rights）の氏名表示およ
び同一性保持の権利を有するとしている。
（4）　齊藤博「職務著作とベルヌ体制」民商法雑誌，107巻4号5号（1993年），
519～522頁。
（5）　このとき，著作権法20条2項，3項は削除し，1項のただし書きに，「著作
物の性質並びにその利用の目的及び態様に照らしやむをえないと認められる改変に
ついては，適用しない。」という文言を挿入すればよいだろう。

格権の主張可能な範囲に対応づけられよう。

②　著作権

　著作権は，著作者の経済的権利（author's economic right）である。著作物の態様（著作権法10条1項）は，著作権の支分権（同法21〜28条）に対応づけ，規定されている。それら支分権は，あたかも新しい複製技術の開発・普及とともに順次つけ加えられているかのように見える。我が国は，コンピュータ内部記憶装置へのプログラムの読み込み，実行の行為を複製と評価するかどうかに対して，次の見方をとる。コンピュータ内部記憶装置に著作物を貯蔵する行為は，瞬間的かつ過渡的で直ちに消え去るものであるため，著作物の複製には該当しないと解釈し，どちらかといえば複製に対して否定的な見解が通説的であった[6]。その流れにあって，内部記憶装置への蓄積を複製とみなす規定を設ける必要性が指摘される[7]。

　このような経緯から，同一構内でのローカル・エリア・ネットワーク（LAN）を用いたコンピュータ・プログラムの利用形態に対処するために，それを公衆送信権の対象としている（同法2条9の5）。また，デジタル送信についても新たに権利が設けられている現在，著作物をコンピュータ端末次元で一時的に蓄積することをあえて「複製」の中に包接する必要はないとし，「複製権」を広げるより，必要に応じ，他のより適切な権利を考えるほうが妥当であろうとする見解がある[8]。しかし，法理の整合性からいって，我が国において，送信に厳密な再定義を行う必要性は，存在しないはずである。したがって，瞬間的蓄積が複製にあたるかどうかということも，我が国の法理において，問題とならない。

（6）　著作権審議会・著作権審議会第2小委員会（コンピュータ関係）報告書（1973年6月）35頁。
（7）　著作権審議会・著作権審議会第6小委員会（コンピュータ・ソフトウェア関係）中間報告（1984年1月）49〜50頁。
（8）　齊藤博「特集　著作権法制の新局面　交錯する新旧の課題」ジュリスト，1132巻（1998年）6頁。

すなわち，我が国の著作権侵害の認定にあたって，著作権の支分権，例えば頒布権（著作権法26条）や公衆送信権等（同法23条）の厳密な認定をその根拠にしていく必要はない。

しかし，このような著作権の支分権の創設によって，著作権のすべてを包接しきれるものではない。さらに，無体物である著作物と，有形的媒体（ここではコンピュータ端末で一時的に蓄積することを含む）に固定される複製物を架橋する中心となる概念は，複製および複製権になろう。そこで，著作権の支分権は，著作物の複製（reproduction）に関する権利，著作物の伝達（transmission）に関する権利，著作物の派生（derivative）に関する権利の3カテゴリーが階層化した権利関係をとっていると見ることができる[9]。上記の著作権の支分権を整理すると，複製に係る権利―複製権（著作権法21条），送信に係る権利―上演権および演奏権（同法22条），上映権（同法22条の2），公衆送信権等（同法23条），口述権（同法24条），展示権（同法25条），頒布権（同法26条），譲渡権（同法26条の2），貸与権（同法26条の3），派生に係る権利―二次的著作物の作成に関する権利（翻訳権，翻案権等（同法27条）），二次的著作物の利用に関する原著作者の権利（同法28条）の3カテゴリーになろう。

なお，著作権の支分権の例示規定とは別に，輸入権（同法113条5項）がある。この輸入とは，商業用レコードの頒布の要素であり，商業用レコードという複製物のグローバルな伝達の経路に対応する。この輸入権の性質は，copyright と copyrighted works との関係と適合し，いわゆるアナログ環境の著作物の伝達に伴う態様の性質が集約されている。また，出版権者である複製権等保有者が設定する出版権は，著作権の限定された権利といえるし，公衆送信等のデジタル環境の対応になる[10]。さ

（9）　兀玉晴男（中国語訳：牟宪魁）「著作权的构造论――以信息内容的传播利用为目的的著作权的单纯化」知识产权16巻94号（中国知识产权研究会，2006年）92〜95頁。

（10）　複製が考えられうるすべての形式である点から，出版権に，デジタル環境の対応は，不必要なはずである。

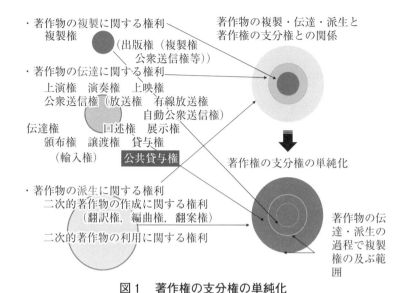

・著作物の複製に関する権利
　複製権
　　（出版権（複製権
　　　　公衆送信権等））

・著作物の伝達に関する権利
　上演権　演奏権　上映権
　公衆送信権（放送権　有線放送権
　　　　　　　自動公衆送信権）
　伝達権　　口述権　展示権
　頒布権　譲渡権　貸与権
　　（輸入権）　　公共貸与権

・著作物の派生に関する権利
　二次的著作物の作成に関する権利
　　（翻訳権，編曲権，翻案権）
　二次的著作物の利用に関する権利

著作物の複製・伝達・派生と
著作権の支分権との関係

著作権の支分権の単純化

著作物の伝
達・派生の
過程で複製
権の及ぶ範
囲

図1　著作権の支分権の単純化

らに，著作権の制限の中においては，公共図書館の貸与に関する公共貸与権の議論がある[11]。それは，貸与権が著作権の保護における著作物の利用になり，公共貸与権が著作権の制限における著作物の使用になる。公共貸与権は，貸与権と表裏一体としての著作権の支分権といえる。それらを含め，著作権の支分権は，著作物の複製と複製権と表裏一体の関係にある（図1参照）。著作権の支分権は著作者の経済的権利として重要な要素として権利が付与されているが，その「権」を取ってストーリーにすれば，無体物の著作物が視覚化された複製物として伝達・派生していく態様を表現したものになる。

　著作権の所有は，著作物の創作によって表現されたものに対してなされる。言語の著作物において著作権の所有とは，書かれたものを所有することにより，その物に対する権利を所有することになる。これは書物の歴史を通して見られるものであり，著作権の所有の原型になる。デジ

(11)　公貸権委員会「公貸権制度に関する調査・研究」著作権研究所研究叢書13号（著作権情報センター附属著作権研究所，2004年）。

表1　著作隣接権の構造

実演家の権利	レコード製作者の権利	放送事業者の権利	有線放送事業者の権利
録音権および録画権　放送権および有線放送　送信可能化権　放送のための固定　放送のための固定物等による放送　放送される実演の有線放送　商業用レコードの二次使用　譲渡権　貸与権等	複製権　送信可能化権　商業用レコードの二次使用　譲渡権　貸与権等	複製権　再放送権および有線放送権　送信可能化権　テレビジョン放送の伝達権	複製権　放送権および再有線放送権　送信可能化権　有線テレビジョン放送の伝達権

タル化される著作物は，原稿用紙に書き込まれたものをコード化された情報に変化させる。この形態は，伝達の様式の変化を伴い，著作物の領有形態を変化させよう。ただし，ここで留意しなければならないことは，無体物としての著作物の所有は，物の所有よりも情報形態の所有の方により整合することである。

（2）　著作者の権利に隣接する権利

　著作物の伝達行為者の権利は，実演家の権利，レコード製作者の権利，放送事業者・有線放送事業者の権利になる。その権利は，著作隣接権（表1参照）になるが，実演家の権利とその他の権利で性質を異にする。

①　実演家の権利

　著作隣接権には著作者人格権は認められないが，実演家の権利には限定された実演家人格権が認められている（WPPT 5条）。この実演家人格権は，現に行っている実演（live aural performances）およびレコードに固定された実演に関して実演家であることを主張する権利（氏名表示権），およびこれらの実演の変更等により自己の声望を害するおそれのあるものに対して異議を申し立てる権利（同一性保持権）を保有する。ここで，限定された実演家人格権とよぶのは，実演が音に関する部分に限られることによる。

　実演家の権利は，著作者の権利と同様に，実演家の人格的権利と経済

的権利からなる。実演家人格権は，氏名表示権と同一性保持権からなる。
実演家人格権の氏名表示権は，実演家は，その実演の公衆への提供また
は提示に際し，その氏名もしくはその芸名その他氏名に代えて用いられ
るものを実演家名として表示し，または実演家名を表示しないこととす
る権利である（著作権法90条の2）。実演家人格権の同一性保持権とは，
実演家は，その実演の同一性を保持する権利を有し，自己の名誉または
声望を害するその実演の変更，切除その他の改変を受けないものとする
権利になる（同法90条の3）。実演家の経済的権利は，著作隣接権であ
る（同法91条～95条の3）。

②　レコード製作者の権利・放送事業者の権利・有線放送事業者の権利

　レコード製作者の権利（著作権法96条～97条の3）と放送事業者の権
利（同法98条～100条）および有線放送事業者の権利（同法100条の2～
100条の5）は，著作隣接権になる。著作権と関連権における自然人の
権利の構造は，人格的権利と経済的権利との重ね合わせによって形成さ
れる。著作隣接権は著作物（無体物）から有体物（実演・レコード・放
送・有線放送という有形的媒体）へ固定されるときに創造され，著作権
と著作隣接権との相互の関係は無体物と有体物とのはざまに派生するも
のである。有形的媒体へ固定された著作物を複製する権利において，著
作者人格権の入る余地はない。上記の関係は，厳密には著作物そのもの
ではなく，その複製物の経済的価値が認識されていたにすぎないという
見解になろう[12]。著作物の経済的価値は，間接的に複製される行為に連
動した尺度によって評価されていることになる。レコード製作者の権利，
放送事業者の権利，有線放送事業者の権利の著作隣接権は，著作権の支
分権の単純化モデルの権利の構造を内包し，著作権の支分権のうち有形
的媒体への固定に伴う著作物の複製と伝達に関する権利に対応する。

　なお，実演家の著作隣接権では，複製権が明記されていない。実演家

---

(12)　斉藤博「著作者人格権の理論的課題」民商法雑誌116巻6号（1997年）818頁。

がその実演を映画に録音・録画することを許諾したときには，映画に収録された実演をさらに録音・録画することについては，実演家の権利を適用しない（著作権法91条2項）。これは，実演家が映画の著作物において，著作隣接権が制限されていることと関係しよう。実演家の録音権・録画権（著作権法91条1項）には，実演の録音・録画を複製することが含まれている。そして，著作隣接権の支分権とも呼ぶべきものが著作権の支分権と同様に例示規定とすれば，実演家の著作隣接権にも複製権が想定できる。そのように解することによって，著作権と著作隣接権は，複製権で通底する。

　上記の検討から，1）著作者人格権は実演家人格権を内包，2）著作権と出版権は著作物の複製と伝達と派生に関して複製権で連携・融合，3）著作隣接権は著作物の有形的媒体への固定またはその擬制による複製と伝達に関して複製権で連携・融合，が導かれる。したがって，著作権と関連権は，著作者人格権，著作権，出版権，実演家人格権，著作隣接権の五つの権利が，人格権については同一性保持権に，財産権については複製権を核に，集約される。

③　出版者の権利

　出版者は複製権等保有者（著作権者）による出版権の設定により出版行為ができることになるが，それは出版者固有の権利によるものではない。1990年6月，「文化庁第8小委員会（出版者の保護関係）報告書」において，出版行為が出版者固有の権利として検討されている。出版者の権利を著作隣接権として結論づけ，出版者固有の権利として「版面権」の創設が検討されている[13]。なお，英国では，版面権とアナロジーのある著作物の全体またはいずれかの部分の「発行された版」（published editions）に著作権がある（英国著作権法8条）。その後，版面権の創設は頓挫し，報酬請求権へと軌道修正されたが，その法改正

---

(13)　著作権審議会・著作権審議会第8小委員会（出版者の保護関係）報告書（1990年6月）9〜11頁。

はなされていない(14)。これは，答申された中で，唯一，法改正に至らなかったケースとなっている。

　その後，電子書籍や印刷本のデジタル化において，出版者固有の権利と同様な議論がなされる。例えば2012年に「印刷文化・電子文化の基盤整備に関する勉強会」が著作隣接権として位置づける「出版者への権利付与」を深めたいとしているものがある。その動きは，これに先立ち業者を介して印刷本をデジタル化する，いわゆる「自炊」問題と連動する。それらは，電子書籍が新しい出版市場が拡大していくというとらえ方の中で，権利処理の複雑化や権利侵害と推定されるコピー問題に対抗するため，出版者側の提案になる。他方，その出版者の権利としての著作隣接権について，著作者団体は，否定的な見解を述べている。この構図は，1990年代と同様である。「印刷文化・電子文化の基盤整備に関する勉強会」の検討の流れは，出版権に関するデジタル環境の対応として，複製権に公衆送信権等を付加することによって収束している。

④　自動公衆送信事業者の権利・ウェブキャスティング事業者の権利

　自動公衆送信事業者の権利は，放送事業者の権利と有線放送事業者の権利と類似する権利の構造を有しよう。ウェブキャスティング事業者の権利においては，WIPO放送機関条約案の議論となっている主な論点として，利用可能化権の付与に当たっての固定物・非固定物の取り扱い，再送信権の付与に関する同期・非同期の再送信の保護，禁止権の取り扱い，送信前信号の保護に関する権利が関与する。自動公衆送信事業者の権利とウェブキャスティング事業者の権利は，著作隣接権者の権利とし

(14)　出版者がコピー行為を差し止めるために，出版者固有の権利として「版面権」を創設しうるという見解が主張される。その流れにそう形で，著作隣接権のカテゴリーで出版者固有の権利として版面権を認めようとする答申がなされ，1989年に国会に提出される経緯となった。しかし，工業製品の技術開発と比較して，出版物の版面にいったいどのような知的操作が加えられているといえるのか，という論点から，経済団体連合会により強硬な反論が加えられ，先送りとなる。その後，出版者固有の権利の検討内容は1990年に再度答申がなされ，出版者に「許諾権」でなく「報酬請求権」を認める形に方向づけられている。

ての著作隣接権となる。

3. 産業財産権制度における権利の構造

　産業財産権が純粋な経済的権利であることから，人格的権利の面は考慮されることはないといってよい。それは，産業財産権法が特許権，実用新案権，意匠権，そして商標権という経済的権利の保護を規定しているからである。しかし，発明者は自己のなした発明を発明の完成と同時に原始的に取得し，その発明に対する発明者の権利は人格的価値と経済的価値からなる。創作者は，著作者の権利との比較対照から特許権と実用新案権および意匠権を発明者と考案者および意匠の創作者の権利からとらえることができる。そして，準創作者は，著作物の伝達行為者の権利との比較対照から，商標権を商標の使用者の権利と対応づける。

（1）　発明者・考案者・意匠の創作者の掲載権
　発明者の名誉権は，「発明者は，特許証に発明者として記載される権利を有する」（パリ条約4条の3）によって発明者の氏名を特許証に記入すべく義務づけ発明者掲載権として認められている。それに対して，発明者掲載権は，特許を受ける権利の一部を形成するものとはされていないという[15]。しかし，発明者の権利は，発明者が自己の発明に対して有する権利を指し，それは経済的権利と人格的権利の二要素から構成されている[16]。そうであるならば，その関係は，著作者の権利が著作物に対して有する権利に人格的権利と経済的権利の二要素からなるのと構造的には同じになる。

　著作物に対する人格的権利と発明に関する人格的権利の程度に差があるとしても，発明についても人格的権利の要素は認められている。この発明者の人格的権利は，発明者固有の権利であり，奪うことはできない。およそ著作者であっても発明者であっても，自然人の感情の発露である

---

(15)　吉藤幸朔・特許法概説　[第10版]（有斐閣，1994年）138頁。
(16)　中山信弘・発明者権の研究（東京大学出版会，1987年）211頁。

創作物に関する権利には，知財制度に内包される必要性は問わないものの，人格的な要素は含まれる。著作者の権利と発明者の権利との性質の間に差異はない。それらに差異があるとすれば，制度の違いによるものであり，権利自体の性質から導かれるものではない。

　したがって，発明者掲載権（考案者掲載権，意匠の創作者の掲載権）は，発明者（考案者，意匠の創作者）の氏名が掲載される人格的権利である（特許法36条1項2号，実用新案法5条1項2号，意匠法6条1項2号）。それら権利は，発明者（考案者，意匠の創作者）の人格的権利であり，著作者人格権と実演家人格権の氏名表示権に相当する。知的創造サイクルからいえば，発明者（考案者，意匠の創作者）の人格的権利には公表権と同一性保持権が想定され，知財制度で保護期間が設定される経済的権利だけでなく人格的権利の関係も考慮する必要がある。

（2）　産業財産権

　特許を受ける権利は，移転することができる（特許法33条1項）。同様に，実用新案登録（考案登録）を受ける権利と意匠登録を受ける権利および商標登録出願により生じた権利は，移転することができる（実用新案法11条2項と意匠法15条2項および商標法13条2項で特許法33条1項を準用）。それら権利が特許権と実用新案権および意匠権ならびに商標権となるためには，一定の手続きが必要である。

①　特許権・実用新案権・意匠権

　特許権と実用新案権および意匠権は，設定の登録により発生する（特許法66条1項，実用新案法14条1項，意匠法20条1項）。産業財産権法は，方式主義であり，先願主義によっている。したがって，一定の手続きを経て登録されなければ産業財産権は発生しない。

　特許法における手続きは，特許出願，出願公開，審査からなる[17]。特

---

(17)　弁理士会「特許権と特許出願」http://www.jpaa.or.jp/intellectual_property/patent/，（2019.10.31アクセス）

許出願が所定事項を記載した特許願を特許庁長官に提出することが必要である（特許法36条1項，36条の2第1項）。まず，提出された書類が書式通りであるかどうか，不足はないかどうかの方式審査がなされる。そして，同じ内容の研究が行われるのを防ぐために，出願公開，すなわち出願内容の公開が特許出願されてから1年6カ月で行われる（同法64条，65条）。出願審査請求は，出願日から3年以内に請求しなければならない。出願審査請求をしなければ審査は行われず，出願審査請求が3年以内に行われない場合は出願が取り下げられたものとされる。出願審査請求されると，実体審査が開始され，所定の特許要件を満たしているかどうかが調べられる。実体審査において特許要件を満たしていないと判断されると，拒絶理由通知書が送付される。その拒絶理由通知に対して，意見書や補正書の提出ができる。それでも，実体審査において要件を満たしていないと判断されると，出願は拒絶され拒絶査定謄本が送達される。実体審査において，特許要件を満たしていると判断されると，特許査定謄本が送達される[18]。そこで，特許料を納付し，設定登録されると特許権が発生することになる。特許権の内容は，特許公報に掲載され一般に公開される。なお，特許出願は，特許協力条約（PCT）による国際特許出願が可能である。

　実用新案権と申請の手続きは，簡素化されている[19]。実用新案登録出願と同時に第1年から第3年分の登録料を納付し，書類上の不備がないかどうか，基礎的要件を満たしているかどうかについて方式・基礎的要件審査がなされる。提出書類や要件に不備があった場合は，出願人に対して補正命令が出され，補正命令に対して，出願人が応答しない場合は出願が却下される。提出書類や要件に不備のない出願は，設定登録され，実用新案権が発生し，実用新案権の内容は実用新案公報に掲載され，一般に公開される。意匠権と申請の手続きは，出願公開を除けば，特許権と申請の手続きと同じになり，設定登録され意匠権が発生し，意匠権の

（18）　拒絶査定に対しては，拒絶査定不服審判を請求することができる。

（19）　弁理士会「実用新案権と実用新案登録出願」http://www.jpaa.or.jp/intellectual_property/utilitymodel/，（2019.10.31アクセス）

内容は意匠公報に掲載され一般に公開される[20]。

　特許権（実用新案権）の設定の登録，すなわち権利が発生したとき，特許公報（実用新案公報）に，発明者（考案者）の氏名が掲載される（特許法66条 3 項 3 号，実用新案法14条 3 項 3 号）。ただし，意匠権の設定の登録の意匠公報には，意匠の創作者の掲載はなされていない。ここに，意匠の創作者の掲載は，明記されるべきである。そして，先願主義においても，先発明主義との調整が恒常的になされることになる。それは，先に発明し，先に考案し，先に意匠の創作した者に先使用による通常実施権（特許法79条，実用新案法26条で特許法79条を準用，意匠法29条）が認められる点にみることができる。

②　商標権

　商標の使用者の権利である商標権は，設定の登録により発生する（商標法18条 1 項）。商標権の発生は，一定の手続きを必要とする[21]。まず，商標登録出願が必要である。所定事項を記載した「商標登録願」を特許庁長官に提出する必要がある。願書には，商標登録を受けようとする商標を記載しなければならない。商標法は一商標一出願の原則によっており，商標登録出願は，商標の使用をする 1 または 2 以上の商品または役務を指定して，商標ごとにしなければならない（同法 6 条）。

　商標登録出願されると，方式審査と実体審査がなされる。方式審査は，提出された書類が書式通りであるかどうか，不足はないかどうかを審査することになる。実体審査は，所定の登録要件を満たしているかどうかが審査される。実体審査において登録要件を満たしていないと判断されると，出願は拒絶され拒絶理由通知書が送付される。それに対して意見書や補正書を提出することができる。

　実体審査は，拒絶査定と登録査定になる。意見書や補正書によっても

---

(20)　弁理士会「意匠権と意匠登録出願」http://www.jpaa.or.jp/intellectual_property/designl/，（2019.10.31アクセス）
(21)　弁理士会「商標権と商標出願」http://www.jpaa.or.jp/intellectual_property/trademark/，（2019.10.31アクセス）

拒絶理由が解消されないで，登録要件を満たしていないと判断されると，出願が拒絶され，拒絶査定謄本が送達される。実体審査において，登録要件を満たしていると判断されると登録査定の謄本が送達される。登録査定がされると，登録料を納付し，設定登録されると商標権が発生する。発生した商標権の内容は，商標公報に掲載され一般に公開される。団体商標登録（商標法7条）と地域団体商標登録（同法7条の2）および防護標章登録（同法64条）も同様である。

4. 知財制度における権利の構造

　育成者権は，品種登録により発生する（種苗法19条1項）。そして，出願品種の育成をした者の掲載権が規定されている（同法5条1項4号）。回路配置利用権は，設定登録により発生する（半導体集積回路配置法10条1項）。そして，回路配置を創作した者の掲載権の規定もある（同法3条2項4号）。

　それらの関係は，発明者の権利等と同様である。品種登録を受けようとする者は，農林水産省令で定めるところにより，出願書を農林水産大臣に提出しなければならない（種苗法5条1項）。そして，出願公開がなされ（同法13条1項），審査を経て拒絶されることがない限り品種登録されることになる（同法15条～18条）。また，回路配置利用権の設定登録を受けようとする者は，申請書を経済産業大臣に提出しなければならない（半導体集積回路配置法3条2項）。経済産業大臣は，設定登録の申請があったときは，申請を却下する場合を除き，設定登録をし，公示しなければならない（同法7条2項）。

　出願品種の育成をした者および回路配置の創作した者が出願者と異なる場合，意匠の創作者の掲載権と同様に，それらの者の氏名等は出願公表（種苗法13条1項）または設定登録の公示（同法7条2項）では明記されていない。知的創造する主体である創作者の観点からは，出願公開，設定登録の公示に，意匠の創作者の掲載権と同様に，出願品種の育成をした者の掲載権と回路配置を創作した者の掲載権の明示は必要である。

5．人格権と財産権との連携・融合

　知財制度は，一般的には，創作者と準創作者の経済的権利が前提にな
る。著作者の権利および発明者等の権利からいえば，別な権利の構造の
様相を見せる。そこでは，職務著作では法人であっても人格的権利が認
められる。他方，実演家には著作者と同様に人格的権利が付与されるこ
とになる。知的創造の権利と関連権は，人格的権利と経済的権利との連
携・融合の関係からとらえられる。その関係は，営業秘密と肖像に関す
る権利および遺伝情報の権利に関してもいえる。営業秘密は，知的創造
の客体の創造物として著作者の権利および発明者等の権利になりうる。
肖像に関する権利（肖像権）には，芸能人やスポーツ選手等の著名人の
肖像や氏名等に関する権利がある。これは，商品化権と同じように，我
が国においては，明文の規定をもたないが，判例によって形成された権
利である。肖像権は，プライバシー権とパブリシティ権が融合した権利
といえる(22)。前者は有名人でも一般人でもだれにも一律に認められるが，
後者は有名人に認められている権利である。肖像権は，人格的権利と経
済的権利とが融合した権利になる。さらに，遺伝情報に関する権利は，
遺伝情報がオーダーメード医療に関しては最も重要な個人の権利であり，
人類共通の財産ともいえる。それには，知財保護とプライバシー保護お
よび公共的な利用との対立図式が内包されている。このとき，遺伝情報
の権利に対して，個人の権利およびそれを超える対象の人格的権利が想
定される。他方，遺伝情報のヒトゲノムは，新薬開発が寄与し，発明の
経済的権利の対象になる。

　上記の営業秘密と肖像権および遺伝情報に関する権利を含め，知的創
造の権利と関連権は，先取権と先使用権を起点に，著作権制度と産業財
産権制度および農水知財制度における権利の発生の違いにより分化し，
人格的権利と経済的権利が一体化してまたは分散化して輾転流通する関

---

(22)　斉藤博「氏名・肖像の商業的利用に関する権利」特許研究15号（1993年）18
～26頁。

係をもつ。そして、それら権利は、知的創造サイクルの中で知財制度の保護期間を超えて転位することになる。

ところで、権利の所有と利用の関係は、次のようになる。知的財産権は、資本主義における私的所有にあたる。それら基準は資本主義における私的所有を意味し、その所有形態は絶対性と抽象性になる[23]。所有の絶対性は、所有者が所有物に対しどのような行為（使用、収益および処分）をもなしうることにある（民法206条）。すなわち、客体に対するあらゆる支配を含むところの全包括的な権利である[24]。ただし、この資本主義的所有は、法社会学的には、歴史的、地域的に特殊なものといえるという[25]。所有の抽象性は、観念的・論理的に決定されることをいう。すなわち、当該物を現実に支配しているかどうかに関係なく、所有権は成立する。したがって、所有（ownership）は、占有（occupation）とは直接に関係しない。一つの所有物は一人の所有者（自然人、法人）に限る。ただし、数人が同一物の所有権を量的に分有する共有と、質的に分有する総有は、資本主義的所有と矛盾するものではない。資本主義的所有は、非現実的な所有形態を可能とする。なぜならば、所有が抽象的、観念的、論理的であることから導かれる当然の帰結といえるからである。そして、非現実的な所有は、デジタル環境の知財との関連で現実的なものとなってこよう。

---

(23) 川島武宜『日本人の法意識』（岩波書店、1967年）62～71頁。
(24) 川島・前掲注（23）64頁。
(25) 川島・前掲注（23）63頁。

🔶 研究課題

1 著作権の支分権の違いについて説明せよ。
2 発明者の権利と特許権との違いについて考察せよ。
3 肖像権について、その権利の構造について考察せよ。

7 │ 知的創造の権利と関連権の帰属

　創作者と準創作者の経済的権利は，移転できる。他方，創作者と一部の準
創作者の人格的権利は，一身専属性によって移転することはできない。それ
らの関係は，著作権制度と産業財産権制度および農水知財制度で異なる。本
章は，知的財産権法の権利の帰属を人格権と財産権との関係から考える。

1．権利の帰属の関係

　権利の帰属[(1)] の関係は，著作権制度と産業財産権制度および農水知財
制度における権利の発生の時点の差異から，産業財産権制度等の創作者
が創作時に権利者であるとは限らない。無方式主義をとる著作権法と方
式主義をとる産業財産権法は，権利の発生の時点で，権利の帰属関係に
違いが生じる。著作者は著作権者であるが，発明者等は特許権者等とは
限らない。職務発明における一連の特許訴訟においても，特許権者は総
じて発明者ではない。

　そして，創作者または一部の準創作者は人格的権利と経済的権利を有
するが，それら権利の帰属は知財制度の中で異なることがある。そして，
種苗法は，産業財産権法と同様の権利の帰属関係にあり，半導体集積回
路配置法は著作権法と産業財産権法との中間的な権利の帰属を見せる。
なお，地理的表示法では，特定な者への権利の帰属はない。

　知的創造サイクルの中で，先取権と先使用権は，創作者と準創作者を
特定するうえで，それらの人格的権利の帰属が重要である。その観点か

（1）　帰属は，英語表記（attribution, ownership, transfer, assignment）に相当
し，我が国では譲渡，設定，許諾を意味しよう。

ら，知的創造の権利と関連権の帰属は，創作者と準創作者の人格的権利と経済的権利の連携・融合の関係からとらえ直す必要がある。そのためには，ソフトウェアが著作物であり，また発明等の場合が想定されていることからいえば，職務創作の人格的権利に関する調整の課題がある。知的創造の権利と関連権における人格的権利と経済的権利は，知財制度の各法において非対称的な帰属関係を有しており，それらの整合をはかる必要がある。

2. 著作権制度における権利の帰属

著作権法では，著作者人格権，著作権，出版権，実演家人格権，著作隣接権の五つの権利を対象とする。著作者人格権および実演家人格権がそれぞれ著作者と実演家の人格的権利であり，著作権と出版権および著作隣接権が著作者と出版権者および著作隣接権者の経済的権利である。なお，映画の著作物の著作権の映画製作者への帰属は，特異な形態である。また，著作権等管理事業法は著作権等（著作権と著作隣接権）を対象とし，コンテンツ基本法は著作権（知的財産権）を対象とし，ともに人格権を対象外とする。

（1）　人格権の帰属

著作権法では，著作者は著作者の人格的権利の著作者人格権を享有し，実演家は実演家の人格的権利の実演家人格権を享有する。著作者人格権は，著作者の一身に専属し，譲渡することができない（著作権法59条）。同様に，実演家人格権も，実演家の一身に専属し，譲渡することができない（同法101条の2）。

著作者人格権と実演家人格権は，一身専属性で譲渡不可であり，著作権と関連権の中で原則として著作者および実演家に生涯にわたって帰属する。その著作者には，いわゆる職務著作における法人等が含まれ，著作者の権利として法人等に著作者人格権が帰属することがありうる。その法人等の著作者人格権は，自然人の著作者人格権の帰属とは異なる面がある。

（2）　財産権の帰属

　著作権法における経済的権利は，著作権，著作隣接権，出版権になる。著作権等管理事業法では著作権と著作隣接権であり，コンテンツ基本法では著作権になる。

①　著作権

　著作者が享有する著作権は，その全部または一部を譲渡することができる（著作権法61条１項）。著作権を譲渡する契約において，翻訳権，翻案権等（同法27条）または二次的著作物の利用に関する原著作者の権利（同法28条）に規定する権利が譲渡の目的として特掲されていないときは，これらの権利は，譲渡した者に留保されたものと推定される（同法61条２項）。職務著作において，法人等に著作者の権利として著作権が帰属する。

　また，映画の著作物の著作権は，その著作者が映画製作者に対しその映画の著作物の製作に参加することを約束しているときは，その映画製作者に帰属する（同法29条１項）。映画の著作物の著作権の帰属は，著作権の譲渡とは異なり特異なパターンになる。これは，映画のタイトルエンドに表示される © に併記される映画製作者への権利の帰属になり，これは英米の出版物の出版者における権利の帰属と同様である。

　なお，英米法系では，著作権の二つの基本的な基準，（１）著作権は所有権の一形態であること，（２）著作権が所有権の一形態であることから，その本来の性質は所有権による処分が自由なこと，がある。映画がベルヌ条約の著作物とは異質の米国のエンタテイメント・コンテンツとして育まれたことからいって，映画製作者の権利の帰属は，英米法系の理解によるものといえる。著作者（著作権者）である複製権等保有者は，出版権を設定できる。そして，出版権は，複製権等保有者の承諾を得た場合に限り，その全部または一部を譲渡することができる（同法87条）。また，著作権者は，他人に対し，その著作物の利用を許諾することができる（同法63条１項）。出版権の設定は，著作物（著作権）の利用権としての物権的権利といえる。そして，著作物の利用の許諾は，著

作物（著作権）の利用権としての債権的権利といえる。

②　出版権

　出版権者は，複製権等保有者の承諾を得た場合に限り，出版権の譲渡ができる（同法87条）。また，出版権者は，複製権等保有者の承諾を得た場合に限り，他人に対し，その出版権の目的である著作物の複製または公衆送信を許諾することができる（同法80条３項）。

　我が国における出版条例，版権条例[2] から版権法へ展開していく経緯は，copyright アプローチの流れによるものといえる。それは，出版権が現行著作権法に組み込まれる経緯でもある。したがって，出版権は，多様な性質を有する。出版権は，著作権の支分権の複製権と公衆送信権等に限定した関係にあるが，著作権の単一化からいえば著作権といってもよい。なお，英国では，版面権ともアナロジーのある著作物の全体またはいずれかの部分の「発行された版」（published editions）に著作権がある（英国著作権法８条）。そして，独国では，学術的刊行物は著作隣接権で保護され，それは刊行物の作成者に帰属する（独国著作権法70条）。中国では，著作隣接権のカテゴリーで保護され，図書出版者は専用出版権を享有する（中国著作権法31条）。我が国では，出版権は，複製権・公衆送信権等という著作権の支分権であり，出版者の権利として著作隣接権としての性質があり，さらに著作物（著作権）の利用権の性質を有している（図１参照）。出版権が設定される出版権者は，著作権が帰属する著作権者，著作隣接権が帰属する著作隣接権者，著作物の利用が許諾される著作物利用権者の性質を持っていよう。なお，著作権の譲渡に関する規定がある中で，出版権に関する条項は，削除の対象として検討されたことがある。この観点は，英米法系の信託のとらえ方の影響によっている。

（2）　版権は，copyright の和訳であるが，我が国では法律用語ではない。なお，中国では，著作権と版権は同義である（中国著作権法57条）。

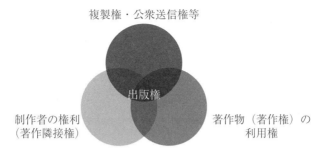

複製権・公衆送信権等

出版権

制作者の権利
（著作隣接権）

著作物（著作権）の
利用権

図1　出版権の三つの権利の性質

③　著作隣接権

　著作隣接権は，譲渡することができる（著作権法103条で61条を準用）。すなわち，実演家の経済的権利，レコード製作者の経済的権利，放送事業者（有線放送事業者）の経済的権利は，譲渡することができる。ただし，著作者人格権と同様，実演家人格権（moral rights of performer）は，譲渡することはできない。なお，版面権と出版者の権利の関係が想定されることになれば，著作隣接権の譲渡が可能になる。

　著作物の利用の許諾と同様に，著作隣接権者は，実演，レコード，放送または有線放送の利用の許諾ができる（著作権法103条で63条を準用）。これは，債権的な権利といえる。もし著作権制度に利用権制度を仮定すると，出版権の設定と同様に，実演，レコード，放送または有線放送の利用の設定が想起される。

④　著作権等（著作権と著作隣接権）

　著作権等管理事業法では，著作権等管理事業者が著作権等管理を行うが，この著作権等とは，著作権と著作隣接権になる。著作権等管理は，著作者や著作隣接権者による著作権等の信託譲渡になる。なお，著作権等には，出版権も含みうる。我が国の学協会の「著作権の譲渡」は，著作権法61条の譲渡ではなく，信託譲渡を意味するとすれば，設定出版権と copyright transfer とに整合性があろう。

⑤　著作権（知的財産権）

　コンテンツ基本法では，国は，コンテンツの制作を他の者に委託しまたは請け負わせるに際して当該委託または請負に係るコンテンツが有効に活用されることを促進するため，当該コンテンツに係る知的財産権（知的財産基本法2条2項）について，その知的財産権を受託者または請負者（受託者等）から譲り受けないことができる（コンテンツ基本法25条1項）。受託者等に知的財産権が帰属することになる。コンテンツ基本法で規定する知的財産権の中では，著作物の著作権が対象になる。なお，国の委託等に係るコンテンツに係る知的財産権の取扱いにおいて，国が公共の利益のために特に必要があるとしてその理由を明らかにして求める場合には，無償で当該コンテンツを利用する権利を国に許諾することを受託者等が約するとある（同法25条1項2号）。

（3）　財産権の譲渡に伴う人格権との関係

　我が国の著作権制度において，著作権の譲渡は著作者人格権との関係を考慮しなければならない。著作者人格権の関係は，次の見解に分かれる。著作物の利用の過程で著作者人格権が障害となるとの，主に産業財産権法学者の見解は，著作者人格権の放棄，著作者人格権の行使の放棄または著作者人格権（同一性保持権）の不行使特約を契約で締結することを提案する。この見解は，同一性保持権を巡る問題の解決の方向，ⅰ）同一性保持権の不行使特約の有効性の明確化および第三者効の創設，または，ⅱ）同一性保持権の及ぶ範囲を著作者の「意に反する」改変から「名誉又は声望を害する」改変に限定することを引用し，それに同調するものになっている。それに対して，著作権法学者によって，著作者人格権の放棄・行使の放棄または不行使特約の無効性が主張される。ここに，我が国の著作権法は，パンデクテン体系にあり，民法の特別法に位置づけられるゆえんがある。

　著作者人格権は，本来の著作者に認められる固有の権利である（著作権法17条）。したがって，著作権が他人に移転された場合，その時点で著作者人格権は切断され，もとの著作者にそのまま留保されることにな

る。この著作権の相転移的な現象は，著作物が輾転流通していくとき，著作権を移転された者と著作者人格権を有する者とが相反した意思表示をすると，不都合が生じてくる。ここで，同一性保持権の不行使契約の有効性を立法により明確化することが提案されている。しかし，この法技術は，米国においては合理的に見えよう。事実，全米情報基盤（National Information Infrastructure：NII）の報告書[3] では，著作権審議会の経過報告[4] を引用して，マルチメディア著作物の流通が促進されるとしている。しかし，我が国の著作権法が容認できる法理論を構成しないものといえる。なぜならば，著作者人格権を結果的に放棄することは，我が国の著作権法の大前提を否定することになるからである。

　ところで，日中韓および米英独仏の人格的権利と経済的権利の帰属の関係には，差異がある。

①　独仏における人格権と財産権の帰属の関係

　独国における著作者の著作物に対するその精神的かつ個人的な関係（著作者人格権）は，公表権（独国著作権法12条），著作者であることの承認（同条13条），著作物の歪曲（同条14条）になる。独国における利用権（著作者の経済的権利）は，複製権（同条16条），頒布権（同条17条），展示権（同条18条），口述権，上演・演奏権および上映権（同条19条），公衆提供の権利（同条19a 条），放送権（同条20条），録画物またはレコードによる再生の権利（同条21条），放送による再生の権利および公衆提供による再生の権利（同条22条），翻案物および改作物（同条23条），著作物現品への接近（同条25条），追及権（同条26条）からなる。それらは，著作物を個別的ないしはすべての利用方法によって利用する

（3）　Information Infrastructure Task Force, Working Group on Intellectual Property Rights, Intellectual Property and the National Information Infrastructure ：The Report of the Working Group on Intellectual Property Rights（September 1995）.

（4）　著作権審議会マルチメディア小委員会ワーキング・グループ検討経過報告（1995年 2 月）。ここでは，著作者の権利と産業的アプローチの強化が提言されている。

権利（利用権）および使用権が許与の対象になる（独国著作権法15条，31条）。仏国の著作者の人格的権利（著作者人格権）は，公表権・尊重権（仏国著作権法121の２条１項），氏名表示権（同法121の１条１項），修正・撤回権（同法121の４条）になる。仏国の著作者の経済的権利（財産権）は，著作者に属する利用権とされ，上演・演奏権および複製権を包含する（同法122の１条）。

② 英米における人格権と財産権の帰属の関係

英国における copyright は，①文芸，演劇，音楽または美術の原著作物，②録音物，映画または放送，③発行された版の印刷配列，に存続する財産権である（英国著作権法１条（１））。英国の moral rights は，copyright のある文芸，演劇，音楽または美術の著作物の著作者および著作権のある映画の監督に，著作者または監督として確認される権利（同法77条），著作物を傷つける取扱いに反対する権利（同法80条），著作者または監督の地位の虚偽の付与をさせない権利（同法84条），またある種の写真および映画のプライバシー権（同法85条）になる。moral rights は譲渡することができないが（同法94条），死亡による moral rights の移転はできる（同法95条）。米国は，copyright の対象を著作物（works），編集著作物（compilations），二次的著作物（derivative works）としている（17 USC §102（a），§103（a））。そして，著作物等は，著作物が最初にコピーまたはレコードに固定されるとき（有形的な媒体への固定）に創作されることになる。このような保護対象に対して，copyright の保有者は，排他的権利を有する（17 USC §106）。ここで，その排他的権利（copyright）は，copyrighted work が伝達（送信）される態様，二次的著作物の作成に関する許諾権になる（17 USC §106（1）～（6））。この copyright の束は，著作権と著作隣接権とが一体化した態様とみなしうる。米国の moral rights は，英国の moral rights より，さらに限定され，視覚芸術著作物の著作者の氏名表示と同一性保持の権利を認めるに留まる（17 USC §106A（a））。

③ 中韓における人格権と財産権の帰属の関係

　中国における著作権の人格的権利（人格権）に関しては，公表権（中国著作権法10条1項1号）と氏名表示権（同法10条1項2号）は日本と同様であるが，同一性保持権に関しては二つの規定をもつ点で異なる。すなわち，同一性の保持に関しては，変更権が，著作物を変更し，または変更を他人に許諾する権利（同法10条1項3号），同一性保持権が歪曲または改竄から著作物を保護する権利（同法10条1項4号）に分けて規定される。著作物の同一性を保持する権利は，著作物の良否を含めて厳格にとらえられている。韓国における著作権の人格的権利（著作人格権（韓国著作権法11条，12条，13条））と著作権の経済的権利（同法16条〜22条）は，我が国と同様である。

　我が国の著作権法では権利の帰属に三つのパターンが見出せるが，それは映画の著作物に関する三つの権利関係である。三つの権利関係とは，映画の著作物の著作者への著作者の権利（著作者人格権，著作権）の帰属と映画の著作物の著作権の帰属になり，それらの重ね合わせとして職務上作成する著作物（映画の著作物）の著作者（映画製作者）への著作者の権利（著作者人格権，著作権）の帰属という中空構造[5]の関係になろう（図2参照）。映画の著作物の著作者（著作権法16条）と職務上作成する著作物の著作者（同法15条）は，著作者の権利を原始取得する。

図2　著作権法における権利の帰属の三つ
のパターン

ここで，それらと映画の著作物の著作権の帰属とは，著作者人格権の対応の有無で差異がある。職務上作成する著作物の著作者の権利は，映画の著作物の著作者の権利と映画の著作物の著作権の帰属とを橋架けする触媒のような機能を有するための規定といえる。

3. 産業財産権制度における権利の帰属

産業財産権法における権利の帰属関係で，人格的権利が議論されることはないだろう。産業財産権法の保護期間内であれば，経済的権利の帰属を考慮していればよいことになるが，知的創造に関する創作者として発明者と著作者との対比から，人格的権利と経済的権利における帰属関係を見ることにする。

（1）　産業財産権法における人格権の帰属

産業財産権法においては，創作者の人格的権利には，発明者掲載権と考案者掲載権および意匠の創作者の掲載権がある。それら権利は，特許を受ける権利等と特許権等の発生に至るまでの間に潜在化されるが，先願主義にある産業財産権法においてエポニミーとしての創作者の人格的価値がある。なお，職務発明等においては，職務著作と異なり，法人等が人格的権利に関与することはない。

（2）　産業財産権法における財産権の帰属

産業財産権法における財産権の対象は，特許を受ける権利・登録実用新案を受ける権利・登録意匠を受ける権利と特許権・実用新案権・意匠権・商標権および専用実施権・専用使用権である。また，産業財産権法における財産権に関しては，通常実施権と通常使用権がある。

（5）　日本神話の構造は基本的には二つの相対するものとその中間的な存在というトライアッド（三つ一組の構造のこと）であり，その中間的な存在で無為（作為のないこと）の存在を中心としたトライアッドが中空構造（中空均衡構造）というものになる（河合隼雄・中空構造日本の深層（中央公論新社，1982年）30〜43頁）。

①　特許を受ける権利・登録実用新案を受ける権利・登録意匠を受ける権利

　発明者の経済的権利である特許を受ける権利は，移転することができる（特許法33条 1 項）[(6)]。また，特許を受ける権利を有する者は，仮専用実施権を設定し，仮通常実施権を許諾することができる。特許を受ける権利を有する者は，その特許を受ける権利に基づいて取得すべき特許権について，その特許出願の願書に最初に添付した明細書，特許請求の範囲または図面に記載した事項の範囲内において，仮専用実施権を設定することができる（同法34条の 2 第 1 項）[(7)]。特許を受ける権利を有する者は，その特許を受ける権利に基づいて取得すべき特許権について，その特許出願の願書に最初に添付した明細書，特許請求の範囲または図面に記載した事項の範囲内において，他人に仮通常実施権を許諾することができる（同法34条の 3 第 1 項）[(8)]。

②　特許権・実用新案権・意匠権・商標権

　特許権の譲渡とは，特許権を他人に有償または無償で，特許権の権利の一部，または全部を他の人，もしくは法人に移転することである。特許権の譲渡は，譲渡契約後に譲渡証などを添付した名義変更届を特許庁へ提出して，特許原簿に登録されることにより，特許権が譲渡されたことになる（特許法98条 1 項 1 号）。なお， 2 名以上が特許権を共有する場合，自己の持分を他人に譲渡する場合は，他の特許権者の同意が必要である（同法73条 1 項）。また，共有している権利を放棄すると，他の共有者に帰属することになる。特許権（特許を受ける権利）の譲渡と放棄によって，発明者の経済的権利の帰属と人格的権利の帰属とは非対称

（ 6 ）　考案者の経済的権利の実用新案登録を受ける権利は，移転することができる（実用新案法11条 2 項で特許法33条 1 項準用）。意匠の創作者の経済的権利である意匠登録を受ける権利は，移転することができる（意匠法15条 2 項で特許法33条 1 項準用）。
（ 7 ）　実用新案法および意匠法では，仮専用実施権は規定されていない。
（ 8 ）　実用新案登録を受ける権利を有する者および意匠登録を受ける権利を有する者は，仮通常実施権を許諾することができる（実用新案法 4 条の 2 第 1 項，意匠法 5 条の 2 第 1 項）。

な関係が生ずることになる。

③ 専用実施権・通常実施権および専用使用権・通常使用権

特許を受ける権利（登録実用新案を受ける権利，登録意匠を受ける権利）の帰属に関して，仮専用実施権と仮通常実施権が関与する。特許を受ける権利（登録実用新案を受ける権利，登録意匠を受ける権利）が，特許権（実用新案権，意匠権）になると，それら権利の帰属に関して専用実施権と通常実施権が関与することになる。また，商標権の帰属では，専用使用権と通常実施権が関わりを持つ。

専用実施権は，特許権者（実用新案権者，意匠権者）が専用実施権を設定し，登録されることにより効力が発生する（特許法77条，実用新案法18条，意匠法27条）。そして，専用使用権は，商標権者が専用使用権を設定し，登録されることにより効力が発生する（商標法30条）。専用実施権等は，物権的な権利であり，専用実施権者等に帰属する。特許権者は，その特許権について専用実施権を設定することができる。専用実施権は，実施の事業とともにする場合，特許権者の承諾を得た場合および相続その他の一般承継の場合に限り，移転することができる（特許法77条3項）。専用使用権は，商標権者の承諾を得た場合および相続その他の一般承継の場合に限り，移転することができる（商標法30条3項）。

物権的な権利としての出版権の設定が著作権の譲渡との関係から権利の帰属の不明確さが問題とされる。その観点からいえば，産業財産権の譲渡の中で専用実施権および専用使用権の設定も，同様になる。ただし，著作権の譲渡も産業財産権の譲渡が信託譲渡とすれば，出版権の設定による著作権の移転と同様に，専用実施権（専用使用権）の設定による産業財産権の移転が，大陸法系と英米法系との対応関係になる。物権的な権利としての出版権の設定および専用実施権（専用使用権）の設定による知的財産権の移転に関する条項は，知的財産権の利用権制度として不可欠といえる。

また，特許権者（実用新案権者，意匠権者）および専用実施権者は，通常実施権を許諾することができる（特許法78条，実用新案法19条，意

匠法28条）。通常実施権は，特許権者等（専用実施権についての通常実施権にあっては，特許権者等および専用実施権者）の承諾を得た場合および相続その他の一般承継の場合に限り，移転することができる（特許法94条1項，実用新案法24条1項，意匠法34条1項）。同様に，商標権者および専用使用権者は，通常使用権を許諾することができる（商標法31条）。通常使用権は，商標権者（専用使用権についての通常使用権にあっては，商標権者および専用使用権者）の承諾を得た場合および相続その他の一般承継の場合に限り，移転することができる（商標法30条2項）。通常実施権および通常使用権は，債権的な権利であり，通常実施権者および通常使用権者に帰属する。

　使用者等は，従業者等がその性質上その使用者等の業務範囲に属し，かつ，その発明をするに至った行為がその使用者等における従業者等の現在または過去の職務発明について特許を受けたとき，または職務発明について特許を受ける権利を承継した者がその発明について特許を受けたときは，使用者等はその特許権について通常実施権を有する（特許法35条1項）。また，従業者等がした発明については，その発明が職務発明である場合は，使用者等のため仮専用実施権もしくは専用実施権を設定することができる（同法35条2項の反対解釈）。すなわち，使用者等は，職務発明において，特許権者，専用実施権者および通常実施権者として，特許権または専用実施権もしくは通常実施権が帰属することになる。また，発明者がした職務発明については，その特許を受ける権利は，その発生した時からその使用者等（法人等）に帰属しうることになる（同法35条3項）。職務考案および職務意匠の創作は，職務発明と同様である（実用新案法11条3項と意匠法15条3項で特許法35条を準用）。ただし，仮専用実施権に係る部分が除かれる。

　このとき，使用者等（法人等）に帰属するのは経済的権利のみである。従業者（研究者）の権利意識の変化によって，職務発明が問題となっているが，それは特許権等の帰属というよりも，特に発明に対する相当の対価についてである。なお，著作権と関連権の登録は，出版権の設定を含め第三者対抗要件である。特許権（実用新案権，意匠権，商標権）お

および専用実施権（専用使用権）の登録は権利発生要件であり，通常実施権および通常使用権の登録は第三者対抗要件になるが，通常実施権の登録制度は廃止されている。

4. 知財制度における権利の帰属

知財制度には種苗法と半導体集積回路配置法があり，それら法律で規定される権利の帰属がある。その権利の帰属は，産業財産権法と同一性があるが，半導体集積回路配置法は著作権法に類似する規定がある。

（1） 種苗法・半導体集積回路配置法における権利の帰属

育成者権者と回路配置利用権者は，専用利用権を設定することができる（種苗法25条，半導体集積回路配置法16条）。また，育成者権者と回路配置利用権者および専用利用権者は，通常使用権を許諾することができる（種苗法26条，半導体集積回路配置法17条）。専用利用権は専用利用権者に帰属し，通常利用権は通常利用権者に帰属する。それらは，特許権と実用新案権および意匠権ならびに商標権と同様に移転する。

職務育成品種は，職務発明等と同じ内容であり，人格的権利が関与することはない（種苗法8条）。他方，職務上の回路配置の創作は，職務著作と同様に，法人等が回路配置の創作をした者となることができる（半導体集積回路配置法5条）。そこには，著作者人格権または実演家人格権と同様の権利の内容が想定できることになる。

（2） 知的財産権法における権利の帰属の関係

知的財産基本法では，大学等の知的財産の創造，保護および活用を促進することをうたっている。大学教員の知的創造に関する成果物は，論文・教育コンテンツ（著作物）と発明およびソフトウェアになろう。

① 大学教員の論文・教育コンテンツに関する権利の帰属

著作者としての大学教員の論文に関する権利の帰属は，著作者の権利の享有，著作権の譲渡，出版権の設定，著作物の利用の許諾に関わりを

持つ。論文は，他者の公表された著作物を引用して形成される。そうすると，マクロスコピックには一つの静的な著作物の権利の帰属とみなされる論文は，ミクロスコピックには動的で多様な権利の帰属の集合物の様相を呈している。そして，大学教員は，論文の延長でもある教育コンテンツの著作に関わる。教育コンテンツの権利の帰属は，論文の権利の帰属と同様な点がある。放送大学の放送教材を例にして，概観する。

　大学講義のコンテンツに対する大学等と教員との法的な関係は明確でない。オンライン授業では適用されないものがあるが，教員と放送大学教育振興会および教員と放送大学学園との間に，コンテンツの制作・著作にあたっての個別の権利関係が設けられている。その関係とは，教員と放送大学教育振興会とは「出版契約」であり，教員と放送大学学園とは「出演者用の承諾書」である。「出版契約」は，教員の放送大学教育振興会への出版権（複製権と公衆送信権等）の設定になる。「出演者用の承諾書」は，教員の放送大学学園への著作物の利用の許諾といえる。放送授業については，教員が出演し，著作物等の提供を行った授業は，放送大学学園が制作・著作し，BS デジタル放送および radiko.jp でネット同時配信される。放送授業のシナリオと関わりを持つ印刷教材においては，教員が著作した原稿に対して出版権の設定により，放送大学教育振興会が発行する。

②　大学教員の発明に関する権利の帰属

　有馬朗人元東大総長が「一つの特許は十の研究論文に相当する」と指摘し，研究論文に加え，特許権等の取得も研究成果として評価すべきであるとしている[9]。このような提言がなされた背景の一つに，学術研究の大学と技術開発の産業界とのリエゾンの必要性があげられる。大学教員の発明に関しては，一般に，職務発明規定の適用がある。職務発明の権利帰属は，二つのパターンになる。第一のパターンは，特許権（特許

（9）　21世紀の知的財産権を考える懇談会・21世紀の知的財産権を考える懇談会報告書—これからは日本も知的創造時代（1997年 4 月 7 日）。

を受ける権利）の移転，専用実施権の設定と通常実施権の許諾によるものである（特許法35条1項，2項）。第二のパターンは，発明者がした職務発明については，その特許を受ける権利は，その発生した時からその使用者等（法人等）に帰属しうることになる（同法35条3項）。職務発明の創作者帰属と法人帰属は，並存していることになる。発明の創作時に，発明者の権利が発明者帰属となることと，特許を受ける権利が法人帰属となることは，相反する関係を見せている。

上記の観点からいっても，知的創造の権利と関連権は，著作権法における権利の帰属および産業財産権法における権利の帰属との対応関係から全体包括的にとらえる必要がある。

（3） 信託業法における知的財産権の帰属

信託制度による著作権等管理事業法のような法律は，産業財産権法にはない。著作権等管理事業法の内容は，信託業法に規定をもつ。信託業法により，信託会社が知的財産権を信託として引き受けることができる。特許庁への移転登録が効力発生要件であり，受託者は権利の名義人として特許権者等になる。

5. 人格権と財産権の帰属の相補性

知的創造の権利と関連権が人格的権利と経済的権利が連携・融合する関係の中で，知的創造とそれに準じる行為を活用するうえで人格的権利と経済的権利の帰属は非対称となる。その関係は，著作権法におけるように明確な形で，そして産業財産権法においては人格的権利が潜在的な存在で経済的権利が顕在的な形で，そして種苗法は特許法と類似し半導体集積回路配置法は著作権法と産業財産権法との中間的な形になる。

ここで，留意しなければならないことは，各国の著作権制度の差異である。国際著作権法界において，二つの法文化がある。それは，例えば米国連邦著作権法と我が国の著作権法によって表現できる。米国連邦著作権法では，有形的媒体への固定を保護の要件とする。ここに，デジタル情報の媒体の性質の定義が必要となる。著作権（copyright）は，人

格的権利を外在化し，著作隣接権（neighboring rights）の法概念を有
しない。我が国の著作権法でいう著作物は，有形的媒体への固定を要件
としない。そして，米国連邦著作権法は，有形的媒体への固定を保護の
要件としている（17 USC §102 (a)）。著作物のコピー（copy）とレコ
ード（phonorecord）は有形的媒体への固定であり，コンピュータのメ
モリ装置の中に入れることもコピーの法定要件を満たす。英米法系では，
送信は，著作権保護の要件に有形的媒体への固定になるか否かで二つの
見解に分岐する。米国が情報基盤における送信を厳密に評価するのは，
送信が有形的媒体への固定との関連づけで問題となるからである。そこ
には，米国の著作権が，連邦制定法と州のコモンローによって，二元的
に保護されていることが影響している。すなわち，米国連邦著作権法は，
合衆国憲法にいう書かれたもの（writings）に限定され，有形的媒体に
固定された著作物を保護するのに対して，有形的媒体に固定されない著
作物は，コモンローで保護されることになる。デジタルミレニアム著作
権法で新たな媒体であるデジタル環境に対し再定義が必要となるのは，
米国連邦著作権法の法理との整合性からの判断によっている。

　映画の著作物の著作権の法理は，copyright アプローチの影響によっ
ている。そのような関連の中で，author's right アプローチと
copyright アプローチにおける著作権と関連権および copyright と
moral rights との関係は，相補性（complementarity）がある（図 3 参
照）。その相補性とは，陰陽の関係にほかならない[10]。なお，デジタル

図 3　著作権と関連権および copyright と moral rights との相補性

環境においては，author's right アプローチと copyright アプローチによる著作権保護の要件の差異，すなわち有形的媒体への固定の有無は，近接する。[10]

　職務著作と職務発明の権利の帰属の違いは，知的創造の権利と関連権をいっそう複雑なものとする。ソフトウェアは，職務著作と職務発明が交差し，それぞれ著作権法と特許法で閉じた法システムの中で見ておけばよいことを無効とする。職務著作と職務発明の中間的な性質を有するものに，職務上の回路配置の創作がある。法人等が回路配置の創作をした者となることができ，法人等が創作者となる。また，映画の著作物の著作者，すなわち映画製作者における権利の帰属がある。映画製作者は，著作権法15条によって著作者となることができ，著作権法29条により著作権を取得するかどうかという選択ができる。この権利形態は，映画製作者に一括される。これは，著作権法の範疇になるが，産業財産権法の範疇の権利の帰属にも想定しえよう。先取権および先使用権との関連でいえば，人格権は，創作者と準創作者の権利の帰属において，保護期間と無関係に連続性がある。広義の知財制度では，人格権と財産権との帰属に関する相補的な関係から再構築されなければならない。

---

(10)　児玉晴男「クラウド環境における著作権と関連権および copyright との相補性」知識財産研究 7 巻 4 号（2012年）245〜273頁。

🔋 研究課題

1　著作権と版権との関係について考察せよ。
2　出版権の設定と著作物の利用の許諾および専用実施権（専用使用権）の設定と通常実施権（通常使用権）の許諾との関係について考察せよ。
3　職務著作と職務発明の権利の帰属の違いについて考察せよ。

8 ｜ 知的創造の権利と関連権の制限

　知的創造とそれに準じる行為の活用の観点から，知的創造の権利と関連権の制限が規定されている。著作権制度と産業財産権制度および農水知財制度における活用の態様によって，権利の制限の内容は異なっている。本章は，知的財産権法の権利の制限と知的財産のオープン化について考える。

1. 権利の制限

　知的創造の権利と関連権の制限は，知的創造とそれに準じる行為の活用の観点から規定されている。それら権利の制限は，文化の発展の寄与にある著作権制度および産業の発達の寄与または産業の発達の寄与と需要者の利益の保護にある産業財産権制度および農林水産業の発展の寄与または農林水産業等の発展の寄与と需要者の利益の保護にある農水知財制度では，その性質を異にする。

　著作権法における権利の制限の対象としては，著作権，出版権および著作隣接権の財産権だけでなく，著作者人格権と実演家人格権という人格権が考慮されなければならない。他方，産業財産権法における権利の制限は，特許権，実用新案権，意匠権および商標権ならびにそれらの専用実施権と専用使用権という財産権が対象になる。

　ところで，情報は公共財であるといわれるが，多くの情報は，経済活動の枠内で生産・利用されている[1]。例えばヒトゲノムの DNA の塩基配列のデータベースは，そのデータのスプライシングによって産業的有用性，例えば新薬特許が認められることになる。ところで，ヒトゲノム

（1）野口悠紀雄・情報の経済理論（東洋経済新報社，1974年）10頁。

は，人類共通の財産といえる。人類共通の財産を直接利用して発明されるものは，公共性が考慮されなければならない。これは，経済性を追求する知的財産権の性質においても，あてはまる。ここに，経済性と公共性との重ね合わせが見られる。

　知的財産の性質は，公共性と経済性をあわせ持つ。そして，その相補性が知的創造の権利と関連権の制限において顕在化している。デジタル環境の知的財産および知的財産のオープン化は，知的創造の権利と関連権が著作権制度と産業財産権制度および農水知財制度との横断が生じうる。それらの権利の制限にも，著作権制度と産業財産権制度および農水知財制度との対応関係が求められることになる。知財制度の中で，各個別法の権利の制限を整合する知的財産権の制限が求められてこよう。

2. 著作権制度における権利の制限

　著作権と関連権は，我が国の著作権法では，著作者の権利とそれに隣接する権利，すなわち著作隣接権になる（著作権法1条）。著作者の権利は，著作者人格権と著作権となる（同法17条）。そして，実演家は，実演家人格権（同法90条の2，90条の3）を著作隣接権とともに保有する。さらに，著作権者である複製権等保有者は出版権を設定できる。ここに検討しなければならない権利の制限の対象は，著作者人格権，著作権，出版権，実演家人格権，著作隣接権の五つになる。

（1）　著作権法における財産権の制限

　著作権法は，著作物ならびに実演，レコード，放送および有線放送の文化的所産の公正な利用に留意しつつ，著作者等の権利の保護を図り，文化の発展に寄与することを目的とする（著作権法1条）。文化的所産の公正な利用は，著作者等の権利の制限になり，著作者等の権利の保護との均衡を図ることにある。著作権と関連権の経済的権利の制限は，著作権と出版権および著作隣接権の制限になる。

①　著作権の制限

　著作権の制限は，公表された著作物をある条件の下に使用することが
できるとするものである。著作権の制限は，例えば著作物の利用の性質
からして著作権が及ぶものとすることが妥当でないもの，公益上の理由
から著作権を制限することが必要と認められるもの，他の権利との調整
のため著作権を制限する必要のあるもの，社会慣行として行われており
著作権を制限しても著作権者の経済的利益を不当に害しないものと認め
られるものに分類される[2]。また，著作権の制限の分類として，1）公
共政策上の理由によるもの（表現および批評の自由，報道の自由など），
2）その他の公共政策上の理由によるもの（教科書印刷への特権付与，
新聞クリッピング・サービスの許容，展示会用カタログのための特権付
与など），3）市場の失敗を理由とするもの（著作物の使用に関して
個々の取引が行われない場合）（複写や家庭内録音が主，関係する取引
の大量的性格に基づくもの）という見方がある[3]。それらの見方は文化
の発展の寄与の観点からいえる分類であるが，産業の発達の寄与，情報
技術と情報通信技術の試験または研究のための著作権の制限といえる条
項が頻出している。

　著作権の制限には，まず個人の使用による私的使用のための複製（著
作権法30条）がある。3ステップテスト（ベルヌ条約9条（2））と私的
使用のための複製との関係は，①著作物，実演またはレコードの通常
の利用を妨げず，かつ，②権利者の利益を不当に害しない，③特別な
場合（certain special cases）には，国内法により権利の制限を定める
ことができる。この3段階をクリアできなければ，権利の制限を認める
ことはできない。我が国の法理とは相容れないフェアユース（fair
use：公正使用）の導入といえる「写り込み」や「検討の過程における
利用」として，付随対象著作物の利用（同法30条の2），検討の過程に

（2）　金井重彦＝小倉秀夫・著作権法コンメンタール〈上巻〉1条～74条（東京布
井出版，2000年）366頁。
（3）　Thomas Dreier（山本隆司訳）・講演録　著作権制度の将来像—デジタル：
環境下での権利の制限—（ALAI日本支部，2003年3月）5～6頁，27頁。

おける利用（著作権法30条の３）が加えられている。さらに，産業の発達に寄与のための公表された著作物の使用といえる著作物に表現された思想または感情の享受を目的としない利用（同法30条の４）がある。そして，図書館等における複製（同法31条），引用（同法32条１項）と転載（同法32条２項）がある。引用の注意事項として，１）他人の著作物を引用する必然性，２）自分の著作物と引用部分との区別（カギ括弧をつけるなど），３）自分の著作物と引用する著作物との主従関係の明確化（自分の著作物を主体とする），４）出所の明示，があげられる[(4)]。

　教育目的の使用として，教育に関する教科用図書等への掲載（同法33条），教科用拡大図書等の作成のための複製（同法33条の２），学校教育番組の放送等（同法34条），教育の情報化に関する規定といえる学校その他の教育機関における複製等[(5)]（同法35条），試験問題としての複製等（同法36条）がある。掲載は，引用と転載と類似する。また，視覚障害者等のための複製等（同法37条），聴覚障害者のための自動公衆送信（同法37条の２）という身体的な障害に配慮した使用がある。著作権の制限，すなわち公表された著作物の使用は，原則，営利性があってはならないとされる。そこで，営利を目的としない上演等（同法38条）が可能である。

　そして，公共政策の使用といえる時事問題に関する論説の転載等（著作権法39条），政治上の演説等の利用（同法40条），時事の事件の報道のための利用（同法41条），裁判手続等における複製（同法42条）という公共政策的な使用ができる。また，他法との関係で，行政機関情報公開法等による開示のための利用（同法42条の２），公文書管理法等による保存等のための利用（同法42条の３），国立国会図書館法によるインタ

（４）　齊藤博「デジタル環境下での著作物の利用と電子的許諾」牧野利秋判事退官記念論文集　知的財産法と現代社会（信山社，1999年）677頁。
（５）　学校その他の教育機関における複製等の規定は，米国連邦著作権法17USC§110（２），112（f），いわゆる TEACH Act（The Technology, Education and Copyright Harmonization Act of 2002）を参考に規定されている。その規定では，ウェブサイトに存在する著作権のある素材（copyrighted works）の非同期のオンラインによる遠隔教育にフェアユースを認めるものである。

ーネット資料の収集のための複製（著作権法43条）によるものがある。

　また，放送と有線放送の著作物の伝達行為に伴う放送事業者等による一時的固定（同法44条）が許されている。また，美術品に関する著作権の制限として，美術の著作物等の原作品の所有者による展示（同法45条），公開の美術の著作物等の利用（同法46条），美術の著作物等の展示に伴う複製（同法47条），美術の著作物等の譲渡等の申出に伴う複製等（同法47条の2）の使用がある。

　情報技術に関係する著作権の制限として，プログラムの著作物の複製物の所有者による複製等（同法47条の3），電子計算機における著作物の利用に付随する利用等（同法47条の4），電子計算機による情報処理およびその結果の提供に付随する軽微利用等（同法47条の5）がある。また，公表された著作物は，二次的著作物の翻訳，翻案等による利用（同法47条の6）にも及ぶ。

　上記の著作権の制限は，複製権の制限により作成された複製物の譲渡（同法47の7）に及ぶ。なお，引用と掲載，教科用図書等への掲載，教科用拡大図書等の作成のための複製等，視覚障害者等のための複製等，裁判手続等における複製，美術の著作物等の展示に伴う複製については，使用する著作物の出所を明示しなければならない（同法48条）。

　ところで，著作権の制限は，公表された著作物の使用の非営利性を原則とする。その例外として，教科用拡大図書等の作成のための複製等のとき，あらかじめ当該教科用図書を発行する者にその旨を通知するとともに，営利を目的として当該教科用拡大図書等を頒布する場合にあっては，文化庁長官が毎年定める額の補償金を当該著作物の著作権者に支払わなければならない（同法33条の2第2項）。また，試験問題としての複製等において，営利を目的として前項の複製または公衆送信を行う者は，通常の使用料の額に相当する額の補償金を著作権者に支払わなければならない（同法36条2項）。

　著作権の制限においては，原則，著作権者等への許諾と著作権料の支払いは不要である。しかし，上記の営利性がある場合の条件として，著作権者に補償金の支払いを必要とする。著作権の制限において，著作者

への通知（許諾）と著作権者への補償金の支払いを伴うものがある。私的使用のための複製において，デジタル方式の録音・録画機器等を用いて著作物を複製する場合は著作権者に対し補償金の支払い[6]が必要である（著作権法30条2項）。また，コピープロテクション等技術的保護手段の回避装置などを使って行う複製については，私的使用の複製でも著作権者の許諾が必要である[7]。教科用図書等への掲載，学校教育番組の放送等においては，著作者への通知と著作権者への補償金の支払いが必要になる（同法33条2項，34条2項）。ワンストップの補償金支払いのみで権利者の許諾を不要とするものがある（同法35条）。さらに，営利を目的としない上演等においても，権利者への補償金の支払いが必要になることがある（同法38条5項）。著作者への通知と著作権者への補償金の支払いが伴う教育に関する規定は，著作権の制限の分類でいえば，その他の公共政策上の理由によるものといえる。この傾向性は，著作権の保護で公表された著作物に著作権料を支払うことと著作権の制限で公表された著作物に補償金を支払うこととの対応関係を見出すことができ，ネット環境ではさらにその傾向性は顕在化する。ただし，情報技術と情報通信技術の試験または研究といえる公表された著作物の複製に関しては，著作権の制限の原則となっている。

　今まで暗黙のうちに調整されてきたことが，電子的な複製においては，利害関係の錯綜を招く。例えば，著作物の使用において引用は許容され

（6）　補償金の徴収・分配は，文化庁長官の指定管理団体である私的録音録画補償金の管理団体によってのみ行われる。管理団体は，録音の私的録音補償金管理協会と録画の私的録画補償金管理協会の二つに分かれる。ただし，私的録画補償金管理協会は2015年4月1日に解散しており，私的録画補償金は機能していない。
（7）　技術的保護手段におけるコピーコントロールとアクセスコントロールの区分けは，技術的に必要な区別というより，制度的な関係から必要となるものである。それは，我が国の著作権法で保護される技術的保護手段が，コピーコントロールを対象にして，アクセスコントロールには及ばないとしてきたことに連動する。なお，著作権法でも，アクセスコントロール等の保護の強化の提言がなされ，アクセスコントロールも対象とすることになっている（文化審議会著作権分科会・文化審議会著作権分科会法制・基本問題小委員会報告書（2019年2月）84〜90頁）。不正競争防止法では，アクセスコントロールも差止請求と損害賠償請求の対象になっている。

ても，電子的に引用（複製）することまで許容されるとはいえなくなる。
この尺度の転換は，これまでが著作権侵害が著作物の剽窃の有無と関連
づけられるのに対し，著作物の複製の有無へと対応づけられることによ
る。著作物の利用か著作物の使用（アクセス）かは表裏の関係にある。
そして，電子的な使用は，著作物の利用と峻別することが困難になる。
そのためには，使用者は，電子的な使用に対しては一定の著作権者の許
諾が要請されよう。

②　出版権の制限

　著作物の使用において，著作権の制限だけでは不十分である。特に著
作物の出版においては，出版権の制限が求められる。

　出版権の制限は，著作権の制限の私的使用のための複製，不随対象著
作物の利用，検討の過程における利用，著作物に表現された思想または
感情の享受を目的としない利用，図書館等における複製，引用，教科用
図書等への掲載，教科用拡大図書等の作成のための複製等，学校教育番
組の放送等，学校その他の教育機関における複製等，試験問題としての
複製等，視覚障害者等のための複製等，聴覚障害者等のための複製等，
時事問題に関する論説の転載等，政治上の演説等の利用，時事の事件の
報道のための利用，裁判手続等における複製と行政機関情報公開法等に
よる開示のための利用，公文書管理法等による保存等のための利用なら
びに公開の美術の著作物等の利用，美術の著作物等の展示に伴う複製，
美術の著作物等の譲渡等の申出に伴う複製等，電子計算機における著作
物の利用に付随する利用等，電子計算機による情報処理およびその結果
の提供に付随する軽微利用等の規定が準用される（著作権法86条１項）。
出版権の目的となっている著作物の複製について「著作権者」とあるの
は，「出版権者」と読み替えて準用される。

　そして，付随対象著作物の利用，検討の過程における利用，著作物に
表現された思想または感情の享受を目的としない利用，図書館等におけ
る複製，引用，教科用拡大図書等の作成のための複製，学校その他の教
育機関における複製等，試験問題としての複製等，視覚障害者等のため

の複製等，聴覚障害者のための自動公衆送信，政治上の演説等の利用，時事の事件の報道のための利用，行政機関情報公開法等による開示のための利用，公文書管理法等による保存等のための利用，公開の美術の著作物等の利用，美術の著作物等の譲渡等の申出に伴う複製等ならびに電子計算機における著作物の利用に付随する利用等，電子計算機による情報処理およびその結果の提供に付随する軽微利用等の著作権の制限の規定は，出版権の目的となっている著作物の公衆送信について準用される（著作権法86条3項）。「著作権者」とあるのは「出版権者」とし，「著作権」とあるのは「出版権」と読み替えて準用される。

　また，私的使用のための複製，検討の過程における利用，図書館等における複製，教科用拡大図書等の作成のための複製，学校その他の教育機関における複製等，視覚障害者等のための複製等，聴覚障害者のための自動公衆送信，時事の事件の報道のための利用，時事の事件の報道のための利用，行政機関情報公開法等による開示のための利用，公文書管理法等による保存等のための利用または美術の著作物等の譲渡等の申出に伴う複製等，電子計算機における著作物の利用に付随する利用等，電子計算機による情報処理およびその結果の提供に付随する軽微利用等に定める目的以外の目的のために，これらの規定の適用を受けて作成された著作物の複製物を頒布し，または当該複製物によって当該著作物を公衆に提示した者は，出版権の内容の複製を行ったものとみなされる（同法86条2項）。

　なお，出版権の制限は，著作権の制限における著作者への通知と補償金の支払いの規定を準用していない。ただし，教科用拡大図書等の作成のための複製において，教科用図書を発行する者への通知は，複製権等保有者（著作権者）の出版権（複製権と公衆送信権等）の設定による出版権者への通知の規定になる（同法33条の2第2項）。ここで，出版権は，他に二つの方向性を有している。第一の方向性は使用権制度であり，そのとき出版権の制限は著作権の制限に含まれることになる。第二は著作隣接権であり，そのときは出版権の制限は著作隣接権に含まれることとなる。

③　著作隣接権の制限

　著作物だけでなく，著作物の伝達行為を保護する著作権法において，著作物の使用は，著作物の伝達行為に関する権利の制限が関与する。すなわち，公表された著作物の使用に関して，著作権の制限と出版権の制限，さらに著作隣接権の制限が関与する。

　著作隣接権の制限は，私的使用のための複製，付随対象著作物の利用，検討の過程における利用，著作物に表現された思想または感情の享受を目的としない利用，図書館等における複製，引用，学校その他の教育機関における複製等，試験問題としての複製等，視覚障害者等のための複製等，聴覚障害者等のための複製等，営利を目的としない上演等，時事の事件の報道のための利用から裁判手続等における複製等，行政機関情報公開法等による開示のための利用，公文書管理法等による保存等のための利用，国立国会図書館法によるインターネット資料の収集のための複製，放送事業者等による一時的固定，公開の美術の著作物等の利用，美術の著作物等の展示に伴う複製，美術の著作物等の譲渡等の申出に伴う複製等，電子計算機における著作物の利用に付随する利用等，電子計算機による情報処理およびその結果の提供に付随する軽微利用等の規定は，著作隣接権の目的となっている実演，レコード，放送または有線放送の利用について準用し，転載および複製権の制限により作成された複製物の譲渡の規定は，著作隣接権の目的となっている実演またはレコードの利用について準用し，放送事業者等による一時的固定の規定は，著作隣接権の目的となっている実演，レコードまたは有線放送の利用について，著作権の規定を著作隣接権の規定に読み替えて準用する（著作権法102条1項）。

　著作隣接権の制限において著作権の制限の準用する引用，視覚障害者等のための複製等，聴覚障害者のための自動公衆送信もしくは裁判手続等における複製の規定等または実演もしくはレコードまたは放送もしくは有線放送に係る音もしくは影像（実演等）を複製する場合において，その出所を明示する慣行があるときは，これらの複製の態様に応じ合理的と認められる方法及び程度により，その出所を明示しなければならな

い（著作権法102条2項）。

　著作権の制限と著作隣接権の制限および出版権の制限は，無体物の著作物が複製され，伝達され，派生していく態様に合わせて，その内容は複製権の制限に包摂される。

　なお，著作物の使用のとらえ方の変遷に関しては，米国において，次の事例がある。CCC（Copyright Clearance Center）と契約をしていた企業の研究者が，個人用ファイルをもつために，特定ジャーナルより数編コピーしていたという事実関係に対し，フェアユースの法理が適用されず，CCC を利用するようにとの判決が下されている[8]。本ケースは，テキサコの研究者（たまたまサンプリングされた者）が，個人用ファイルのために，特定ジャーナルより数編コピーしていたという事実関係に対し，フェアユースの法理をとらなかったケースである。テキサコはCCC と契約をしていたにも拘らず，CCC を利用するように勧告されている。先例では，このような事実関係に対しては，フェアユースが認められている[9]。ただし，先例の時点では，CCC は設立されていない。ここで強調すべき点は，コピー利用に対する徴収システムが機能する環境においては，コピーをとってよいか否かという尺度とは異なった面からの評価が加えられたことにある。

　著作権の制限に対応するのがフェアユースになる。デジタル環境の著作物の使用に関して，フェアユースの導入が一部なされている。その流れに，いわゆる「写り込み」や「検討の過程における利用」に関する著作権の制限規定がある（著作権法30条の2，30条の3）。ただし，ここで留意しなければならないことは，著作者の権利として著作物が保護される法理において著作権の制限を設けることと，合衆国憲法修正第1条の例外として書かれたもの（writings）に限定して copyright を認める法理の中でフェアユースを認めることとは，前提が本質的に異なっている点である。著作権・出版権・著作隣接権の制限とフェアユースに関す

（8）　American Geophysical Union v.Texaco Inc., 802 F. Supp.1（S.D.N.Y.1992）.
（9）　Williams & Wilkins Company v. United States, 487 F. 2d 1345（1973）.

る比較法の検討からの判断が求められる。

（2）　著作権法における人格権の制限

　著作権・出版権・著作隣接権の制限の対応がなされたとしても，著作権法の人格的権利，すなわち著作者人格権と実演家人格権の対応が求められる。

①　著作者人格権の制限

　著作権法においては，著作権の制限に関する規定は，著作者人格権との関係に影響を及ぼすものと解釈してはならない（著作権法50条）。

　公表権の制限は，著作物でまだ公表されていないものを行政機関（独立行政法人等，地方公共団体または地方独立行政法人）に提供した場合，著作者は行政機関の長（独立行政法人等，地方公共団体または地方独立行政法人）が当該著作物を公衆に提供し，または提示することに同意したものとみなすことによる（同法18条3項）[10]。行政文書と法人文書等の開示義務と公益上の理由による裁量的開示も同様である（同法18条4項）。行政文書（法人文書）の開示義務は，個人情報であって「人の生命，健康，生活または財産を保護するため，公にすることが必要であると認められる情報」および「公務員等である場合において，当該情報がその職務の遂行に係る情報であるときは，当該情報のうち，当該公務員等の職及び当該職務遂行の内容に係る部分」になる（行政機関情報公開法5条1号ロとハ，独立行政法人等情報公開法5条1号ロとハ）。それは，情報公開条例においても同様である。公益上の理由による裁量的開示は，公益上特に必要があると認めるときの行政文書と法人文書になる（行政機関情報公開法7条，独立行政法人等情報公開法7条）。

　氏名表示権の制限は，著作物の利用の目的および態様に照らし，著作者が創作者であることを主張する利益を害するおそれがないと認められ

（10）　著作物に係る歴史公文書等が行政機関の長から公文書管理法8条1項の規定により国立公文書館等に移管された場合にあっては，同法16条1項の規定により国立公文書館等の長が当該著作物を公衆に提供し，または提示することを含む。

るときは，公正な慣行に反しない限り，省略することができる（著作権法19条3項）。行政機関情報公開法，独立行政法人等情報公開法または情報公開条例の規定により行政機関の長，独立行政法人等または地方公共団体の機関もしくは地方独立行政法人が著作物を公衆に提供し，または提示する場合において，その著作物について既にその著作者が表示しているところに従って著作者名を表示するときは，氏名表示権は適用されない（同法19条4項1号）。そして，部分開示において，行政機関情報公開法6条2項の規定，独立行政法人等情報公開法6条2項の規定または情報公開条例の規定で行政機関情報公開法6条2項の規定に相当するものにより行政機関の長，独立行政法人等または地方公共団体の機関もしくは地方独立行政法人が著作物を公衆に提供し，または提示する場合において，その著作物の著作者名の表示を省略することとなるときも同様に氏名表示権は適用されない（同法19条4項2号）。

　同一性保持権の制限については，① 著作権の制限の教科用図書等への掲載（同法33条1項，4項），教科用拡大図書等の作成のための複製等（同法33条の2第1項）または学校教育番組の放送等（同法34条1項）の規定により，著作物を利用する場合における用字または用語の変更その他の改変で，学校教育の目的上やむをえないと認められるもの，② 建築物の増築，改築，修繕または模様替えによる改変，③ 特定の電子計算機においては利用しえないプログラムの著作物をその電子計算機において利用しうるようにするため，またはプログラムの著作物を電子計算機においてより効果的に利用しうるようにするために必要な改変，④ ①,②,③に掲げるもののほか，著作物の性質ならびにその利用の目的および態様に照らしやむをえないと認められる改変になる（同法20条2項）。

　公表権と氏名表示権が情報公開法との関係でそれら権利が制限されるのと異なり，同一性保持権が他法を含めて制限されることはない。

②　実演家人格権の制限

　著作隣接権の制限の規定は，実演家人格権に影響を及ぼすものと解釈

してはならない（著作権法102条の2）。実演家人格権の制限は，著作者
人格権の制限と比較対照すると，公表権の制限が除かれる。氏名表示権
の制限は，実演家名の表示が，実演の利用の目的および態様に照らし実
演家がその実演の実演家であることを主張する利益を害するおそれがな
いと認められるときまたは公正な慣行に反しないと認められるときは，
省略することができる（同法90条の2第3項）。氏名表示権の制限は，
行政機関情報公開法，独立行政法人等情報公開法または情報公開条例の
規定により行政機関の長，独立行政法人等または地方公共団体の機関も
しくは地方独立行政法人が実演を公衆に提供し，または提示する場合に
おいて，当該実演につき既にその実演家が表示しているところに従って
実演家名を表示するときになる（同法90条の2第4項1号）。また，部
分開示において，行政機関情報公開法6条2項の規定，独立行政法人等
情報公開法6条2項の規定または情報公開条例の規定で行政機関情報公
開法6条2項の規定に相当するものにより行政機関の長，独立行政法人
等または地方公共団体の機関もしくは地方独立行政法人が実演を公衆に
提供し，または提示する場合において，当該実演の実演家名の表示を省
略することとなるときも，氏名表示権は制限される（同法90条の2第4
項2号）。同一性保持権の制限は，実演の性質ならびにその利用の目的
および態様に照らしやむをえないと認められる改変または公正な慣行に
反しないと認められる改変については，同一性保持権の適用がないとす
るものである（同法90条の3）。なお，実演家人格権の同一性保持権は，
情報公開法との関係で制限されえない。

　放送大学教材は著作権と肖像権の権利処理が求められ，その対応以外
は著作権の制限により対応することになる。例えばオンライン授業「メ
ディアと知的財産」の素材は，その記述・図表・写真・キャラクターの
使用許諾を得て対応している[11]。それは，著作権の制限がクリアされ
ても，その他の財産権（出版権と著作隣接権）とともに人格権（著作者
人格権と実演家人格権）の対応を考慮すると，著作者，著作権者，出版
権者，実演家，著作隣接権者の使用許諾は必要になってこよう。また，

一般に，登録商標や商標は，その旨の説明または Ⓡ と ™ の表記による対応になる。しかし，著作物のキャラクターは登録商標でもあり，その使用にあたって登録商標の通常使用権の許諾が求められることがある[12]。

3. 産業財産権制度における権利の制限

産業財産権法では，権利の制限は経済的権利の特許権，実用新案権，意匠権，商標権になり，それら権利に関する専用実施権または専用使用権になる。それら権利者は，特許権者，実用新案権者，意匠権者，商標権者および専用実施権者（特許権者，実用新案権者，意匠権者が専用実施権を設定）と専用使用権者（商標権者が専用使用権を設定）になる。

（1） 特許権の制限・実用新案権の制限・意匠権の制限
特許権等の制限は，特許権等の効力が及ばない範囲，特許権等が先願主義をとることによる先使用との調整がある。

① 特許権の制限
特許権の制限として，特許権の効力が及ばない範囲，1）特許権の効力は，試験または研究のためにする特許発明の実施，2）単に日本国内を通過するに過ぎない船舶もしくは航空機またはこれらに使用する機械，器具，装置その他の物，3）特許出願の時から日本国内にある物，4）2以上の医薬を混合することにより製造されるべき医薬の発明または2以上の医薬を混合して医薬を製造する方法の発明に係る特許権の効力は，

---

(11) 記述内容または図表については，例えば情報処理学会，私的録音補償金管理協会，日本音楽著作権協会，日本音楽出版社協会，ソフトウェア情報センター等に使用許諾を得ている。写真は，科学技術振興機構，とちぎ農産物マーケティング協会等に使用許諾を得ている。キャラクターは深谷市イメージキャラクター「ふっかちゃん」の使用許諾を得ている。なお，「ふっかちゃん」の使用許諾は，平成28年4月1日〜平成30年3月31日までの2年間であり，開講期間が4年以上であることから，複数回，使用許諾を得る必要がある。
(12) 「ひこにゃん商標使用のページ」，http://www.city.hikone.shiga.jp/0000003902.html，（2019.10.31アクセス）。

医師または歯科医師の処方せんにより調剤する行為および医師または歯科医師の処方せんにより調剤する医薬，が規定されている（特許法69条3項）。医薬とは，人の病気の診断，治療，処置または予防のため使用する物をいう。

　特許権の効力が及ばない範囲の観点とは異なるが，方式主義により特許権が発生することによる手当てとしての特許権の制限には，先使用による通常実施権（同法79条），特許権の移転の登録前の実施による通常実施権（同法79条の2第1項），無効審判の請求登録前の実施による通常実施権（同法80条1項），再審の請求登録前の実施による通常実施権（同法176条）がある。また，産業財産権の相互の関係から，特許出願の日前またはこれと同日の意匠登録出願に係る意匠権がその特許出願に係る特許権と抵触する場合において，その原意匠権者は，原権利の範囲内において，意匠権の存続期間満了後の通常実施権を有する（同法81条）。同様に，その満了の際，現にその意匠権についての専用実施権またはその意匠権もしくは専用実施権についての通常実施権を有する者は，意匠権の存続期間満了後の通常実施権を有する（同法82条1項）。ただし，上記の通常実施権の中で，特許権の移転の登録前の実施による通常実施権は，特許権者に相当の対価が支払われなければならない（同法79条の2第2項）。無効審判の請求登録前の実施による通常実施権および意匠権の存続期間満了後の通常実施権は，特許権者または専用実施権者に相当の対価が支払われる（同法80条2項，82条2項）。

　また，産業の発達に寄与する特許法の法目的に適う公共的要請からの特許権の制限として裁定実施権制度があり，不実施の場合の通常実施権の設定の裁定（同法83条），公共の利益のための通常実施権の設定の裁定（同法93条）がある。

②　実用新案権の制限

　実用新案権の効力が及ばない範囲は，特許権の効力が及ばない範囲（特許法69条）を準用する（実用新案法26条）。

　実用新案権の効力が及ばない範囲の観点とは異なるが，方式主義によ

り実用新案権が発生することによる手当としての実用新案権の制限には，先使用による通常実施権（実用新案法26条で特許法79条を準用），実用新案権の移転の登録前の実施による通常実施権（同法26条で特許法79条の2を準用），無効審判の請求登録前の実施による通常実施権（同法20条），再審の請求登録前の実施による通常実施権（同法45条1項で特許法176条を準用）がある。また，産業財産権の相互の関係から，実用新案登録出願の日前またはこれと同日の意匠登録出願に係る意匠権がその実用新案登録出願に係る実用新案権と抵触する場合において，その原意匠権者は，原権利の範囲内において，意匠権の存続期間満了後の通常実施権を有する（同法26条で特許法81条，82条を準用）。

公共的要請からの実用新案権の制限として，特許法と同様に，裁定実施権制度，不実施の場合の通常実施権の設定の裁定（同法21条）と公共の利益のための通常実施権の設定の裁定（同法23条）が規定される。

③ 意匠権の制限

意匠権の効力が及ばない範囲は，特許権の効力が及ばない範囲（特許法69条）を準用する（意匠法36条）。意匠権の効力が及ばない範囲の観点とは異なるが，方式主義により意匠権が発生することによる手当としての意匠権の制限には，先使用による通常実施権（同法29条），先出願による通常実施権（同法29条の2），意匠権の移転の登録前の実施による通常実施権（同法29条の3），意匠権等の存続期間満了後の通常実施権（同法31条，32条），無効審判の請求登録前の実施による通常実施権（同法30条），再審の請求登録前の実施による通常実施権（同法56条）がある。ただし，意匠法では，公共的要請からの意匠権の制限としての裁定実施権制度はない。それは，意匠の創作が嗜好的な面をもつことによろう。

（2） 商標権の制限

自己の肖像または自己の氏名もしくは名称もしくは著名な雅号，芸名もしくは筆名もしくはこれらの著名な略称を普通に用いられる方法で表

示する商標は，商標権の効力が及ばない（商標法26条 1 項 1 号）。ただ
し，商標権の設定の登録があった後，不正競争の目的で，用いた場合は，
適用されない（同法26条 2 項）。

　指定商品とそれに類似する商品に関しては，その普通名称，産地，販
売地，品質，原材料，効能，用途，数量，形状，価格もしくは生産もし
くは使用の方法もしくは時期または当該指定商品に類似する役務の普通
名称，提供の場所，質，提供の用に供する物，効能，用途，数量，態様，
価格もしくは提供の方法もしくは時期を普通に用いられる方法で表示す
る商標は，商標権の効力が及ばない（同法26条 1 項 2 号）。

　指定役務とそれに類似する役務に関しても，その普通名称，提供の場
所，質，提供の用に供する物，効能，用途，数量，態様，価格もしくは
提供の方法もしくは時期または当該指定役務に類似する商品の普通名称，
産地，販売地，品質，原材料，効能，用途，数量，形状，価格もしくは
生産もしくは使用の方法もしくは時期を普通に用いられる方法で表示す
る商標は，商標権の効力が及ばない（同法26条 1 項 3 号）。

　そして，指定商品もしくは指定役務またはこれらに類似する商品もし
くは役務について，慣用されている商標は，商標権の効力が及ばない
（同法26条 1 項 3 号）。また，商品または商品の包装の形状であって，そ
の商品または商品の包装の機能を確保するために不可欠な立体的形状の
みからなる商標も，商標権の効力が及ばない（同法26条 1 項 4 号）。そ
れは，一つの商標の中に，他の商標の一部となっているものが含まれる
場合も同様である。

　商標法においても，方式主義における先使用による商標の使用をする
権利（同法32条）と先願主義により商標権が登録された後に無効審判の
請求登録前の使用による商標の使用をする権利（同法33条），再審の請
求登録前の使用による商標の使用をする権利（同法60条）が規定されて
いる。

4.　知財制度における権利の制限

　発明の装置との一体化や考案・意匠の創作の物品との不可分性は，デ

ジタル環境における発明・考案・意匠の創作の無体物化を顕在化させている。そして，平面・立体の商標が音やホログラム等による商標の発明・考案・意匠の創作・著作物とその伝達行為へ拡張されることによって，また商標の商品・役務の利用形態によって，それらが無体物化している。その観点から，著作権制度の権利の制限と産業財産権制度の権利の制限を架橋し，さらに農水知財制度の権利の制限との整合による知財制度の権利の制限が求められてこよう。

（1） 財産権の制限

著作権制度における権利の制限は，非営利性という原則のゆらぎがある。それは，営利性を前提とした補償金制度による対応である。その補償金は著作物の利用料といえるものになり，その補償金の徴収機関には著作権等管理事業者も関与する。それは，図書館についても，営利組織の書店と図書館が著作物の利用の空間として接近しており，中には公共図書館がその営利組織によって運営される状況にさえある。

産業財産権制度における権利の制限に関しても，独立行政法人化される研究機関や大学が非営利組織といいきることはできない。そのとき，特許権の及ばない範囲とはいえないケースが出てこよう。大学の研究者や企業の技術者が基礎科学を試験・研究に使用する場合，ロイヤリティを支払う必要はない。一方，企業が営利目的の基礎科学の利用，すなわち産業技術として活用するとき，ロイヤリティが課されることになる。また，逆に，民間組織が公共性のある事業を行うこともある。そこには，経済性と公共性とが交差する状況がある。

農水知財制度における権利の制限は，育成者権の制限に，産業財産権制度の権利の制限の主旨と同様に，研究目的の品種の利用がある（種苗法21条1項1号）。また，リバースエンジニアリングとみなせる回路配置利用権の制限がある（半導体集積回路配置法12条2項）。なお，検索エンジンの開発において，デジタル環境における著作物の複製が著作権を侵害する懸念により，技術の開発の遅れが指摘されることになる。特許権の制限に研究目的の特許発明の実施があるが，著作物に表現された

思想または感情の享受を目的としない利用（著作権法30条の4），電子計算機における著作物の利用に付随する利用等（同法47条の4），電子計算機による情報処理およびその結果の提供に付随する軽微利用等（同法47条の5）は，産業の発達に寄与するための著作権の制限といえる。

　デジタル環境の知的創造とそれに準じる行為に対する使用は，知的創造の権利と関連権が著作権制度と産業財産権制度を横断することが生じうる。例えばソフトウェアが著作物であり，また発明であるとき，個人の使用で違いが生じることになる。著作権制度では権利の制限に私的使用の観点が含まれるのに対して，産業財産権法では産業上の実施に関するものであり，私的使用（実施）の観点がない。それらの権利の制限の対応関係が求められ，知財制度の中で整合する知的財産権の制限が制度デザインとして指向される。知的財産権の制限の中で，知的財産権の保護との均衡を図るために，著作権制度における補償金制度は，営利性も加味した産業財産権制度の権利の制限への適用が想定しうる。

（2）　人格権の制限

　産業財産権制度における権利の制限では，著作権制度における権利の制限と異なり，人格権の制限が議論されることはない。ただし，発明者と特許権者および考案者と実用新案権者ならびに意匠の創作者と意匠権者とが同一人であるとき，著作者と著作権者とが同一人であるときと同様に，それら権利者には発明者と考案者および意匠の創作者の人格権といえる発明者掲載権と考案者掲載権および意匠の創作者の掲載権が認められる。ただし，それら権利は，著作者人格権とは異なり，氏名表示権と類似の発明者等の掲載権だけで，公表権と同一性保持権は明記されていない。

　ここで着目すべきは，発明等に関する発明者等に書類と原簿および保有個人情報に同一性の保持に関する権利との関係が想定される点である。また，ソフトウェアはプログラムの著作物と物の発明が著作権法と特許法で保護される対象となる。そのとき，特許法における発明者人格権として，発明の同一性保持権が想定しうる。公表権については，原則，公

開の中で捨象するとし，発明と考案および意匠の創作に関する同一性保持権が想定されてもよく，それらは発明・考案の均等論と意匠の創作におけるデザインのコンセプトとよばれるものになろう。

　ところで，情報公開法が著作権の制限および著作者人格権と実演家人格権の制限と関連することから，発明者等の掲載権の制限が想定される。そのとき，著作権法における著作物および実演の同一性保持権の制限が見出せないように，特許法における発明の同一性保持権の制限についても見出しえない。

　上記の関係は，ソフトウェアを介して，意匠の創作者と考案者の人格権の制限にも想定することができる。さらに，その関係は，知的財産権の人格権制限へ拡張し，知的創造に関する先取権者と先使用者の人格的権利に対する制限として想定されるものといえよう。

5．知的財産のオープン化

　知的財産権の制限は，知的財産権法に規定される公共性の面から経済性の面への規制になる。知的財産のオープン化として，オープンサイエンスやオープンイノベーションにおいて研究成果物のオープン化が促進されている。それは，オープンデータ，オープンソース，オープンコンテンツ，特許の開放の流れに連動する。知的財産のオープン化は，創作者と権利者の自主的な権利の不行使によるものではあるが，知的財産権の制限との共時性が見出せる。

　著作物の公開において，クリエイティブ・コモンズ（Creative Commons）の活動がある。クリエイティブ・コモンズのアイディアは，作家やクリエイターたちが自分たちのコンテンツに自由を与えるマークを付するシンプルな方法を定義することにある[13]。帰属は，そのコンテンツがだれによって創作されたかを表示するものである。非営利は，そのコンテンツを著作者の許諾を得なければ営利目的で使用できないことを表示するものである。派生禁止は，著作者の許諾を得なければ，そのコンテンツを改変することやそのコンテンツに基づく二次的著作物を作成することを禁止する表示である。同一条件許諾は，派生禁止の条件

がない場合，二次的著作物が作成されたものは，元のコンテンツが設定した同一の条件で使用できるとする表示である。基本ライセンスは，表示（attribution），非営利（noncommercial），派生禁止（no derivative works），承継（share alike）の 4 条件を選択して設定できる。その設定は，それらの条件の組み合わせになる。MIT OCW は，表示，非営利，承継になっている。なお，それら規約は，我が国の著作権制度との整合が必要である[14]。

　著作権制度のクリエイティブ・コモンズに対して，特許制度にパテント・コモンズがある。パテント・コモンズとは，「個々の権利者で知財権を所有しつつ，一定の条件下でコミュニティによる自由な使用を求める（一定の条件下で特許権等の権利の不行使を宣言する）仕組みのこと」[15]である。パテント・コモンズは，オープンソースと特許開放によるオープンイノベーションの推進に関係する。パテント・コモンズと同じ特許の開放の観点にあるものとして，特許無償提供がある。特許無償提供は，特許で保護された技術やその他の分野において，さらに開発が推し進められるようにするものである。例えばトヨタは，燃料電池スタック・高圧水素タンク・燃料電池システム制御といった，燃料電池車（FCV）の開発・生産の根幹となる燃料電池システム関連の特許に関しては，2020年末までを想定しての特許実施権を無償とし，水素ステーション関連の特許に関しては，期間を限定することなく無償としている。また，パナソニックは，同社が保有する IoT 関連特許やソフトウェアなどの知的財産を無償提供する。この目的は，IoT 関連アプリケーションやサービスの開発と普及を促進する狙いにある。

　知的財産のオープン化は，知的財産権の制限と直接に関わりを持って

（13）　Lawrence Lessig「自由な文化に向けて，クリエイティブ・コモンズ」，ディジタル時代の知的財産権（NTT 出版，2005年）25頁。
（14）　児玉晴男「教育コンテンツのネット公表に伴って必要な権利処理について─MIT OCW をめぐる米国と日本の社会制度の違い」情報管理55巻 6 号（2012年）416〜424頁。
（15）　知的財産戦略本部・知的財産推進計画2008（2008年）135頁。

いるわけではない。知的財産権の制限と知的財産のオープン化は，相補の関係にある。その関係の中で，著作権制度と産業財産権制度および農水知財制度の個別法の権利の制限は相互侵入してこよう。ヒトゲノムデータの特許では，新薬開発が中心になる。ここで，エイズの進行を遅延させる治療薬を巡って，知的財産の解釈において衝突がある。発展途上国において，エイズ等の治療薬を緊急に使用することができるかどうかは，国家の存亡に関わる問題である。ところが，そのような治療薬は高価であり，できるだけ安く入手する手段が発展途上国には必要になる。その手段とは，権利の制限の見地から，いわゆる「複製（コピー）薬」製造を実施することが考えられる。ジェネリック薬品（後発医薬品）が活用されているが，先発医薬品に対する，使用のための補償金制度の活用が考えられる。その観点を拡張すれば，難病の医薬品の私的使用に対する手当の観点からの制度デザインが想起しうる。知的財産権の制限について考えるとき，産業財産権の制限においても著作権の制限と同様の発明等の実施（利用）者の観点からの権利の制限が必要となろう。その知的財産権の制限は，私的使用のための複製と実施とを架橋することに求められる。

🔋 研究課題

1　引用転載という表記が使われることがあるが，引用，転載，掲載の違いについて調査せよ。
2　著作権法と産業財産権法等の権利の制限の違いについて考察せよ。
3　知的創造サイクルの中で，今後，必要となるまた不必要になる権利の制限について考察せよ。

9 │ 知的創造の権利と関連権の保護範囲

　知的創造の権利と関連権の帰属と制限において，領域的および時間的な関係からの知的創造の権利と関連権の及ぶ範囲を明確にする必要がある。本章は，知的財産権法の権利の範囲の同一と類似，保護期間，保護期間内の権利の消尽について考える。

1. 権利の範囲

　知的創造の権利と関連権の及ぶ範囲については，知的創造の権利と関連権の及ぶ範囲が領域的，時間的な関係から明確にされる必要がある。知的財産の領域的な保護は，その知的財産の同一と類似との関係の判断による。その対象は，思想または感情を創作的に表現したものであり，技術的思想の創作になる。また，意匠の創作と標章は，類似の概念が異なる。さらに，ソフトウェアは知的財産を横断し，その保護の範囲が錯綜する。

　知的財産の時間的な保護は，一定の保護期間が設定され，知的創造の権利と関連権は消滅する。著作権法で保護される著作物とコンテンツ（デジタルコンテンツ），産業財産権法で保護される発明・考案・意匠，種苗法で保護される品種，半導体集積回路配置法で保護される回路配置は，一定の保護期間が設定されている。その保護期間は，経済的価値と人格的価値で異なることがある。そして，不正競争防止法で保護される営業秘密は，その内容が著作物でも発明になりうるものでも保護期間の規定が明確ではない。

　ところで，知的財産の時間的な保護は，保護期間内であっても，権利の消滅が擬制される。それは，権利の消尽であり，権利の消滅の例外的

な効果をもつ。知的財産の有体物の流通を想定した用尽（消尽，exhaustion）または消尽理論（first sale doctrine）は，権利の保護期間内における権利の消滅の擬制になる。

　知的創造の権利と関連権の及ぶ範囲は，知的財産の同一と類似，権利の保護期間，権利の保護期間内の権利の消尽からとらえられる。知的創造の権利と関連権の及ぶ範囲は，知的創造の権利と関連権の始期と終期，そして有体物に化体した知的財産の権利の消尽になる。

2. 著作権制度における権利の範囲

　著作権制度の権利の及ぶ範囲は，著作権と関連権における保護の範囲の同一と類似と保護期間になる。

（1）　著作権法における同一性と類似性

　著作権法が保護する対象は，無体物である創作的な表現にあり，また有形的な媒体への固定を想定する著作物の伝達行為になる。

①　著作物の同一と類似

　著作物の同一と類似は，創作的な表現の同一と類似の関係になる。その創作的な表現は，一対一に対応づけられなければならない。しかし，裁判例によれば，ストーリーの一場面として想起させるものであれば，連載漫画の登場人物やキャラクターが表現されているものということができるとしている[(1)]。キャラクターの表現がその動態的な挙動によって類推されるならば，その表現は，必ずしも一対一に対応づけられなくとも，あたかも類似範囲が拡張されたかのように保護されることがある。

　歌詞付きの楽曲の本質的な特徴の同一性の保持が争われた事件では，一部に新たな創作的な表現を含むものではあっても，旋律の相当部分は実質的に同一といいうるものであり，旋律全体の組立てに係る構成においても酷似しており，旋律の相違部分や和音その他の諸要素を総合的に

（1）　東京地判昭51.5.26無体例集 8 巻 1 号［225〜226頁］。

検討しても，表現上の本質的な特徴の同一性は維持されているとし，聴く者の表現上の本質的な特徴を直接感得することがきると判示する[2]。楽曲の編曲と同一性という経済的権利と人格的権利に関わる同一と類似の判断になる。

　また，最高裁は，ビデオゲームソフトが映画の著作物であるかどうかの判断として，「ロールプレイングのビデオゲームは映画のようなコマドリで一律に表現されるものではなく，プレイヤーによって場面が異なるが，それらはプログラミングされたもので想定内」[3]として，映画の著作物としている。すなわち，静態的な表現がその厳密な対応づけを重要視するのに対し，動態的な表現はそのストーリーの整合性に焦点があわせられる。

　実質的類似性の判断は，コンピュータを作動させるプログラム（ソフトウェア）にコメント文のダミーを付加して，そのダミーが存在するかどうかでアクセスの有無を判断する。それは，コンテンツ創造の同一と類似に関する判断であるが，プログラムの表現というよりも，機能に関係している。プログラムが発明にもなることから，コンピュータを作動させる機能は，発明の同一と類似の判断を架橋するものといえよう。

②　著作物の伝達行為の同一と類似

　放送と有線放送とは，機能が同一であるが，無線か有線かで峻別する。放送のネット送信は，有線放送と有線の点で類似するとされたことがある。ところが，実演は同じ台本であっても実演家により全く同一ではない。また，音の固定も，米国や英国で収録することから，技術やノウハウが含まれることが推測される。放送（有線放送）は，技術的要素による行為でもある。したがって，著作物の伝達行為は，著作物の同一と類似が含まれ，発明等の同一と類似にも関連する。

（2）　東京高判平14.9.6平12（ネ）1516号判例集未登載。
（3）　最一判平14.4.25民集56巻4号808頁。

（2） 著作権法における権利の保護期間

　著作者と著作隣接権者における人格的権利と経済的権利との関係から，また出版権者の経済的権利について，それら保護期間を見ていくことにする。

① 著作者の権利の保護期間

　著作者，すなわち著作物を創作する者（著作者）（著作権法2条1項2号）は，著作物を創作したときに著作者の権利を原始的に取得する。著作者の権利は，著作者の人格的権利と経済的権利からなる。この著作者は，職務著作のときは，法人であってもよい（同法15条1項）。保護期間は，自然人の場合は著作物の創作時から，法人等の場合は著作物の公表後から始まり，一定期間の経済的権利の保護がなされる。

（i） 著作権の保護期間

　著作権は，著作物の創作時から著作者の死後70年を経過するまでの間存続し（著作権法51条），無名・変名の著作物，団体名義の著作物の著作権は，その著作物の公表後70年を経過するまでの間存続する（同法52条1項，53条1項）。映画の著作物の著作権は，その著作物の公表後70年を経過するまでの間存続する（同法54条1項）。著作権の保護期間に議論があるものの，著作権の保護期間は長くなる傾向性がある[4]。

（4）　「著作権及び特定の関連する権利の保護期間を調和させる1993年10月29日の理事会指令」（Council Directive of 29 October 1993 harmonizing the term of protection of copyright and certain related rights（91/250/EEC））の前文（11）において，著作権の保護期間は，著作者の死後70年または著作物が適法に公衆に提供または提示されたときから70年の点において調和されるべきとする。同指令前文（5）は，その根拠として，ベルヌ条約に定める最低限の保護期間の50年が著作者とその子孫の最初の2世代に保護を与えることを意図しているとし，欧州共同体における平均寿命はより長くなっており，50年の期間は2世代を保護するには不十分とすることによっている。

（ⅱ）　著作者人格権の保護期間

　一般に，人格的権利は一身専属性のため，著作者の死亡により消滅する。しかし，人格的利益があることから，著作者人格権は，経済的利益の消滅するまで存続する（ベルヌ条約6条）。さらに，著作者が存しなくなった後における人格的利益の保護は，著作者が存しているとしたならば，その著作者人格権の侵害となるべき行為をしてはならないとする（著作権法60条）。この著作者人格権の保護期間に関する法解釈に対して，容認する見方[5]と否認する見方[6]で分かれる。この人格的権利の対応の差異の根源は，著作権法からの法解釈か，産業財産権法または英米法系のcopyrightアプローチからの法解釈によるものといえ，それぞれ想定される枠内を超えるものではない。ところで，中国においては，著作権（人格権）の氏名表示権，変更権，同一性保持権の保護期間は，無期限と明記する（中国著作権法20条）。著作物に化体した人格的価値は，その著作物が経済的権利の保護期間の満了の後においても，信託管理等により認識される限り存続すると解しうる。

②　著作隣接権者の権利の保護期間

　著作隣接権者の権利は，実演家と，レコード製作者と放送事業者（有線放送事業者）とで権利の内容が異なる。前者は，著作隣接権の保護期間だけでなく，実演家人格権の保護期間にも配慮する必要がある。

（ⅰ）　著作隣接権の保護期間

　著作隣接権は，実演と音の固定から70年，放送と有線放送から50年を経過するまでの間存続する（著作権法101条2項）。なお，著作隣接権者における貸与権は，1年の許諾権プラス69年の報酬請求権という構成になり，許諾権と報酬請求権が保護期間を分けている。

（5）　斉藤博・著作権法（有斐閣，2000年）150頁。
（6）　中山信弘・著作権法（有斐閣，2007年）416～417頁。

（ ⅱ ）　実演家人格権の保護期間

　実演家人格権は，著作者人格権と同様に，一身専属性であり，実演家の一身に専属し，譲渡することができない（著作権法101条の２）。ただし，実演家の死後における人格的利益の保護として，実演を公衆に提供し，または提示する者は，その実演の実演家の死後においても，実演家が生存しているとしたならばその実演家人格権の侵害となるべき行為をしてはならない（同法101条の３）。ただし，実演家人格権は，著作者人格権と同様に，実演の有体物に化体した自然人である実演家の人格的価値は，その著作物の伝達行為である実演の経済的権利の保護期間の満了の後においても，信託管理等により認識される限り存続すると解しうる。

③　出版権の存続期間

　出版権の存続期間は，設定行為で定めるところによる（著作権法83条１項）。その存続期間について，設定行為に定めがないときは，出版権の設定後の最初の出版があった日から３年を経過した日において消滅する（同法83条２項）。出版権の存続期間は，実務的には，出版権設定契約書の絶版条項等によらない限り，自動更新されており，著作権の保護期間内の存続が可能になる。

3.　産業財産権制度における権利の範囲

　産業財産権制度の権利の及ぶ範囲は，産業財産権における保護の範囲の同一と類似と保護期間になる。

（ 1 ）　産業財産権法における同一性と類似性

　産業財産権法が保護する対象は，無体物の技術的思想の創作にあり，また装置や物品に化体した製品や商品または役務になる。

①　発明（考案）の同一と類似

　特許発明の同一と類似・非類似を判断する理論として，均等論（doctrine of equivalence）がある。均等論は，通説では，特許請求の範

囲を確定するために用いられるものであり，単なる設計変更や不完全利
用，迂回方法は同一のものとみなすとされている。その均等論を適用し
たものに，Festo 事件がある[7]。均等論は，特許請求の範囲の発明と本
質部分は同一で微細な部分のみが異なることは，その特許請求の範囲内
とするものである。

　無限摺動スプライン軸受事件で，最高裁第三小法廷は均等論を積極的
に認め，その要件を明示している[8]。その均等論の要件は，1）対象製
品等と異なる部分が特許発明の本質的部分でないこと，2）異なる部分
を対象製品等におけるものと置き換えても，特許発明の目的を達するこ
とができ，同一の作用効果を奏するものであること，3）置き換えるこ
とに，「当業者」が，対象製品等の製造等の時点において容易に想到す
ることができたものであること，4）対象製品等が，特許出願時におけ
る公知技術と同一または当業者が容易に推考できたものでないこと，
5）対象製品等が特許発明の特許出願手続において特許請求の範囲から
意識的に除外されたものに当たるなどの特段の事情もないこと，になる。

　ネットワーク型特許のプログラムが物の発明として装置や物品との不
可分性が求められない状況にある。考案は，物品との不可分性が求めら
れない状況にはなっていないが，デジタル環境においては，意匠の創作
と共通する面が想定できよう。そのとき，実質的類似性は，発明等の同
一と類似の一つの指標になろう。

②　意匠の創作の同一と類似

　意匠の同一は，同一物品についての同一形態である（意匠法2条1
項）。物品の同一とは，用途と機能が同一である物品になる（意匠法施
行規則7条別表1の最下欄に掲げる物品，1から65）。形態の同一とは，
形状，模様もしくは色彩またはこれらの結合の同一の意味になる。

　意匠の類似は，①物品が同一で形態が類似，②物品が類似で形態が

（7）　Festo Corp. v. Shoketsu Kinzoku Kogyo Kabushiki Co., Ltd., et al.
（8）　最三判平10.2.24平6（オ）1083号判例集未登載。

同一，③ 物品が類似で形態が類似，になる。そして，物品の類似とは，用途が同じで機能が異なる物品であり，例えば類似物品は鉛筆と万年筆，腕時計と置き時計になる。用途も機能も異なる物品は，非類似物品であり，例えば完成品と部品，組物と構成物品になる。意匠の類似は，類似の範囲を拡張するものではない。登録意匠の及ぶ範囲として，関連意匠がある。関連意匠制度は，類似意匠制度を改正したものであり，基礎意匠（本意匠）に類似する意匠の定義を類似意匠から関連意匠へと変更している。類似意匠制度（意匠法旧10条）には，追加特許（特許法旧31条）や連合商標（商標法旧7条）の制度とアナロジーがある。類似意匠の本質に関し，拡張説と確認説のとらえ方がある。前者が最先の意匠登録を受けた意匠の類似範囲を拡げるために設けられた制度とするのに対し，後者は最先の意匠登録を受けた意匠の類似範囲をあらかじめ確認するために設けられた制度とする[9]。意匠の類似範囲は必ずしも明確ではないが，一般的には肉眼で外観を観察し，全体的総合的に観察して，一般の需要者が混同するか否かを判断すべきものとなる[10]。

　意匠権者は，自己の登録意匠にのみ類似する意匠（関連意匠）について，関連意匠の意匠登録を受けることができる（意匠法10条1項）。この関連意匠（類似意匠）の存在理由は，もとの意匠権の保護範囲を登録意匠に類似する範囲まで拡張して保護の強化を図ったとされる。意匠登録を受けた関連意匠にのみ類似する意匠も認められる（同法10条4項）。すなわち，最先の意匠登録を受けた意匠権の範囲を不当に拡大するものは拒絶される。また，関連意匠の意匠権は，最先の意匠登録を受けた意匠権と合体し，全く一つの権利になる（同法22条）。関連意匠は，意匠の権利範囲をできるだけ明確にするという機能をもち，保護範囲を確認するためにのみ存在理由がある（図1（a）参照）。

　なお，物品の部分に係る意匠（部分意匠）の同一と類否の判断は，① 意匠に係る物品，② 部分意匠として意匠登録を受けようとする部分

（9）　高田忠・意匠（有斐閣，1969年）371頁。
（10）　豊崎光衛・工業所有権法　新版・増補（有斐閣，1980年）326頁。

の機能・用途，③ その物品全体の中に占める部分意匠として意匠登録を受けようとする部分の位置，大きさ，範囲，④ 部分意匠として意匠登録を受けようとする部分自体の形態，になる。また，形態が変化する物品における形態の変化の前後に係る意匠（動的意匠）について意匠登録が可能であり，同時に使用される2以上の物品であって物を構成する物品に係る意匠が全体として統一のあるときは組物として一意匠としての出願ができる（意匠法施行規則8条別表第2）。組物の意匠は，一組のひなセットや一組のコーヒーセット，また一組の電子計算機セットなど56組あり，拡充がはかられている。

③　商標の同一と類似

　商標と商品等の同一と類似の判断が問題になる。商標法は，商標，商品，役務（サービス）の類似という概念を導入し，その類似範囲では実際の混同が生じるか否かを問わずに当然に混同を生ずるものとみなしている。商標の使用における類似は，一般的出所混同を生ずる範囲を示している（図1（b）参照）。商標の類似には，① 外観類似（Sony と Somy），② 呼称類似（NHK と MHK），③ 観念類似（オープンと公開），がある。そして，外観と呼称および観念のうち一つでも類似していれば，商標の類似とされる。また，商標は立体商標が認められており，平面商標との類似が生じる。商品と役務の類似は，① 商品の類似，② 役務の類似，③ 商品と役務の類似，になる。商標が平面から立体，そして五感で感知できるものへ拡張されており，商標の同一と類似は発明，考案，意匠の創作，著作物とその伝達行為の同一と類似の判断も考慮の対象になってこよう。

　登録商標の及ぶ範囲との関連で，防護標章がある。防護標章の登録は，非類似商品または非類似役務に拡張するものであり，登録商標の保護範囲の枠外に位置づけられる。しかし，全体的には登録商標と一体不可分性をもっていることからいえば，保護範囲を拡張することにはならない。防護標章登録を受けている標章に類似する範囲の他人の使用は，侵害とみなされない。防護標章登録の効果は，非類似商品または非類似役務に

172

ついての禁止権と同じになる。したがって，防護標章は，使用許諾の対象にはならない。ここに，2以上の商標権について同一または類似の商品・役務について重複して認められることが理論上ありえることになる。

（2） 産業財産権法における権利の保護期間

　産業財産権法における権利の対象は産業財産権にある。発明者等から特許権者等へと移行する中で特許を受ける権利等から特許権等へ，商標を使用する者から商標権者へ移行する中で先使用から商標権へ変化する。

① 特許権・実用新案権・意匠権の保護期間

　特許を受ける権利等[11] は，発明等を創作してから，登録出願し，設定登録によって特許権等が発生することにより消滅する。ただし，特許出願等[12] に拘らず，特許を受ける権利等は，先に発明した者，先に考案した者，先に意匠を創作した者となりうる者の経済的権利といえる。

　そして，特許権（特許法66条1項）の保護期間は，特許出願の日から20年をもって終了する（同法67条1項）。ただし他の法令との関係で，5年の期間内で当該特許権の存続期間を延長することができる（同法67条2項）。そして，実用新案権（実用新案法14条1項）の保護期間は，実用新案登録出願の日から10年で終了する（同法15条）。また，意匠権（意匠法20条1項）の保護期間は，意匠登録出願の日から25年で終了する（同法21条1項）。関連意匠の意匠権の存続期間は，その基礎意匠の意匠登録出願の日から25年で終了する（同法21条2項）。

　いずれにしても，産業財産権法における発明等の公開による経済的権利の保護期間は，出願日から25年を超えるものにはならない。ここで，特許出願において請求項に明示されない発明は，営業秘密になり，秘密管理性，有用性，非公知性の要件を満たす限り，経済的価値の保護期間

(11)　特許を受ける権利等とは，特許（発明登録）を受ける権利，実用新案登録（考案登録）を受ける権利，意匠登録を受ける権利をいう。
(12)　許出願等とは，特許（発明登録）出願，実用新案登録（考案登録）出願，意匠登録出願をいう。

に制約されないものとなる。

②　商標権の保護期間

　商標権の存続期間は，設定の登録の日（国際登録の場合は国際登録の日）から10年で終了する（商標法19条 1 項，68条の21第 1 項）。なお，商標権の存続期間は，商標権者の更新登録の申請により更新が可能であり，さらに10年の保護期間の延長になる（同法19条 2 項）。防護標章登録に基づく権利の存続期間は，設定の登録の日から10年をもって終了する（同法65条の 2 第 1 項）。防護標章登録に基づく権利の存続期間は，防護標章登録の要件を満たす限り，更新登録の出願により更新することができる（同法65条の 2 第 2 項）。ここに，更新登録は何度も行うことができるので，商標権は，半永久的権利ということができる。

　商標法は，ほかの産業財産権法と同様に，先願主義をとっている。したがって，同一または類似の商品または役務について使用する同一または類似の商標について異なった日に 2 以上の商標登録出願があったときは，最先の商標登録出願人のみがその商標について商標登録を受けることができる（同法 8 条 1 項）。商標登録出願が同日に 2 以上あった場合は，商標登録出願人の協議により定めた一の商標登録出願人のみがその商標について商標登録を受けることができる（同法 8 条 2 項）。それは，特許庁長官が相当の期間を指定して協議をしてその結果を届け出るべき旨を商標登録出願人に命じるものになる（同法 8 条 4 項）。もし協議が成立せず，または指定した期間内に届出がないときは，特許庁長官が行う公正な方法によるくじにより定めた一の商標登録出願人のみが商標登録を受けることができる（同法 8 条 5 項）。なお，商標登録出願が放棄され取り下げられ，もしくは却下されたとき，または商標登録出願について査定もしくは審決が確定したときは，その商標登録出願は，初めからなかったものとみなされる（同法 8 条 3 項）。

　なお，防護標章登録に基づく権利は，その商標権を移転したときはそれに従って移転し（同法66条 2 項），その商標権を分割移転したときは消滅する（同法66条 1 項）。そして，その商標権が消滅したとき，防護

標章も消滅する（商標法66条3項）。防護標章は，その商標権と一体不可分性をもつ。

4. 知財制度における権利の範囲

知財制度における権利の及ぶ範囲は，知的財産相互の利用関係を考慮した知的創造の権利と関連権の及ぶ範囲の同一と類似，保護期間，保護期間内の権利の消尽になる。

（1） 知的財産の同一と類似

知的財産は著作権法と産業財産権法などの個別法で定義されるが，知的財産は相互侵入がある。美術の著作物は純粋美術といえるが，写真の著作物および美術的著作物として保護される応用美術の著作物の保護期間を定める権能は同盟国の立法に留保される（ベルヌ条約7条（3））。また，純粋美術は著作物として創造され保護され，応用美術は工業上利用可能な意匠として創造され保護される。インダストリアルデザインは，工学と工芸，装飾と，あいまいながら純粋美術と結び付いている。純粋美術が量産可能であり，応用美術に著作物性があれば，純粋美術と応用美術とは明確に二分されえない。例えば新国立競技場のデザインと建設費（積算）の観点からいえば，そこには建築物の機能性が問われる。建築のデザインは，図面の著作物の機能性，建築の著作物（デザイン）の機能性が求められる。図形の著作物（建築図面）を創作的に表現した建築物であっても，雨漏りや強度に問題があれば，建築物として機能しない。建築物は，強度計算，建築材料，工法，組み立て作業が関係する。それらすべてがデザインに関係する。相互侵入がある知的財産の同一と類似は，著作物と発明等の同一と類似の判断に多重性がある。

品種の同一と類似は，品種の特性と品種の名称に関わる。品種登録の同一と類似は，同一の繁殖の段階に属する植物体のすべてが特性の全部において十分に類似していること，繰り返し繁殖させた後においても特性の全部が変化しないことに関係する（種苗法3条1項2号，3号）。また，出願品種の名称は，登録商標と商品・役務の同一と類似に関係す

る。出願品種の種苗に係る登録商標またはその種苗と類似の商品に係る
登録商標と同一または類似のもの，出願品種の種苗またはその種苗と類
似の商品に関する役務に係る登録商標と同一または類似のものである
ときは，品種登録は受けられない（種苗法4条1項2号，3号）。また，
回路配置に関する同一と類似に関する規定はない。回路配置は，半導体
集積回路における回路素子およびこれらを接続する導線の配置である。
それは，製図や図面と類似しており，建築の著作物や図形の著作物に機
能が加わった性質とアナロジーがあろう。そこから，著作物と発明等の
同一と類似の判断基準が類推される。ただし，関連意匠（類似意匠）と
類似商標の概念には違いがある。関連意匠（類似意匠）はデザインのコ
ンセプトを明確にするものであり拡張されないのに対して，類似商標は
拡張され非類似（防護標章）へ及ぶ（図1参照）。

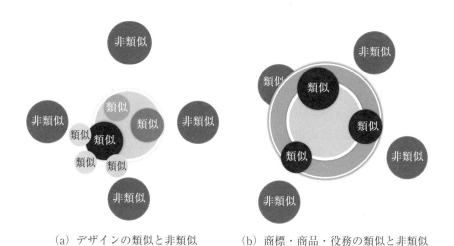

（a）デザインの類似と非類似　　　（b）商標・商品・役務の類似と非類似

図1　関連意匠（類似意匠）と類似商標の概念の違い

　特許発明は，他人の特許発明，登録実用新案，登録意匠またはこれに
類似する意匠を利用する関係にある（特許法72条）。登録実用新案は，
他人の登録実用新案，特許発明，登録意匠またはこれに類似する意匠を
利用する関係にある（実用新案法17条）。そして，登録意匠は，他人の

登録意匠またはこれに類似する意匠，特許発明，登録実用新案を利用する関係にある（意匠法26条1項）。登録意匠に類似する意匠は，他人の登録意匠またはこれに類似する意匠，特許発明，登録実用新案を利用する関係にある（同法26条2項）。指定商品または指定役務についての登録商標の使用の態様は，他人の特許発明，登録実用新案，登録意匠またはこれに類似する意匠，著作物と著作物の伝達行為を利用する規定はない（商標法29条）。ただし，ソフトウェアがプログラムの著作物であり物の発明であることから，特許発明，登録実用新案，登録意匠または登録意匠に類似する意匠は著作物を利用する関係が想起できる。また，指定商品または指定役務についての登録商標の使用の態様だけでなく，商標自体が特許発明，登録実用新案，登録意匠または登録意匠に類似する意匠は著作物を利用する関係を想定しうる。

　知的財産は，著作権制度，産業財産権制度，農水知財制度で相互に関わり合っている。著作物，発明・考案・意匠の創作，植物の新品種，回路配置などは，無体物の知的財産である。それらは，無体物化する商標と商標の利用形態において利用関係が想定できよう。そして，著作物・著作隣接権，特許権・実用新案権・意匠権，育成者権，回路配置利用権などは，商標権と抵触関係にある。知的財産の同一性と類似性の関係は，知的財産の類似は無体物の知的財産の同一を明確にすることにある。

（2）　知的財産権の保護期間

　知的財産権の保護期間は，著作権法と産業財産権法およびその他の知的財産権法では，保護期間で違いがある[13]。

---

(13)　育成者権の存続期間は，品種登録の日，すなわち育成者権の発生から25年とする（種苗法19条）。ただし，種苗法4条1項の譲渡が，試験もしくは研究のためのものである場合，または育成者の意に反してされたものである場合は品種登録が可能であり，育成者権の存続期間は30年になる。また，回路配置利用権の存続期間は，設定登録，すなわち回路配置利用権の発生の日から10年になる（半導体集積回路配置法10条2項）。

① 財産権の保護期間

　保護期間の始期は，創作時または公表日あるいは出願日または登録日になる。創作時は，著作者の権利，発明者等の権利である。公表日は，著作者が法人の場合，著作隣接権者の権利になる。そして，出願日は特許権（特許法66条１項），実用新案権（実用新案権法14条１項），意匠権（意匠法20条１項）であり，登録日は商標権（商標法18条１項）である。

　保護期間の終期，すなわち権利の消滅日は，著作権法と産業財産権法で異なる。著作権と著作隣接権の消滅は，①保護期間の満了（著作権法51条２項，52条１項，53条１項，54条１項・２項，101条），②権利者が死亡し，その相続人が不存在の場合（同法62条１項１号，103条），③権利者である法人の解散の場合（同法62条１項２号，103条），になる。産業財産権の消滅は，①存続期間の満了（特許法67条，実用新案権法15条，意匠法21条，商標法19条１項（ただし更新が可能（商標法19条２項）），②登録料の不納（特許法112条４項，５項，６項，実用新案法33条４項，５項，意匠法44条４項，商標法20条４項），③産業財産権の放棄（特許法97条１項，実用新案法26条・意匠法36条・商標法35条（特許法97条１項を準用）），④産業財産権の無効審決・産業財産権の取消決定の確定（特許法125条，実用新案法41条（特許法125条を準用），意匠法49条，商標法46条の２），⑤産業財産権の相続人（民法958条の期間内に相続人である権利を主張する者）がいない場合になる（特許法76条，実用新案法26条・意匠法36条・商標法35条（特許法76条を準用））。権利者が死亡し，または相続人が不存在の場合，知的財産権は，他の財産権と異なり，国庫に帰属することはない。

　育成者権と回路配置利用権は，産業財産権と同様に解しうる。なお，営業秘密の経済的権利の消滅は，原則，想定されない。

② 人格権の保護期間

　保護期間の始期と終期は，財産権に関するものである。人格的権利の消滅は，経済的権利とは直接的には連動しない。人格権は，一身専属性により，自然人の創作者の死亡により消滅する。しかし，その人格権の

消滅に関しては，議論のあるものの，自然人である創作者の死後においては，永久に存続するという見方もとれる[14]。そこで，保護期間は，知的財産の相互侵入が想定できる中で，創作者および準創作者の権利の発生から，人格権と財産権の関係から，見ていくことも必要となる。

　発明者等の人格的権利は，著作者人格権と実演家人格権の氏名表示権と同様な内容にとどまる。ただし，公表に関しては，発明者等のコントロールしうる権利が想定できる。しかも，発明の均等論，関連意匠（類似意匠）のデザインのコンセプトに見られる保護の対象は，同一性の保持の観点からは発明者等の人格的価値の保護ともいえる。そして，それらを包含する発明者等の人格的権利は，著作者と実演家の人格的権利と同様の性質が想定しえよう。特許権等の保護期間が終了したときであっても，発明者等の人格的権利の面からいえば，特許権者等とは異なる対応がとりうる[15]。

　また，品種登録出願には，出願品種の育成をした者の氏名が表記されるが，出願公開，品種登録にあたっては記載されることはない（種苗法5条1項4号）。他方，回路配置の創作者の氏名等は，回路配置利用権の設定の登録に明記される（半導体集積回路配置法3条2項4号）。それらには，発明者等の掲載権と同様の保護期間が想定される。

（3）　知的財産権の消尽

　知的財産は，財産権としては一定の保護期間があり，原則，保護期間

（14）　創作物（準創作物）の財産権と人格権が財産権の保護期間が徒過して共に消滅するとしても，財産権が消滅してコモンズとなったとしても人格権は存在し続ける創作物（準創作物）がありうる。例えば「源氏物語」は紫式部の氏名表示により同一性が保持されて継受されている。アルキメデスの原理やフックの法則の発明・発見も，著作物同様に解しえよう。人格権が明確でない創作物（準創作物）は，伝統的文化表現と伝統的知識となる。

（15）　例えばジェネリック医薬品は，特許権の保護期間が終了した真正の医薬品と類似する。もしジェネリック医薬品が真正の医薬品と異なる効能が発現するときは，発明者の発明に関する同一性の保持の点からジェネリック医薬品に関して生産・販売の差止請求等が認められるとすることに合理性が生じてこよう。

が経過するまで自由に利用や実施はできない。しかし，その保護期間内においても，財産権の制限が適用される他に，財産権の消尽があり，有形的媒体への固定または装置や物品に内包される知的財産は財産権の保護期間を考慮しなくとも利用と実施しうる。

①　時間的な権利の消尽

　著作権の保護期間に議論があるものの，権利の消滅に特に疑問をはさむ余地はない。しかし，著作物は有形的媒体への固定あるいは有体物の擬制のもとに流通することを想定するものであり，そのことから著作権の保護期間内に権利の消尽が働くことがある。

　著作者は，その著作物をその原作品または複製物の譲渡により公衆に提供する権利を専有するとしている（著作権法26条の2第1項）。この権利は，著作権の支分権の中の譲渡権である。ただし，書籍などの物の流通には，譲渡権の適用が除外される。すなわち，この保護期間内の権利の消滅は，時間的な流れの中における消尽といえる。

　なお，譲渡権の対象には，映画の著作物が除かれている。それは，映画の著作物には，譲渡権とは別に，頒布権が規定されているからである。この頒布権に関する消尽が争われた。このケースには二つの流れがあり，それらの解釈の仕方は対照的である。一つの流れは，家庭用ゲームソフトを映画の著作物としている。ここで，消尽を認める判決[16]と，消尽を認めない判決[17]が出されている。もう一つの流れは，家庭用ゲームソフトを映画の著作物とは認められないとするものである。家庭用ゲームソフトには頒布権が認められないとして，第一譲渡により権利が消尽するという論理構成をとっている[18]。なお，前者に関しては，いったん適法に譲渡された場合，頒布権のうち譲渡に関する権利は，その目的を達成したものとし，消尽すると結論づけられている[19]。

---

(16)　大阪高判平13.3.29判時1749号3頁。
(17)　大阪地判平11.10.7判時1699号48頁。
(18)　東京高判平13.3.27判時1747号60頁。東京地判平11.5.27判時1679号3頁。
(19)　最一判平14.4.25前掲注（3）808頁。

上記のとらえ方は，発明等の化体した製品に対する産業財産権の消尽と同じ観点になる。

② 空間的な権利の消尽

消尽は，国際的な流通に関する制度調和の課題でもある。それは並行輸入に関して議論されており，その性質は空間的な権利の消尽が問われる。知的財産権の各権利間には，並行輸入に関し解釈にずれがある。

商標では，商標の識別機能の見地から真正商品の並行輸入は，「商標制度の趣旨目的に違背するものとは解せられない」[20] とし，容認されている。一方，特許発明では，特許独立の原則（パリ条約4条の2）と属地主義から真正製品の並行輸入は判例上認められていなかった[21]。

その後，特許独立の原則と属地主義の原則は，特許製品の並行輸入は特許権の侵害にあたらないとした事件の一審判決では，「真正商品の並行輸入の許否の判断を直接左右するものではない。」[22] としたうえで，「真正商品の並行輸入が我が国における特許権を侵害するものとすることが，社会的に是認されえない状況にまで至っているということはできない。」[23] としている。最高裁第三小法廷は，二審判決[24]を是認し，メーカー側（上告人BBS社は，ドイツ連邦共和国（旧西ドイツ）における特許発明と同一のものに対して，我が国で特許権を有する）の上告を棄却し，並行輸入を容認している[25]。

本判決では，国際取引における特許製品の流通と特許権者の権利との調整について，「現代社会において国際経済取引が極めて広範囲，かつ，高度に進展しつつある状況に照らせば，我が国の取引者が，国外で販売された製品を我が国に輸入して市場における流通に置く場合においても，

---

(20)　大阪地判昭45.2.27判時625号［83頁］。
(21)　大阪地判昭44.6.9無体例集1巻160頁。
(22)　東京地判平6.7.22判時1501号［75～76頁］。
(23)　東京地判平6.7.22・前掲注（22）［77頁］。
(24)　東京高判平7.3.23判時1524号3頁。
(25)　最三判平9.7.1民集51巻6号2299頁。

輸入を含めた商品の流通の自由は最大限尊重することが要請されているものというべき」とし，特許製品の並行輸入を容認している。ここでは，消尽は国内に限られ，国際的な消尽はないとする。この国内消尽と国際消尽の差異は，国内消尽が国内あるいは域内の空間（範囲）に限定され，国際消尽には空間（範囲）に限定がない点にある。有体物に化体した対象に対しては，国内と国際とで消尽の解釈が分かれている。

　デジタル環境における真正商品としてのコンテンツ（デジタルコンテンツ）を想定したとき，並行輸入の問題は，知的財産権のすべての権利に関連する。ところが，並行輸入の諾否の傾向性は，それぞれ特許発明では並行輸入の否認から認容へ，商標では並行輸入を認め，著作物には判例がないことになろう[26]。権利の消尽の基準に関しては，知的財産権の相互の関係にゆらぎがある。

③　時空的な権利の消尽

　知的財産（無体物）の本来の性質からいえば，権利の消滅・満了まで権利の保護が及ぶことになる。時間的な権利の消尽および空間的な権利の消尽においても，その基準は恣意的ともいえる。その権利の及ぶ範囲は，現実世界においても，時間的または空間的にそれぞれ二分することは適切ではない。この時間と空間の制約を受けない権利の消尽は，時空的な消尽とよびうる。この消尽の性質は，権利の保護と権利の制限が交互に顕在化と潜在化を繰り返す。

　空間的な権利の消尽で考察した並行輸入の関係は，デジタル環境におけるコンテンツ（デジタルコンテンツ）の流通・利用に関する国際的な制度調和の課題である。有体物に化体した対象は，国内と国際との消尽の解釈が分かれる。この観点をデジタル環境に置き換えれば，標識が付された無体物としての知的財産が，複製可能または実施可能な状態で流通・利用されるにあたって，権利の消尽は複雑化する。

---

(26)　デジタルコンテンツ（プログラム等）の並行輸入は，著作権法26条の2第2項4号によって許容される。ただし，著作権法の改正による輸入レコード問題への対応（同法113条5項）は，権利の消尽と逆の方向性をもつ。

　権利の消尽は，著作物の有形的な媒体への固定を前提にするものである。有体物としての家庭用ゲームソフトが権利の消尽の対象であっても，家庭用ゲームソフトのコンテンツ自体は，別な判断を必要とする対象になる。時間の流れの中で，また空間的な場所において，いったん権利の消尽とされたものであっても，デジタル環境における時空的な権利の消尽は，解除条件付きの性質をもつ。しかも，権利の消尽は，経済的権利の側面である。人格的権利は，別な判断を要する。少なくとも，権利の消尽がいえるのは，そのコンテンツ自体に何らの権利も存在しないときに限られよう。

　知的財産権の消尽は，無体物の知的財産と「有体物に入れられた無体物」の製品や商品との保護範囲に関連する。「有体物に擬制され視聴覚化された情報」では，知的財産権の消尽の適用外になろう。

5. 権利の濫用

　知的財産権は，知的財産権の実施または使用により与えられる権利といえる。権利の濫用とはいえないが，知的財産権の不実施がある。例えば特許発明等の実施を適切に行わないことに対して，裁定実施権制度がある。それは，産業財産権の取消しに至ることはない。しかし，産業財産権法の目的は産業の発達の寄与にあるが，商標法は産業の発達の寄与とともに需要者の利益を保護することを目的とする。その観点から，登録商標の不適切な使用等[27]があれば，登録商標の取消しの審判の請求ができる（商標法51条）。

　不正競争防止法が知的財産権法を補う関係にあるのに対して，独占禁止法は不正競争防止法と対極の関係になる。独占禁止法は，一般消費者の利益を確保するとともに，国民経済の民主的で健全な発達を促進する

---

(27)　登録商標の使用等が不適切な行為は，故意に指定商品・指定役務についての登録商標に類似する商標の使用または指定商品・指定役務に類似する商品・役務についての登録商標・類似商標の使用であって商品の品質または役務の質の誤認または他人の業務にかかる商品・役務と混同を生ずるものをしたときは，何人も，その商標登録を取り消すことについて審判を請求することができる。

ことを目的とする（独占禁止法1条）。それは，需要者の利益保護の観点と共通する。

　しかし，その独占禁止法は，著作権法，特許法，実用新案法，意匠法または商標法による権利の行使と認められる行為には適用されない（独占禁止法21条）。ところが，「事業者は，私的独占または不当な取引制限をしてはならない」（同法3条）という規定に違反して私的独占または不当な取引制限をした者および「一定の取引分野における競争を実質的に制限すること」（同法8条1号）の規定に違反して一定の取引分野における競争を実質的に制限した者に対しては，例外がある。裁判所は，情状により，刑の言渡しと同時に，「違反行為に供せられた特許権の特許または特許発明の専用実施権もしくは通常実施権は取り消されるべき旨」の宣告をすることができる（同法100条1項1号）。その判決の謄本の送付があったときは，特許庁長官は，その特許権の特許または特許発明の専用実施権もしくは通常実施権を取り消さなければならない（同法100条3項）。

　コンテンツ創造の客体と知的財産創造の客体とが交差し，知的創造の中で横断するソフトウェアにおいて，特許権の独占禁止法の例外規定は，派生する関係にある。それは，取り消すことができない著作権等と取り消すことができる特許権という，現行の知財制度では解決の見出せない課題になる。海賊版漫画ビューアサイト「漫画村」の問題は，読者が購入する対象であるとき価格が問題になっている。価格の問題に著作権法が直接に適用される余地はないが，独占禁止法の再販売価格維持制度は間接的に出版物の価格に関与する。それは，漫画本の再販売価格維持の撤廃であり，暫定的には部分再販や時限再販を含み，景品やポイントなどの付与と言ったサービス面による価格面の制約である。

研究課題

1　知的財産の相互の関係から，それらの同一性と類似性とを比較対照して考察せよ。

2　知的財産権の相互の関係から，権利の発生から権利の消滅まで比較対照して考察せよ。

3　デジタル環境における知的財産権の消尽について考察せよ。

10 | 知的創造の権利と関連権の管理

権利管理は，権利者の義務であるが，創作者が個人であるときは，困難な状況がある。権利管理には，大陸法系と英米法系の二つの法理が並存している。本章は，著作権法と著作権等管理事業法および知的財産権法と信託業法の権利管理について考える。

1．権利管理の態様

権利管理は，知的創造の権利と関連権の各権利者自身が行うことになる。しかし，その権利管理を一個人（創作者）が行わなければならないときは，権利の自己管理は困難な状況がある。我が国の知財制度では，著作権法による著作権と関連権の管理と産業財産権法による産業財産権管理と，著作権等管理事業法による著作権等管理と信託制度[1]による知的財産権管理が並存している。

我が国の著作権制度の権利管理では，著作権法と著作権等管理事業法が関与する。権利管理の対象は，それぞれ著作権と関連権，著作権等と表記される。著作権法と著作権等管理事業法の対象となる権利には違いがある。産業財産権制度の権利管理では，特許法，実用新案法，意匠法，そして商標法で特許権，実用新案権，意匠権，商標権，そして専用実施権と専用使用権および通常実施権と通常使用権の管理がなされる。産業財産権制度には著作権制度の著作権等管理事業法のような法律はないが，

（1） 我が国の信託の制度は，信託法（平成18年法律第108号）と信託業法（平成16年法律第154号）により定められている。信託をする者は委託者といい（信託法2条4項），信託行為の定めに従って知的財産権の管理または処分等をすべき義務を負う者は受託者という（同法2条5項）。

産業財産権の信託管理は信託業法による知的財産権管理で行うことができる。

　例えばソフトウェアは，著作権法で規定されるプログラムの著作物と，特許法で規定されるネットワーク型特許（物の発明）の二つの面をもちうる。そして，ソフトウェアは，商標の表示される物品・役務と一体化して流通する。また，ソフトウェアで表示される表現物は，視聴覚著作物の対象になり，意匠やパブリシティ，キャラクターを含むことがある。さらに，ソフトウェアのソースコードは営業秘密の対象となり，その関係は半導体集積回路の回路配置とマクロコードに相当する。

　権利管理は，知財制度の各法を横断する関係の中で考慮する必要がある。知的創造の権利と関連権の管理は，著作権制度における権利管理と産業財産権制度における権利管理，さらに農水知財制度や個別法の権利管理が知財制度における権利管理に包摂される。そして，その中に秘密管理が含まれる。

2.　著作権制度における権利管理[2]

　著作権法では，著作者または著作権者と出版権者および著作隣接権者の，各権利者が権利管理することになる。また，権利管理には，登録制度が関与する[3]。なお，著作権等管理事業法による著作権等管理は，信託制度によるものである。

（1）　著作権と関連権の管理

　著作権と関連権は，著作者人格権，著作権，出版権，実演家人格権，著作隣接権を対象とし，その相互の関係が人格的権利と経済的権利から構成される。著作権と関連権の管理は，人格的権利と経済的権利との関係から見る必要がある。著作者は，著作物に対する著作者の権利（著作

（2）　児玉晴男「わが国の著作権制度における権利管理」情報管理57巻2号（2014年）109～119頁。
（3）　知財制度における登録の効果は，権利の発生，効力の発生，第三者に対抗できることになる。

者人格権と著作権）に基づく権利管理になる。著作隣接権者は，著作物の伝達行為に関する著作隣接権に基づく権利管理になる。ただし，著作隣接権者のうち実演家は，著作隣接権とともに実演家人格権が権利管理の対象になる。なお，著作者が著作権を譲渡し，また著作隣接権者が著作隣接権を譲渡した場合は，譲渡された者が権利管理することになる。ただし，著作者（自然人と職務著作における法人等）と実演家の著作者人格権と実演家人格権は，譲渡や相続ができない一身専属である。著作物とその伝達行為に関する人格的権利は，それぞれ著作権者と著作隣接権者ではなく，著作者と実演家である者が権利管理することになる。

　そして，我が国の著作権法は無方式主義をとっており，登録等を権利の享有のための要件とされることはない（ベルヌ条約5条，著作権法17条2項）。著作権等の登録制度は，第三者対抗要件であり（著作権法77条），実名，第一発行（公表）年月日，プログラム著作物の創作年月日などを明確にするためになされる。著作権に関する登録は，無名または変名で公表した著作物の著作者および著作者が遺言で指定する者による実名の登録（著作権法75条），著作権者と無名または変名で公表した著作物の発行者による第一発行年月日等の登録（同法76条），著作者による創作年月日の登録（同法76条の2），登録権利者および登録義務者による著作権・著作隣接権の移転等の登録（同法77条），登録権利者および登録義務者による出版権の設定等の登録（同法88条），がある。

　プログラムの著作物の創作年月日は，© 表示を付して登録できる（同法76条の2第1項）。プログラム著作物の登録は，文化庁長官の指定する公益法人（指定登録機関）の一般財団法人ソフトウェア情報センターにすることができる（プログラムの著作物に係る登録の特例に関する法律5条1項）。その登録は，著作権法における登録と同一の第三者対抗要件としての効力を超えるものではない。しかし，ディスク形式での登録（同法2条1項）は，微生物の寄託とアナロジーがあり，登録があたかも著作権の権利発生要件と効力発生要件であるかのようなイメージを与える。そこには，登録を効力発生要件とした「プログラム権法案」の名残が想起される。

（2） 著作権等管理

　著作者の権利や著作隣接権者の権利は，それら権利者自身が管理すべきものである。しかし，著作者は個人であることもあり，関連団体等が著作権等管理することに実効性を伴うことがある。それが著作権等管理事業者である。著作権等管理事業法は，著作権と著作隣接権を管理する事業を行う者について登録制度を実施し，管理委託契約約款と使用料規程の届出と公示を義務づける等，その業務の適正な運営を確保するための措置を講ずることを求めている。著作権等管理事業者とは，登録を受けて著作権等管理事業を行う者をいう。著作権等管理事業者による著作権等管理は，著作物，実演，レコード，放送と有線放送の利用を円滑にすることに寄与することにある。仲介業務法の下で仲介業務を行う者は日本音楽著作権協会（JASRAC）のみであったが，著作権管理事業への新規事業者の参入を容易にするとしている著作権等管理事業法の下では28著作権等管理事業者になっている（表1参照）。その中で，出版者著作権管理機構は，出版者の権利を指向した著作隣接権管理といえるが，出版権の設定で出版物が発行される現状において，複製権等保有者（著作権者）の複製権と公衆送信権等に基づいて著作権等管理をすることになる。

　学協会誌の論文は，学協会がその著作者と著作権の譲渡契約等によっ

表1　著作権等管理事業者の例示

名　称	分　類
一般社団法人　日本音楽著作権協会	音楽の著作物
株式会社　Nex Tone	音楽の著作物　レコード
一般社団法人　日本レコード協会	レコード
一般社団法人　学術著作権協会	言語の著作物　図形の著作物　写真の著作物　プログラムの著作物　編集著作物
一般社団法人　出版者著作権管理機構	言語の著作物　写真の著作物　図形の著作物　美術の著作物

（http://www.bunka.go.jp/ejigyou/script/ipzenframe.asp，（2019.10.31アクセス）より一部抜粋し転載）

て所有することを明記し，© 表示されている。しかし，米国連邦著作権法では合法的でも，我が国の著作権法の著作者の権利の構造で，このような契約において著作権を譲渡しうるかどうかは疑問が残り，© の表示自体は著作者の権利としての法的効果はまったく存在しない。したがって，学協会が法人著作者または著作隣接権のカテゴリーに属する何らかの権利を有さないかぎり，学協会の著作権法上の行為は，著作物（学協会誌）を管理する行為を業として行う日本音楽著作権協会（JASRAC）と同様，実質的には著作権に関する仲介業務とみなせることになる（仲介業務法1条2項）。

　ところで，著作権表示（©）は，著作権（copyright）の管理の機能を有しよう。その著作権表示は，米国連邦著作権法に規定される。著作権表示の可視的コピーは，保護される著作物が著作権者の権限により合衆国その他の場所で発行される場合には，直接または機械もしくは装置を用いて著作物を視覚的に覚知できる公に頒布されたコピーに，本条に規定する著作権表示を付加することができる（17 USC §401 (a)）。表示の形式は，コピーに表示がなされる場合，（1）©，または「Copyright」の語，または「Copr.」の略語，（2）著作物が最初に発行された年，（3）著作物に対する著作権者の名称，または名称を認識できる略称，またはその著作権者を示す広く知られた他の表示，の三つの要素を含まなければならない（17 USC §401 (b)）。

　著作権等管理は，経済的権利であり，人格的権利には及ばない。この関係が明確になった問題として，作詞家の川内康範氏と歌手の森進一氏との「おふくろさん問題」がある。川内氏が作詞した歌詞に，森氏がイントロ部分に詩を加えて歌唱していたもので，川内氏の同一性保持に関する問題になる。著作権等管理事業法の著作権等とは，著作権，著作隣接権，そして出版権になる。人格的権利は，著作者と実演家の一身に専属し，譲渡できない。そして，著作権等の制限は，原則，著作者への許諾や著作権者等への利用料の支払いが不要なことから，権利管理の対象外といえる。しかし，著作権等の制限の中には，著作者への通知や著作権者等への補償金の支払いが伴うものがある。さらに，ユーチューブ

（YouTube）に音楽の著作物がアップロードされている。それは，著作権等の制限とはいえない面がある。そこで，ユーチューブを管理運営するGoogleが日本音楽著作権協会，イーライセンスとジャパン・ライツ・クリアランス[4]と補償金の支払いの契約をしている。したがって，著作権等の制限も，著作権等管理事業者の権利管理の対象になる。

（3） デジタル権利管理

　高度情報社会が議論されているとき，著作権や電子商取引（electric commerce：EC）の経済的な効果に関心が向けられている。それと関連して，デジタル権利管理（Digital Rights Management：DRM）がいわれている。そして，著作権等の所有から使用への観点の移行の中で，Transcopyright システムは，情報ネットワークを介したコンテンツ（デジタルコンテンツ）の流通における著作権管理の基本モデルになっていよう。そして，コピーマート[5]や超流通[6]およびコンテンツID[7]は，そのような視点からとらえうる。それらは，潜在化しており，著作物の性質の一つの側面に対するものになる。このような電子的著作権管理システムに欠けているのは，著作物の構造から導かれる公共的な評価が加えられていないことである。その評価とは，情報共有という面である。この条件が満たされたシステムは，例えば，現実と超現実の双方向

（4）　著作権等管理事業者（NexTone）は，著作権等管理事業者であったイーライセンスとジャパン・ライツ・クリアランスとを合併・事業統合し，音楽出版社（エイベックス）が株主になる。

（5）　コピーマートは，著作権情報が埋め込んである「知識ユニット（knowledge unit）」がデジタル情報の複製の基本的な構成単位としている。それらは，コピー技術の変化にあわせて構想されたものであり，著作物伝達・複製に関する技術の変化に合致しており，技術的および法的な対応において適合しよう。

（6）　超流通は，著作物の流通およびその使用料の決済システムであり，ソフトウェアやデジタル化された著作物の「所有」に対してではなく，「利用」に対して課金を行うものである。

（7）　コンテンツIDは，デジタルコンテンツごとにユニークなコード（コンテンツID）を付与することで，著作権の管理と保護を効率化し，かつデジタルコンテンツの再利用を促進するフレームワークである。

からの投影からの法システムと適合しよう[8]。それは，現実世界と情報世界におけるそれぞれの価値が相補的な関係にあることである。

　その関係は，次のような見解と連動する。一般に，物やサービスの利用料の関係は，利用者が提供者に対し直接に支払うべきものである。電子情報についても，同様な見方ができよう。他方で，電子メディアの本来性が発揮されれば，そのオリジナリティの所属があいまいとなり，著作権や情報の「値段」が消滅していく対象であるとの見解がある[9]。また，電子情報の利用料を必ずしもエンドユーザである利用者が直接に支払う必要のないものとする見解もある[10]。それらの見方には，情報技術の影響による出版の経済性と公共性との新たな均衡を図る方向性が見出せる。

　著作権制度の権利管理の及ぶ範囲は，経済的権利のみでなく，人格的権利と経済的権利の連携・融合，さらに著作権の制限と出版権の制限および著作隣接権の制限も考慮する必要がある。さらに，映画のタイトルエンドを見れば明らかなように，著作者，著作隣接権者（実演家，レコード制作者），さらに商標権者など，産業財産権に関わる権利者が含まれる。

3. 産業財産権制度における権利管理

　産業財産権制度の権利管理は，著作権制度の権利管理と異なる面がある。それは，産業財産権法と著作権法における登録の性質が異なる点である。また，産業財産権制度には，著作権等管理事業法のような法律が制定されていない。

（8）　Thomas More（平井正穂訳）・ユートピア（岩波書店，1957年）59頁，61〜62頁，89頁，139頁，159頁，181〜182頁。
（9）　黒崎政男「電子メディア時代の「著者」」新科学対話（アスキー出版社，1997年）213〜216頁。
（10）　下條信輔「コマーシャルとコンテンツ—情報化新時代の複合化問題—」bit 29巻7号（共立出版，1997年）3頁。

（1） 産業財産権の権利管理

　産業財産権の管理は，特許権者と実用新案権者および意匠権者（特許権と実用新案権および意匠権の専用実施権者と通常実施権者）と商標権者（商標権の専用使用権者と通常使用権者）が管理する必要がある。

　商標権の管理には，商標登録表示に努めなければならないことがある。それは，登録商標の普通名称化の防止のために，商標登録表示をするものである。商標権者，専用使用権者または通常使用権者は，経済産業省令で定めるところにより，指定商品もしくは指定商品の包装もしくは指定役務の提供の用に供する物に登録商標を付するとき，または指定役務の提供にあたりその提供を受ける者の当該指定役務の提供に係る物に登録商標を付するときは，その商標にその商標が登録商標である旨の表示（商標登録表示）を付するように努めなければならない（商標法73条）。商標登録表示は，「登録商標」の文字およびその登録番号または国際登録の番号とする（商標法施行規則17条）。® と ™ および ℠ の表示は，商標法施行規則によるものではないが，© と同様に，一定の権利管理の効果はある（図1参照）。その効果には，東京オリンピック・パラリ

図1　著作権表示記号と商標表示記号

ンピックのエンブレムに ™ が付されているが，先使用権の管理といえる面がある。

　産業財産権における登録の効果は，特許権，実用新案権，意匠権および商標権は権利発生要件になるが，専用実施権と専用使用権は効力発生要件になり，通常使用権は第三者対抗要件になる。著作権と関連権の登録と同様の登録は，商標権における通常使用権になる。なお，通常実施権の登録制度は廃止されている。

　研究成果の評価対象を社会貢献まで含めることからいえば，研究者にとっても評価対象の多様な形態は望ましいことである。そうであるとしても，発明の本来の価値は，その経済的権利よりも，発明の先取権にある。特許法における人格的権利である発明者掲載権は，著作権法における著作者人格権の中の氏名表示権と類似の権利である。この観点に立てば，研究者という個人の権利管理の対象として，特許権よりも発明者掲載権で十分といえる範囲は相対的に広いはずである。例えば，職務発明に関する訴訟において，特許権者は企業等の使用者であり発明者にはない。そこでは，発明者の発明者掲載権によっているといえよう。この観点から，産業財産権法で人格権が考慮されることはないかもしれないが，産業財産権者が産業財産権を管理し，発明者と考案者および意匠の創作者は産業財産権の管理とともにまたは別に発明者掲載権，考案者掲載権，意匠の創作者掲載権の管理をすることになる。

（2）　産業財産権の信託管理

　信託制度による著作権等管理事業法のような法律は，産業財産権制度には制定されていないが，信託業法に基づいて，信託会社が特許権を信託として引き受けることができる。信託業法は，1922年（大正11年）に制定，2004年12月30日に改正信託業法が施行された。これにより，受託可能財産の制限が撤廃され，特許権や著作権などの知的財産権についても受託することが可能になる。これまで金融機関に限定されていた信託業の担い手が拡大され，金融機関以外も信託業に参入することができることになる。

194

　信託業法による権利管理は知的財産権の管理になるが，例えば特許権
が信託として譲渡されると，受託者は，特許権を管理し，管理過程で生
み出される利益を受益権として流通化を図ることができる。それによっ
て，特許権を利用した資金調達が行いやすくなる。なお，特許庁への移
転登録が効力発生要件であり，受託者は権利の名義人として特許権者に
なる。ただし，この特許権者は，特許法における特許権の移転・譲渡に
よるものではなく，特許権の帰属と称しうるものであり，信託譲渡とよ
びうる。この観点から，職務発明規定の特許を受ける権利の帰属も，信
託譲渡であり，特許法の専用実施権の設定といってよいだろう。

　なお，仲介といえる仕組みがある。21世紀に入り我が国の知財政策・
制度として，1）e-Japan 戦略，2）知的財産戦略大綱，3）知的財産
基本法，があげられる。知的財産大綱は，大学における学術研究を特許
発明に直接的に結びつける方針をかかげている。また，2003年1月に，
知的財産基本法が施行されている。これら知財政策・制度は大学の技術
移転機関（TLO）および知的財産部の設立の流れを進め，これらは独
立行政法人および特殊法人に適用される。2004年度に法人化された国立
大学法人・大学共同利用機関法人における知的財産権は，原則，それら
法人に帰属されることとなる。この国家的なビジョンから知的財産が取
り上げられる経緯を与えたものが，遺伝情報に対する事件になる(11)。そ
の構図は，研究者の評価基準が論文発表と特許発明が連携することによ
って変化することになる。大学における技術移転機関（TLO）の設立
は，研究者が，研究成果を学術論文の公表だけでなく，特許発明として
出願することを求めることになる。そして，大学が特許権管理を行うこ
とになる。

　特許権管理に関しては，パテントトロールの問題がある。それは，自

<hr>

(11)　米国の研究所から我が国の理化学研究所脳科学総合研究センターに転職した
チームリーダーが関与したとされるものであり，米国の経済スパイ法（Economic
Espionage Act）の外国政府の利益のために行われるスパイ行為を罰する経済スパ
イ条項（18USC§1381）を問われた事件である。この争点は，研究者個人の問題で
はなく，我が国の利益を図る目的で企業秘密を不正に入手したとされることにある。

らが保有する特許権を侵害している疑いのある者（主にハイテク大企業）を見つけ出し，それらの者に特許権を行使して巨額の賠償金やライセンス料を得ようとするものである。自らは，その保有する特許権に基づく製品を製造販売やサービスを提供するための権利管理ではない点に問題があろう。それは，特許権に関わる発明者の人格的権利にとっては意に沿わない権利管理といえる場合がある。パテントトロールは，発明者と特許権者との問題であり，著作者と著作権等管理事業者との間に潜在的に含まれる問題といえるかもしれない。

4. 知財制度における権利管理

　知財制度における権利管理は，著作権制度の権利管理と産業財産権制度における権利管理を包含し，農水知財制度とその他の個別法やパブリシティとの連携によりなされる。

（1）　コンテンツに係る知的財産権の管理

　著作権制度における権利管理と産業財産権制度における権利管理は，別個独立になしうるものではない。それは，デジタル環境におけるソフトウェアの知的財産権の管理に想定される。ソフトウェアは，創作物の全体がソフトウェアであり，またソフトウェアがレンダリングする表現型やソフトウェアと一体化した形態が知的財産権の多様な保護の対象となる。知財制度の中の各個別法において保護されるソフトウェアの知的財産権の連携・融合した態様が知的財産権の管理の対象になる。

　知的財産権管理としては，コンテンツ制作等においてコンテンツに係る知的財産権の管理が明記される（コンテンツ基本法2条2項3号）。コンテンツに係る知的財産権は，知的財産基本法2条2項に規定する知的財産権の管理になる。知的財産権の管理の対象は，特許権，実用新案権，育成者権，意匠権，著作権，商標権その他の知的財産に関して法令により定められた権利または法律上保護される利益に係る権利である。その他の知的財産に関して法令により定められた権利には，回路配置利用権があり，法律上保護される利益に係る権利にはパブリシティ権があ

る。なお，コンテンツに係る知的財産権の管理は，著作権と関連権の管理ではなく著作権の管理を対象としていることから，産業財産権の管理の観点になっている。

　ソフトウェアは，知的財産権を横断する権利の構造をもつ。その権利の構造は，人格的権利と経済的権利の系統図からなる。創作者の権利は，発見・発明に関わる者に先取権が与えられる。これは，発見者や発明者に対する名誉となる。その創作者の創作（した）物は，知的財産権から見れば，著作者の権利と発明者の権利に分岐する。それら権利は，人格的権利と経済的権利が融合している。発明者（考案者，意匠の創作者）の権利は発明者掲載権（考案者掲載権，意匠の創作者の掲載権）と特許発明（登録実用新案，登録意匠）を受ける権利であり，著作者の権利の著作者人格権と著作権とに対応づけられる。その関係は，育成者権と回路配置利用権に拡張される[12]。しかも，指定商品または指定役務についての登録商標の使用がその使用の態様によって著作権と著作隣接権に抵触することがある（商標法29条）。ここに，商標権には，商標（標章）自体および商標の利用の態様により，創作性と創作者の権利に隣接する準創作性とでもよぶべきものが潜在的に関わっていよう。そして，営業秘密は，創作者の権利を内包する関係にあり，秘密管理される対象となる。ビデオゲームソフトで表現される対象は，パブリシティ，キャラクターを含むものになる[13]。そして，キャラクターは，その種類や利用方法などによって，著作権法，商標法，そして不正競争防止法などで保護される知的財産権の管理の対象になる。

（12）　育成者権者と回路配置利用権者は，それぞれ育成者権と回路配置利用権を管理する。育成者権者と回路配置利用権者は専用利用権を設定し，育成者権者と回路配置利用権者および専用利用権者は通常利用権の許諾ができる。専用利用権者と通常利用権者は，それぞれ専用利用権と通常利用権を管理する。なお，農水知財制度は，種苗法と地理的表示法になる。種苗法は産業財産権制度の権利管理に類似するが，地理的表示法では地域の共有財産は登録生産者団体が管理する。
（13）　初音ミクは，女性のバーチャルアイドルのキャラクターとしての名称でもある。また，初音ミクは，音声合成システム（VOCALOID2）を採用した音声合成・デスクトップミュージック（DTM）ソフトウェアの製品名である。

　オープンソースの Linux の創始者（創作者）は Linus Torvalds であり，Linux は著作物になり著作権が発生する。なお，ソフトウェアのコードを表示するタイプフェイス自体が知的財産として知的財産権保護の対象になり，フォントデータはソフトウェアの保護の対象にもなりうる。そして，Linux の普及，保護，標準化を進めるために，Linux Foundation がオープンソースコミュニティに資源とサービスを提供する機構として設立されている。その機構は，マイクロソフトを除くコンピュータ関連の主要な会社がメンバーであり，Linux の商標権を管理する。その Linux のルーツの UNIX に関しては，UNIX のソースコードは SCO が権利管理し，著作物としての UNIX は Novell が著作権を管理，登録商標としての UNIX は The Open Group が商標権を管理している。すなわち，オープンソースの世界であっても，知的財産権の管理が関与する。

（2）　知的財産権の信託管理

　知的財産の信託の方法は，信託契約や遺言または公正証書・電磁的記録による意思表示により，知的財産権を受託者に移転し，特許発明，登録実用新案，登録意匠，登録商標や著作物などの当該知的財産権の管理を行わせるものである（信託法3条）。知的財産の信託は，2004年（平成16）12月の信託業法改正により，信託財産の制限が撤廃されることによって可能となる[14]。

　知的財産権の信託としては，グループ企業の下での特許やブランド等の一元管理，大学の技術移転機関（Technology Licensing Organization：TLO）による大学発特許の企業への移転などの促進を目的とするもの，コンテンツ制作に関するものがあり，いわゆる「知的財産権の流動化」によるものになる[15]。ただし，著作権や著作隣接権の信託契約は，著作

（14）　信託業法が改正されるまでは，信託可能な財産は（1）金銭，（2）有価証券，（3）金銭債権，（4）動産，（5）土地およびその定着物，（6）地上権および土地の賃借権の6種類に限定される（改正前信託業法4条）。

（15）　知的財産研究所・知的財産権の信託（雄松堂出版，2004年）12〜13頁。

権等管理事業法により信託業法の適用が排除される（著作権等管理事業法26条）。著作権等の管理を業として行う者（例えば，JASRACなど）は，文化庁に登録すれば十分であり，信託業法上の免許（信託業法3条）は不要である。

　我が国において，権利管理は，権利帰属と同様に，大陸法系のパンデクテン体系の著作権法と産業財産権法および英米法系の信託法理による著作権等管理事業法と信託業法が併存している。それらを総合した権利管理が我が国では行われていることになる[16]。

5. 知的財産の秘密管理

　著作物や発明等の知的財産は，公表と公開することによって保護される対象になる。それは，公表することによって，文化の発展や産業の発達に寄与するからである。そして，発明等の公開は，類似の発明等に無駄な開発費をかけることを防ぐことにもなる。しかし，米国や英国，仏国，独国，韓国などには，国家の安全保障に関わる技術を非公開とする「秘密特許制度」が導入されている。日本でも「秘密特許制度」を有していたが，その制度は現在は廃止されている。米国では出願後に国家が国防に関する技術と認定した場合，秘密特許となり出願自体も秘匿とされる。これは，国防に関する技術情報との観点から非公表となる。そして，秘密意匠（意匠法14条）の規定の非公表の意味は，第三者の模倣を防止しようとする趣旨によるものであり，秘密特許の観点とは全く異なる。そのような産業財産権の秘密性の保持に関する管理の態様がある。秘密特許や秘密意匠は，一定の条件や一定の期間，秘密とされる。

　他方，ノウハウ，営業秘密やトレードシークレットは，不正競争防止法で保護される非公表と非公開を前提とする。ブラックボックスとしての利用が伴うプロプライエタリ・ソフトウェア（proprietary software）は，ソフトウェアの使用，改変，複製を法的・技術的な手法を用いてコ

---

(16)　児玉晴男「オンライン講義の公開に関する知的財産権管理」情報通信学会誌32巻1号（2014年）13〜23頁。

ード等を営業秘密としてその開示を制限している。さらに，ソフトウェアは，公表と公開される対象である著作物や発明の中に，非公表と非公開でもあるソースコードのような技術情報が営業秘密として含まれた知的財産の構造を有する。ソースコードは，著作権法と産業財産権法で公表と公開が義務づけられる対象にはなっていない。それは，著作物や発明，そして公表と非公表といった技術情報をカテゴライズして単純に対応づけるだけでは不十分であることを意味する。公表と公開を原則とする知財制度の中で，秘密性の保持と管理のもとに保護される形態がある。この秘密管理の関係は，品種の遺伝情報および回路配置のマクロコードも同様になろう。

　ところで，ソフトウェアのソースコードの開示に関する問題は，国家と企業との相互の関係から，著作権法においても特許法においても，人格的権利とは分離された経済的権利が関与するとみなされている。しかし，ソフトウェアが知的財産権の保護の対象であることから，ソフトウェアのソースコードの開示において，創作者の人格的権利との関係が考慮されなければならない。また，サイバー攻撃の対象の個人情報と法人情報（企業秘密）および国家安全情報（国家機密）には，著作物や発明などが含まれている。それらは，創作者の人格的権利を有する者が許諾または禁止しうる対象になる。

　知的創造の権利と関連権の管理は，著作権法と産業財産権法および種苗法と半導体集積回路配置法ならびに不正競争防止法との整合性をとった知的財産権の管理が必要になる。産業財産権法において経済的権利が潜在化した人格的権利と連携させ，著作者の権利と発明者の権利との対応関係と，知財制度における権利の単純化の観点からの知的財産権の管理の検討が求められる。ここに，デジタル環境における著作権法における技術的保護手段と権利管理情報および不正競争防止法における技術的制限手段による著作物（コンテンツ）の流通に関わるデジタル権利管理（DRM）は著作権の管理に留まらずに，秘密管理も考慮した総合的な知的財産権の管理によるリデザインが求められる。

■ 研究課題───────────────────────

1 著作権等管理事業法と著作権法の権利管理の違いについて考察せよ。

2 著作権法における登録と産業財産権法における登録との違いについて考察せよ。

3 知的創造サイクルにおける知的財産権管理について考察せよ。

11 | 知的創造の権利と関連権の不服申立てと訴訟

知的創造の権利と関連権に関して方式主義をとる産業財産権制度では，出願等の手続きに伴う行政処分に対する不服申立手続きがある。そして，知財制度の権利侵害に対する救済は，民事と刑事になる。本章は，知的財産権法の不服申立てと民事的・刑事的救済を考える。

1. 不服申立てと訴訟

知的創造の権利と関連権の発生の態様が著作権法と産業財産権法等とで異なることにより，方式主義をとる産業財産権法には，手続きに伴う行政処分に対する不服申立手続きがある。例えば特許出願，審査，拒絶理由通知などの行政手続きに関する規定は，一般法である行政手続法の特別法に相当する。行政庁である特許庁の処分（行政処分）に不服がある場合は，一般法である行政不服審査法に基づいて不服申立てを行う不服申立手段がある。

他方，権利侵害に対する民事的救済と刑事的救済は，著作権法と産業財産権法とで共通する点が多い。民事的救済は，権利侵害に対する事前的な対応に差止請求があり，事後的な対応として損害賠償請求，信用回復措置請求などがあるが，著作権法には，訴訟に入る前の予備的な対応としてあっせんがある。

ところで，直接侵害は，例えば特許請求の範囲に記載されている特許発明の構成要件を全部実施することにより，文言上侵害が成立することを指す。その直接侵害と対比される概念に，間接侵害がある。それは，侵害の一歩手前の行為あるいは実質上侵害と同視しうる行為である。著作権法と産業財産権法では侵害のとらえ方に本来は違いがあるが，著作

権法は特許法の間接侵害の考え方を取り入れている。

　法律は物または物に擬制された対象を前提に規定される。たとえ無体物を対象とする知的財産権であっても，その解釈に影響を受けざるをえない。しかし，無体物を対象とする知的創造の客体からいえば，侵害に関する無体物と有体物との関係は，デジタル環境において，著作権法と産業財産権法とを架橋する観点が必要になる。

2. 行政処分に対する不服申立て

　特許出願（特許法36条），審査（同法47条），拒絶理由通知（同法50条）などの行政手続きに関する規定（同法36条，47条〜54条）は，一般法である行政手続法の特別法の規定に相当する。これは，特別法が一般法に優先することによる（行政手続法1条2項，特許法195条の3）。

　特許公報に掲載された保護の内容に無効理由があれば，「無効審判」を請求することができる。無効審判の審理は複数の審判官の合議で行われ，登録に問題がないと判断された場合は請求棄却の審決が下され，逆に問題があると判断された場合は特許権者の答弁を聞いたうえで無効にすべき旨の審決（請求認容の審決）が下される。特許法の規定と同様に，実用新案公報および意匠公報に掲載された保護の内容に無効理由があれば，「無効審判」を請求することができる。実用新案法と意匠法に関する無効審判と登録の維持・無効の手続きは，特許法と同様になる。

　不服申立ての種類は，行政庁の処分等について行うものにあっては，審査請求と異議申立てになる（行政不服審査法3条）。異議申立ては，処分をした行政庁自身に対して行う不服申立てのことであり，「決定」がなされる。審査請求は，処分をした行政庁の上級行政庁に対して行う不服申立てのことであり，「裁決」がなされる。審査の処分は，特許査定（特許法51条）と拒絶査定（同法49条），拒絶査定に対する審判（同法121条）になる。審判に関する一連の規定（同法121条〜170条）は，特許法で規定する手続きの定めによることになる（行政手続法1条2項）。

　商標登録に対しても，異議申立てができる。異議申立ては，商標公報

に掲載された商標の登録に誤りがあると思う場合は，公報掲載の日から2カ月以内に商標登録異議申立てをすることができる。商標登録の異議申立ては，3人または5人の審判官の合議体により審査され登録に問題がない場合には「維持決定」，「取消決定」がなされる。また，商標の登録に誤りがあると思う場合は，商標登録無効審判を請求することができる。商標登録異議申立てと商標登録無効審判を併用することができるが，異議申立ては2カ月の時期制限があるのに対し，無効審判は，5年の除斥期間のある場合を除き，いつでも無効審判を請求することができる。

　審判の処分は「審決」になる（特許法157条）。審決に不服がある場合は，東京高裁に提起することができる（同法178条）。審判は，準司法的手続により行われることから，一審級省略される。審決取消訴訟に関する一連の規定（同法179条～184条等）は，行政事件訴訟法の特別法に該当する。なお，不服申立てと訴訟との関係は，特許法または特許法に基づく命令の規定による処分の取消しの訴えにおいては，その処分についての異議申立てまたは審査請求に対する決定または裁決を経た後でなければ，提起することができないとなっている（特許法184条の2）。ただし，その規定は，行政不服審査法による不服申立ての制限（同法195条の4）が除かれる。

3.　権利侵害に対する民事的救済

　民事訴訟では，差止請求の争点に加えて，損害額も主たる争点になる。損害賠償請求は，故意および過失が要件になる。権利侵害に対する民事的救済の事前的な対応が差止請求であり，事後的な対応が損害賠償請求，信用回復措置請求になる。なお，著作権法には，産業財産権法と異なる点として，あっせんがある。民事上の救済規定のうち，差止請求権は，著作権法112条，特許法100条にそれぞれ規定をもつが，損害賠償請求権と不当利得返還請求権は民法709条，703条を準用している。手続規定において，機関やその他の特別な条件の相違を除いて，民事訴訟法をそのまま準用しており，著作権法と特許法は一般法を種々交雑した構造を有している。なお，差止請求と不法行為に基づく損害賠償請求は，著作権

と関連権および産業財産権と専用実施権・専用使用権ならびに育成者権・回路配置利用権と専用利用権または判例によって形成されたパブリシティ権などを含む知的財産権が特定されなければ請求できない。

（1） 著作権法

著作権法における権利侵害は，著作者人格権と著作権，出版権，そして実演家人格権または著作隣接権が対象になる。著作権侵害においては，デッドコピーの場合を除き，複製したという立証が事実上不可能に近いので，その対応の一つとしてアクセス性および実質的類似性（substantial similarity）の二つの要件から，複製に該当するかどうかが判断されうる[1]。もちろん，複製関係にあると想定される著作物間の創作時の前後の関係も，相互の複製の立証の考慮の対象になる。

そして，著作権侵害において，侵害したものの表現と侵害された著作物の表現は，一対一に対応づけられなければならない。ところが，表現された著作物が動的な挙動としてイメージされることによって，その表現が必ずしも一対一に対応づけられなくとも，保護されることがある[2]。ロールプレイングゲームも時系列な表現とプログラミングされた想定内の表現との関係[3] として同様な解釈が与えられる。コンテンツ（デジタルコンテンツ）は，その延長でとらえられよう。それは，スペインのカタルーニャ出身の建築家，アントニ・ガウディがデザインしたサグラダ・ファミリアの21世紀中も表現され続ける建築物（著作物）の中にも見ることができる。

① あっせん

著作権紛争の解決のために，あっせんの活用がある。著作権法における権利に関し紛争が生じたときは，当事者は，文化庁長官に対し，あっ

（ 1 ）　Whelan Associates v. Jaslow Dental Laboratory, 609 F.Supp. at 1321-22, 225 USPQ.
（ 2 ）　東京地判昭51.5.26. 無体例集 8 巻 1 号［225〜226頁］。
（ 3 ）　最二判16.2.13民集58巻 2 号311頁。

せんの申請をすることができる（著作権法106条）。文化庁長官は，当事者の双方からあっせんの申請があったとき，または当事者の一方からあっせんの申請があった場合において他の当事者がこれに同意したときは，委員によるあっせんに付するものとする（同法106条）。あっせんへの付託がなされると，委員は，当事者間をあっせんし，双方の主張の要点を確かめ，実情に即して事件が解決されるように努めなければならない（同法109条）。あっせんは，著作権法における紛争処理として，権利侵害の訴訟を起こす前の予備的な解決法である。

②　差止請求権

　著作権と関連権の侵害のおそれがあるとき，差止請求権が認められる（著作権法112条）。差止請求権とは，営業上の利益を侵害する者または侵害するおそれがある者に対し，その侵害の停止または予防を請求することができる権利である。権利を侵害する行為は，① 頒布の目的をもって「侵害」物を輸入する行為，② 侵害物を，情を知って頒布または所持する行為，③ プログラムの侵害複製物を業務上使用する行為，④ 権利管理情報として虚偽の情報を故意に付加する行為，⑤ 権利管理情報を故意に除去または改変する行為，⑥ 権利管理情報の改ざんされた著作物等を，情を知ってその複製物の頒布等をなし，または公衆送信等をする行為，⑦ 国外頒布目的商業用レコードを国内において頒布する目的をもって輸入する行為または当該国外頒布目的商業用レコードを国内において頒布し，もしくは国内において頒布する目的をもって所持する行為，⑧ 著作者の名誉または声望を害する方法による著作物利用行為，になる（同法113条）。

　著作者の経済的利益とは別に，著作者が存しなくなった後における人格的利益の保護がある（同法60条）。著作物を公衆に提供し，または提示する者は，その著作物の著作者が存しなくなった後においても，著作者が存しているとしたならばその著作者人格権の侵害となるべき行為をしてはならない。ただし，その行為の性質および程度，社会的事情の変動その他によりその行為が当該著作者の意を害しないと認められる場合

は，この限りではない。

③ 損害賠償請求権

　損害賠償請求権が認められるためには，現実の損害行為および故意または過失によることが要件になる（著作権法114条）。損害額の推定等は，①侵害行為により受けた利益（権利者の受けた損害の額），②権利行使により通常受けるべき額に相当する額，③権利行使により通常受けるべき額を超える額，である。侵害賠償請求権には，時効があり，侵害を知ってから３年，その侵害から20年で消滅する（民法724条）。

④ 名誉回復等の措置

　著作者人格権と実演家人格権の侵害に対する名誉回復等の措置の規定がある。著作者または実演家は，故意または過失によりその著作者人格権または実演家人格権を侵害した者に対し，損害の賠償に代えて，または損害の賠償とともに，著作者または実演家であることを確保し，または訂正その他著作者もしくは実演家の名誉もしくは声望を回復するために適当な措置を請求することができる（著作権法115条）。

⑤ 不当利得返還請求権

　共同著作物等の権利侵害および無名または変名の著作物に係る権利の保全において，不当利得返還請求権の規定がある（著作権法117条，118条，民法703条以下）。

　共同著作物の各著作者または各著作権者は，他の著作者または他の著作権者の同意を得ないで，差止請求権またはその著作権の侵害に係る自己の持分に対する損害の賠償の請求もしくは自己の持分に応じた不当利得の返還の請求が可能である（著作権法117条）。また，無名または変名の著作物の発行者は，その著作物の著作者または著作権者のために，自己の名をもつて，差止請求権，名誉回復等の措置もしくは著作者または実演家の死後における人格的利益の保護のための措置の請求またはその著作物の著作者人格権もしくは著作権の侵害に係る損害の賠償の請求も

しくは不当利得の返還の請求が可能である（著作権法118条）。

　なお，知的財産権が特定されなければ差止請求はできないが，デジタル環境にあるコンテンツ（見出し）に著作物性がなくとも財産的価値が認められた判断がなされている[4]。YOL（Yomiuri On-Line）の見出しには，著作物性は認められないとされる。しかし，知財高裁は，不法行為が成立するためには，必ずしも著作権など法律に定められた厳密な意味での権利が侵害された場合に限らず，法的保護に値する利益が違法に侵害された場合であれば不法行為が成立するものと解すべきであると判示する。それは，創作性のないデータベースの額に汗の理論の適用による経済的権利の認容といえる。

　また，権利侵害は，著作権か著作隣接権かで判断に違いが生じたケースに，テレビ番組の海外転送サービスの著作権等侵害事件がある。日本のテレビ番組をインターネット経由で海外に転送するサービスが著作権を侵害するかどうかが争われた「まねき TV 事件」と「ロクラク事件」の訴訟で，最高裁は業者側の上告を退け，原審の知財高裁に破棄差戻している[5],[6]。知財高裁は２件とも放送事業者への著作権侵害を認める判断を下している[7],[8]。その訴訟では，海外にいる転送サービスを受ける者は，放送番組の私的使用の複製が前提とされている。ところが，テレビ番組がオンデマンドでサービスされる環境においては，転送サービスを受ける者の権利の制限が問題なく認められるかどうかの検討は必要である。録音録画機器による著作物（映画放映）の複製が許容されるか否かのケースに関して，フェアユースと copyright との対立関係に対し，利用者が著作物（映画放映）を録音録画してタイムシフト（time-sift）によって観賞するという公共性の観点から判決が下されている[9]。テレ

（4）　知財高判平17.10.6平17(ネ)10049号。

（5）　最三判平23.1.18平21(受)653民集65巻１号121頁。

（6）　最一判平23.1.20平21(受)788民集65巻１号399頁。

（7）　知財高判平24.1.31平23(ネ)10009号，http://www.courts.go.jp/app/files/hanrei_jp/953/081953_hanrei.pdf，（2019.10.31アクセス）。

（8）　知財高判平24.1.31平23(ネ)10011号，http://www.courts.go.jp/app/files/hanrei_jp/954/081954_hanrei.pdf，（2019.10.31アクセス）。

208

ビ番組の海外転送に関する私的使用の複製の判断は，CCC のケースのように，デジタル環境におけるタイムシフトが再考されなければならない。著作権と関連権の権利侵害は，著作権等の保護と制限との均衡を著作物の利用システムとの関係から再検討を要する。

（2）　産業財産権法

　権利侵害とは，権原または正当な理由のない第三者が，業として，他人の特許発明を実施（特許法 2 条 3 項各号）すること（同法68条）または一定の予備的行為（同法101条）をいう。直接侵害とは，特許請求の範囲に記載されている特許発明（同法70条 1 項）の構成要件を全部実施することにより，文言上侵害が成立することを指す。著作権法と産業財産権法では侵害のとらえ方に本来は違いがあるが，著作権法は特許法の間接侵害の考え方を取り入れている。その間接侵害とは，直接侵害と対比される概念であり，侵害の一歩手前の行為あるいは実質上侵害と同視しうる行為であり，特許権や商標権，著作権の侵害とみなされるものをいう（特許法101条，商標法37条，著作権法113条）。特許権（実用新案権，意匠権）とそれに対する専用実施権および商標権とそれに対する専用使用権が侵害される権利の対象になる。

　特許権（実用新案権，意匠権）および商標権または専用実施権および専用使用権の侵害に対する民事上の救済は，差止請求権（特許法100条，実用新案法27条，意匠法37条，商標法36条）と損害賠償請求権である。損害賠償請求権は不法行為による損害賠償を規定した民法709条による。不法行為においては加害者に故意または過失があることが要件とされている。著作権法と同様な損害額の推定等（特許法102条，実用新案法29条，意匠法39条，商標法38条）があり，著作権法にはない侵害の行為について過失の推定（特許法103条，意匠法40条，商標法39条（特許法103条を準用））が規定される。ただし，実体審査をともなわない実用新案法は，著作権法と同様に過失の推定の規定を有しない。また，不当利得

（9）　Sony Corp. of America v. Universal City Studios, Inc., 464U.S.417（1984）.

返還請求権（民法703条，704条）および信用回復措置請求権（特許法106条，実用新案法30条・意匠法41条・商標法39条（特許法106条を準用））が規定される。

　均等論により，特許請求の範囲の発明と本質部分は同一で微細な部分のみが異なる製品を製造，販売等する行為は，特許権の侵害を構成すると判断される。差止請求権で商標権の侵害となる場合は，専用使用権の侵害（商標法25条），登録商標の類似範囲に対する侵害（同37条１号），侵害の予備的な行為（間接侵害），登録防護標章の使用およびその予備的行為になる。

　デジタル環境において，産業財産権の侵害は，著作権等の侵害と交差することが起こりうる。また，産業財産権の各権利が相互に関わりをもつことがある。スマートフォン（iPhone）や多機能情報端末（iPad）に関するアップルとサムソン電子の国際的な訴訟では，発明と意匠の創作が関係している。韓国，米国および我が国の特許訴訟は，発明が対象であり，特許権の侵害の問題である。しかし，英国における特許訴訟では，デザインに関する発明が対象であり，我が国では意匠権の侵害の問題になる。また，中国におけるiPadに関する唯冠科技とアップルの訴訟は，商標権の侵害に関するものである。なお，富士通がアップルの「iPad（アイパッド）」と同名の商標登録を米国で先行申請していた問題があったが，富士通とアップルの間で金銭支払いによりアップルがiPadを使用できるような調整がなされている。中国におけるiPadの商標問題は，それに先立ち，商標独立の原則に基づき，日本との商標問題が生ずる前にアップルは対応していたことになる。

（3）　種苗法・半導体集積回路配置法

　育成者権または専用利用権あるいは回路配置利用権または専用利用権には，権利侵害があったとき，差止請求権が認められる（種苗法33条，半導体集積回路配置法22条）。権利の侵害とみなす行為として，専ら登録回路配置を模倣するために使用される物を業として生産し，譲渡し，貸渡し，譲渡しもしくは貸渡しのために展示し，または輸入する行為は，

回路配置利用権または専用利用権を侵害するものとみなされる（半導体集積回路配置法23条）。

　著作権法と特許法等と同様に，種苗法と半導体集積回路配置法にも，損害賠償請求権（民法709条）と不当利得返還請求権（民法703条，704条）が規定されている。育成者権または専用利用権の侵害に関しては，信用回復措置請求権が規定されている（種苗法44条）。損害の額の推定等は，著作権法と同様の規定をもつ（種苗法34条，半導体集積回路配置法25条）。過失の推定は，種苗法35条で規定されているが，半導体集積回路配置法が著作権法と実用新案法と同様に実体審査を伴わないことから規定されていない。なお，地理的表示法は，登録標章の使用が地域共有の財産であることから，権利侵害に対する民事的救済の規定は存しない。

（4）　不正競争防止法

　16の類型（不正競争防止法2条1項1号～16号）で定義されるすべての不正競争に対し，差止請求権が認められている（同法3条）。その類型は，① 周知表示混同惹起行為（1号），② 著名表示冒用行為（2号），③ 商品形態模倣行為（3号），④ 営業秘密に係る一連の不正行為（4～10号），⑤ 技術的制限手段に対する不正行為（11～12号），⑥ ドメイン名に係る不正行為（13号），⑦ 原産地等誤認惹起行為（14号），⑧ 信用毀損行為（15号），⑨ 代理人等商標冒用行為（16号），の九つのグループに分類できる。なお，不正競争の類型ごとに適用除外規定がある（同法12条1項各号）。なお，営業秘密を侵害して生産された物品の譲渡・輸出入等に対して，損害賠償請求や差止請求ができる。

　不正競争に係る損害賠償に関する措置等は，不正競争に対する損害賠償請求権および営業上の信用回復措置請求権になる。故意または過失により不正競争を行って他人の営業上の利益を侵害した者は，これによって生じた損害を賠償する責めに任ずる（同法4条）。ただし，消滅時効により権利が消滅した後にその営業秘密を使用する行為によって生じた損害については，この限りではない。すなわち，営業秘密に係る一連の

不正行為（不正競争防止法2条1項4〜10号）のうち，営業秘密を使用する行為に対する侵害の停止または予防を請求する権利は，その行為により営業上の利益を侵害され，または侵害されるおそれがある保有者がその事実およびその行為をなす者を知ったときから3年間行わないときは時効によって消滅し，その行為の開始時から20年を経過したときも同様である（同法15条）。不正競争による営業上の利益の侵害に係る訴訟において，損害計算のための鑑定と相当な損害額の認定の規定がある。当事者の申立てにより，裁判所がその侵害の行為による損害の計算をするため必要な事項について鑑定を命じたときは，当事者は，鑑定人に対し，当該鑑定をするため必要な事項について説明しなければならない（同法8条）。また，損害額を立証するために必要な事実を立証することがその事実の性質上極めて困難であるときは，裁判所は，口頭弁論の全趣旨および証拠調べの結果に基づき，相当な損害額を認定することができる（同法6条）。

　信用回復の措置（請求権）は，故意または過失により不正競争を行って他人の営業上の信用を害した者に対しては，裁判所は，その営業上の信用を害された者の請求により，損害の賠償に代え，または損害の賠償とともに，その者の営業上の信用を回復するのに必要な措置を命ずることができる（同法14条）。

　デジタル環境においては，著作権法，産業財産権法，そして営業秘密に関する不正競争防止法が権利侵害に関して交差する状況にあり，そこには過失の推定の適用にゆらぎが生じうる。したがって，知財制度の各個別法における権利侵害の整合がはかられなければならない。

4.　罰則による刑事的救済

　権利侵害に対する刑事的救済は，懲役もしくは罰金またはこれを併科するものであり，両罰規定をもつ。

（1）　侵害罪

　刑事罰には，故意が必要であり，以前は公訴がなければならないとさ

れる親告罪であったが，非親告罪と親告罪とからなっている[10]。

① 著作権法

　著作権，出版権または著作隣接権を侵害した者は，10年以下の懲役か1000万円以下の罰金または併科になる（著作権法119条1項）。5年以下の懲役か500万円以下の罰金または併科になるのは，①著作権を侵害する行為とみなされる行為を行った者，②私的使用のための複製を，営利を目的として自動複製機器を著作権，出版権，著作隣接権の侵害となる著作物，実演等の複製に使用させた者，③著作権，出版権，著作隣接権を侵害する行為とみなされる行為を行った者，④著作権を侵害する行為とみなされる行為を行った者，である（同法119条2項）。また，私的使用の目的（同法30条1項）で，録音録画有償著作物等の著作権・著作隣接権を侵害する自動公衆送信を受信して行うデジタル方式の録音・録画を，自らその事実を知りながら行った者は，2年以下の懲役か200万円以下の罰金または併科になる（同法119条3項）。ダウンロード違法化の対象範囲の見直しがなされ，対象範囲を非親告罪の音楽・映像（録音・録画）から静止画やテキスト等へも非親告罪を拡張する提言がなされている[11]。しかし，法改正には至らず，ダウンロードする行為は，音楽・映像（録音・録画）に留まっている。なお，著作者・実演家の死後における人格的利益を侵害した者は，500万円以下の罰金に処される（同法120条）。

　そして，3年以下の懲役か300万円以下の罰金または併科になるのは，

---

(10)　TPPで非親告罪へ統一される傾向性を見せたが，ここで留意しなければならないことは，親告罪という概念を有しない米国と我が国のように親告罪と非親告罪という二つの概念を有する点である。非親告罪であっても，著作権等の侵害の対応の最終判断が著作権者等にあるとすれば，非親告罪へ統一する必要はない。複数の異なる考え方がある場合，どちらかに統一する前に，相互の対応関係を見出すことが重要である。親告罪か非親告罪かの調整は，著作権の制限に関してフェアユースとの関係で述べたことと同じになる。

(11)　文化審議会著作権分科会・文化審議会著作権分科会法制・基本問題小委員会報告書（2019年2月）84〜90頁。

①技術的保護手段の回避を行うことをその機能とする装置もしくは技術的保護手段の回避を行うことをその機能とするプログラムの複製物を公衆に譲渡し，もしくは貸与し，公衆への譲渡もしくは貸与の目的をもって製造し，輸入し，もしくは所持し，もしくは公衆の使用に供し，またはそのプログラムを公衆送信（送信可能化）する行為をした者，②業として公衆からの求めに応じて技術的保護手段の回避を行った者，③営利を目的として，著作者人格権，著作権，実演家人格権または著作隣接権を侵害する行為とみなされる行為を行った者，④営利を目的として，国外頒布目的商業用レコードの規定により著作権または著作隣接権を侵害する行為とみなされる行為を行った者，である（著作権法120条の２）。

　また，著作者でない者の実名または周知の変名を著作者名として表示した著作物の複製物を頒布した者は，１年以下の懲役か100万円以下の罰金または併科になる（同法121条）。複製物は，原著作物の著作者でない者の実名または周知の変名を原著作物の著作者名として表示した二次的著作物の複製物を含む。また，商業用レコードを商業用レコードとして複製し，その複製物を頒布し，その複製物を頒布の目的をもって所持し，またはその複製物を頒布する旨の申出をした者は，１年以下の懲役か100万円以下の罰金または併科になる（同法121条の２）。

　なお，出所の明示の規定に違反した者は，50万円以下の罰金に処される（同法122条）。秘密保持命令に違反した者は，５年以下の懲役か500万円以下の罰金または併科になる（同法122条の２）。

②　産業財産権法

　侵害の罪は，10年以下の懲役か1000万円以下の罰金または併科になり（特許法196条，意匠法69条，商標法78条），５年以下の懲役か500万円以下の罰金または併科になる（実用新案法56条）。侵害とみなす行為による罪は，５年以下の懲役か500万円以下の罰金または併科になる（特許法196条の２，意匠法69条の２，商標法78条の２）。なお，実用新案法は，侵害とみなす行為による罪の規定を有していない。

　詐欺の行為の罪は，３年以下の懲役か300万円以下の罰金になり（特

許法197条，商標法79条），1年以下の懲役か100万円以下の罰金になる（実用新案法57条，意匠法70条）。特許法では，詐欺の行為により特許，特許権の存続期間の延長登録または審決を受けた罪になる。実用新案法では詐欺の行為により実用新案登録または審決を受けた罪になり，意匠法では詐欺の行為により意匠登録または審決を受けた罪になる。商標法では，詐欺の行為により商標登録，防護標章登録，商標権もしくは防護標章登録に基づく権利の存続期間の更新登録，登録異議の申立てについての決定または審決を受けた罪になる。

虚偽表示の罪は，3年以下の懲役か300万円以下の罰金になり（特許法198条，商標法80条），1年以下の懲役か100万円以下の罰金になる（実用新案法58条，意匠法71条）。偽証等の罪は，3月以上10年以下の懲役になる（特許法199条，実用新案法59条，意匠法72条，商標法81条）。秘密を漏らした罪は，1年以下の懲役か50万円以下の罰金になる（特許法200条，実用新案法60条，意匠法73条）。なお，秘密を漏らした罪は，商標法に規定はない。秘密保持命令違反の罪は，5年以下の懲役か500万円以下の罰金または併科になる（特許法200条の2第1項，実用新案法60条の2第1項，意匠法72条の2第1項，商標法81条の2第1項）。これは，告訴がなければ，公訴を提起することができない（特許法200条の2第2項，実用新案法60条の2第2項，意匠法72条の2第2項，商標法81条の2第2項）。

③　種苗法・地理的表示法・半導体集積回路配置法

種苗法では，侵害の罪は，10年以下の懲役か1000万円以下の罰金または併科になる（種苗法67条）。詐欺の行為の罪は，3年以下の懲役か300万円以下の罰金になる（同法68条）。虚偽表示の罪は3年以下の懲役か300万円以下の罰金になる（同法69条）。秘密保持命令違反の罪は，5年以下の懲役か500万円以下の罰金または併科になり（同法70条1項），秘密保持義務等の罪は告訴がなければ公訴を提起することができない（同法70条2項）。虚偽の表示をした指定種苗の販売等の罪は，50万円以下の罰金になる（同法71条）。虚偽届出等の罪は，30万円以下の罰金にな

る（種苗法72条）。

　地理的表示法では，措置命令の違反に対して，地理的表示または類似
等表示の除去または抹消の場合は 5 年以下の懲役か500万円以下の罰金
または併科（地理的表示法39条），登録標章またはこれに類似する標章
の除去または抹消の場合は 3 年以下の懲役か300万円以下の罰金または
併科（同法40条）になる。学識経験者の意見の聴取における意見を求め
られた事案に関して知り得た秘密の漏えいまたは盗用は， 6 月以下の懲
役または50万円以下の罰金になる（同法41条）。登録生産者団体の変更
の届出等と生産行程管理業務規程の変更の届出および生産行程管理業務
の休止の届出ならびに登録の失効の規定による届出をしないか虚偽の届
出をした場合，報告および立入検査の規定の報告をしないか虚偽の報告
または検査を拒み，妨げ，忌避した場合は，30万円以下の罰金になる
（同法42条）

　半導体集積回路配置法では，侵害の罪は， 3 年以下の懲役か100万円
以下の罰金になり（半導体集積回路配置法51条 1 項），告訴がなければ
公訴を提起することができない（同法51条 2 項）。詐欺の行為の罪は，
1 年以下の懲役か30万円以下の罰金になる（同法52条）。秘密保持義務
等の罪は， 1 年以下の懲役か30万円以下の罰金になる（同法53条）。機
関登録の取消し等の罪は，その違反行為をした登録機関の役員または職
員に 1 年以下の懲役か30万円以下の罰金が処される（同法54条）。設定
登録等事務の休廃止，報告および立入検査，帳簿の記載に違反した罪は,
その違反行為をした登録機関の役員または職員は，30万円以下の罰金が
処される（同法55条）。

④　不正競争防止法

　不正競争の防止に関する措置は，16の類型で定義されるすべての不正
競争に対する特定の不正競争に対する罰則になる。詐欺等行為または管
理侵害行為，詐欺等行為または管理侵害行為により取得した営業秘密の
使用または開示，営業秘密の管理に係る任務に背いてその営業秘密の領
得に対する侵害罪は，10年以下の懲役か2000万円以下の罰金または併科

になる（不正競争防止法21条1項）。詐欺等行為は，人を欺き，人に暴行を加え，または人を脅迫する行為をいう。管理侵害行為は，財物の窃取，施設への侵入，不正アクセス行為その他の保有者の管理を害する行為をいう。

　不正競争または規定違反に対する侵害罪は，5年以下の懲役か500万円以下の罰金または併科になる（同法21条2項）。不正競争は，不正の目的の行為（同法2条1項1号または14号），他人の著名な商品等表示に係る信用もしくは名声を利用して不正の利益を得る目的で，またはその信用もしくは名声を害する目的による行為（同法2条1項2号），不正の利益を得る目的の行為（同法2条1項3号），不正の利益を得る目的で，または営業上技術的制限手段を用いている者に損害を加える目的の行為（同法2条1項11号，12号）になる。規定違反は，商品もしくは役務もしくはその広告もしくは取引に用いる書類もしくは通信にその商品の原産地，品質，内容，製造方法，用途もしくは数量またはその役務の質，内容，用途もしくは数量について誤認させるような虚偽表示，秘密保持命令の違反，外国の国旗等の商業上の使用禁止（同法16条），国際機関の標章の商業上の使用禁止（同法17条）または外国公務員等に対する不正の利益の供与等の禁止（同法18条1項）の規定に対する行為になる。

　営業秘密侵害罪の海外重罰は，10年以下の懲役か3000万円以下の罰金または併科になる（同法21条3項）。詐欺等行為または管理侵害行為および詐欺等行為または管理侵害行為により取得した営業秘密の使用または開示に対する侵害罪，営業秘密侵害罪の海外重罰は，未遂も罰せられる（同法21条4項）。秘密保持命令に違反は，告訴がなければ公訴を提起することができない（同法21条5項）。営業秘密の侵害物品の譲渡・輸出入等の行為は刑事罰の対象となり，営業秘密侵害の訴訟では一定の場合に立証責任の転換がある。

（2）　両罰規定

　法人の代表者または法人もしくは人の代理人，使用人その他の従業者

が，その法人または人の業務に関し，違反行為をしたときは，行為者を罰するほか，その法人に対して当該各号に定める罰金刑を，その人に対して各本条の罰金刑を科する（著作権法124条，特許法201条，実用新案法61条，意匠法74条，商標法82条，種苗法73条，半導体集積回路配置法56条，不正競争防止法22条）。法人の代表者は，法人格を有しない社団または財団の管理人を含む。

　著作権法の量刑は，3億円以下の罰金刑（著作権法119条1項，2項3号，4号，122条の2第1項）または1億円以下の罰金刑（同法119条2項1号，2号，120条〜122条）になる。

　特許法の量刑は，3億円以下の罰金刑（特許法196条，196条の2，200条1項）または1億円以下の罰金刑（同法197条，198条）になる。実用新案法の量刑は，3億円以下の罰金刑（実用新案法56条，60条1項），3千万円以下の罰金刑（同法57条，58条）になる。意匠法の量刑は，実用新案法と同じで，3億円以下の罰金刑（意匠法69条，69条の2，73条1項），3千万円以下の罰金刑（同法70条，71条）になる。商標法では，量刑は特許法と同じで，3億円以下の罰金刑（商標法78条，78条の2，81条1項），1億円以下の罰金刑（同法79条，80条）である。

　種苗法の量刑は，3億円以下の罰金刑（種苗法67条，70条1項），1億円以下の罰金刑（同法68条，69条），50万円以下または30万円以下の罰金刑（同法71条または72条1号，3号）になる。地理的表示法の量刑は，3億円以下の罰金刑（地理的表示法39条），1億円以下の罰金刑（同法49条），30万円以下の罰金（同法42条）になる（同法43条）。半導体集積回路配置法の量刑は，100万円以下または30万円以下の罰金刑（半導体集積回路配置法51条1項，52条）になる。

　不正競争防止法では，それぞれ営業秘密侵害罪の海外重罰（不正競争防止法21条3項各号）が10億円以下，一部の営業秘密侵害罪（同法21条1項1号・2号，7号〜9号）が5億円以下，侵害罪（同法21条2項各号）が3億円以下の罰金刑になる。

　著作権法，特許法，商標法，不正競争防止法の罰則は同じ量刑であったが，不正競争防止法の量刑が加重される傾向性にある。

5. ハードローとソフトロー

　我が国では，技術情報の不正な持ち出しなどの産業スパイ行為を取り締まる法整備は，事業者間の公正な競争およびこれに関する国際約束の的確な実施を確保するためという観点から不正競争防止法による。会社の機密文書を窃取した従業者から，それが営業秘密であると知って，産業スパイが当該機密文書を受け取る行為等がある。その行為等とは，その営業秘密について不正取得行為が介在したことを知って，もしくは重大な過失により知らないで営業秘密を取得し，またはその取得した営業秘密を使用し，もしくは開示する行為になる（不正競争防止法2条1項5号）。そして，営業秘密を取得した後に，その営業秘密に関する産業スパイ事件が大々的に報道されて不正取得行為が介在していた事実を知りながら，営業秘密を使用又は開示する行為がある。その行為は，その取得した後にその営業秘密について不正取得行為が介在したことを知って，または重大な過失により知らないでその取得した営業秘密を使用し，または開示する行為になる（同法2条1項6号）。

　また，科学研究の研究成果における知的財産権の侵害に関して，たとえ我が国において合法にある組織としても，国際共同研究を通して諸外国の組織と連携している場合，「組織的な犯罪の処罰及び犯罪収益の規制等に関する法律」における実行準備行為を伴う組織的な犯罪集団による重大犯罪遂行の計画（6条の2）が適用されることが起こりえよう。別表第三（6条の2関係）では，著作権の侵害等（著作権法119条1項，2項）の罪，特許権等の侵害（特許法196条，196条の2）の罪，実用新案権等の侵害（実用新案法56条）の罪，意匠権等の侵害（意匠法69条，69条の2）の罪，商標権等の侵害（商標法78条，78条の2）の罪，育成者権等の侵害（種苗法67条）の罪，営業秘密の不正取得等（不正競争防止法21条1項～3項）の罪が例示されている。

　著作権法（半導体集積回路配置法）における権利は相対的権利であり，依拠性と類似性が争点になる。特許法（実用新案法，意匠法，商標法，種苗法）は，絶対的権利であり，特許権の有効性，特許権が及ぶ範囲，

被告の物件（イ号物件）または方法が特許権の及ぶ範囲に属するか，先使用または実施許諾の有無が主たる争点となる。権利侵害に対する民事的救済および罰則の規定は，特に一般国民に向けられた内容ではなく，裁判官が熟知し司法判断するためのものである。一般国民は，権利侵害として例示されたことを侵さなければすむというものではない。ただし，権利の保護における権利侵害を例示した形式と権利侵害とならない行為を例示したものとは，相補の関係になる。その相補の関係が成り立つためには，権利者の利益を不当に害する場合に，権利の制限における権利侵害の観点からの倫理的な面から対応も必要になる[12]。

　Winny 事件[13] は，被告人がファイル共有ソフト（Winny）をインターネットで不特定多数の者に公開，提供し，正犯者がこれを利用して著作物の公衆送信権を侵害した事案について，著作権法違反幇助罪に問われた事例である。Winny は価値中立で優れたファイル共有ソフトであるが，Winny で流通するファイルに自身を複製して他のシステムに拡散する性質を持ったマルウェアの Antinny などのウイルスが仕組まれたことが社会問題を惹起することになる。それによって，ファイルをダウンロードした者の個人情報が Winny を媒体としてばらまかれ，また国家機関等の保有する行政文書や法人文書の情報が漏洩に及んだ一連の社会的影響を及ぼした法と倫理の関わる問題になる。

　法と倫理の関係は，本来，相互に入り込むものではなく，次のような関係にある。倫理も法も「道徳規範」に関わりをもち，倫理が内面的な規範であるのに対し法は外面的な規範であり，本人の意思に拘らず強制されるという特色に注目しているとの見解がある[14]。したがって，法と倫理は，互いに補う関係になる。ソフトロー（soft law）は，国家の強制が保証されている通常のハードロー（hard law）には該当しない法的

---

(12)　児玉晴男「情報教育における著作権と情報倫理のメディア環境」情報通信学会誌21巻1号（2003年）79～86頁。

(13)　最三判平23.12.19平21(あ)1900号判例集未登載。

(14)　田島裕「企業倫理と法」現代企業法の研究—筑波大学大学院企業法学専攻十周年記念論集（信山社，2001年）430頁。

規範を総称する。20世紀後半に国際法学で誕生した概念である。ソフトローの実例には，企業や業界団体の倫理綱領がある。知的創造サイクルを狭義の知財制度の枠外を含めてとらえるとき，広義の知財制度の観点からは，知的創造の権利と関連権の侵害に関して，罰則規定を有しない倫理的な面を加味する必要があろう。

📕 研究課題

1 あっせんの事例について調査せよ。
2 知的財産権法の各法の権利侵害を比較せよ。
3 知的財産権法の各法の罰則について比較せよ。

12 | コンテンツ創造サイクルの法システム

コンテンツの創造，保護および活用を促進させるための著作権制度にコンテンツ基本法がある。本法で定義されるコンテンツは，無体物の著作物として著作権法で保護される。本章は，コンテンツ基本法，著作権法，著作権等管理事業法との関わりから著作権制度について考える。

1. コンテンツ

コンテンツ創造の始原には，文化遺産が含まれる。ここで，国家的な文化振興は，文化財に対して二つの面をもつ。第一は，旧来の各国，各地域に根ざした文化財の保護の下に文化振興を図る観点になる。第二は，国家戦略として，コンテンツ制作を通して新たな文化的所産の振興を図る観点になる。前者は，世界遺産，無形文化遺産および生物多様性（特に伝統的文化表現）に求められる。後者は，コンテンツの映画，アニメ，キャラクターなどに関わる。

（1） デジタルコンテンツ

知的財産推進計画には，コンテンツ強化を核とした成長戦略，クールジャパン戦略，コンテンツ総合戦略，コンテンツを中心としたソフトパワーの強化，コンテンツの新規展開の推進など，コンテンツの創造，保護および活用を促進させるための施策がある。その施策を進める著作権制度に関わるものに，コンテンツ基本法がある。

コンテンツ基本法は，文化の発展に寄与することを目的とする著作権法・著作権等管理事業法とは異なり，国民生活の向上および国民経済の健全な発展に寄与することを目的とする。そして，本法は，著作物とそ

222

の伝達行為および著作者・著作隣接権者の観点の著作権法・著作権等管理事業法とは異なり，コンテンツ制作等のコンテンツ事業とコンテンツ事業者というコンテンツ振興の観点になる。

　コンテンツとは，映画，音楽，演劇，文芸，写真，漫画，アニメーション，コンピュータゲームその他の文字，図形，色彩，音声，動作若しくは映像もしくはこれらを組み合わせたもの，またはこれらに係る情報を電子計算機を介して提供するためのプログラムをいう（コンテンツ基本法２条１項）。そして，コンテンツは，人間の創造的活動により生み出されるもののうち，教養または娯楽の範囲に属するものをいう。ここで，コンテンツは，デジタルコンテンツをいう[1]。

　映画は，ベルヌ条約の対象となっているが，米国で育まれたエンターテインメントコンテンツになる。そして，音楽は，サンプリング[2]という特色ある制作行為がある。また，プログラムは，自然言語に対して，ソースコード，オブジェクトコード，機械語という階層構造からなる。映画は，音楽を含み，漫画，アニメーション，コンピュータゲームの視聴覚著作物のカテゴリーに含まれる。そして，映画のコンピュータゲームは，プログラムでもある。コンテンツの構造は，デジタル環境における編集，複製，伝達を伴って，それらが絡み合った状態を顕在化する。

（２）　著作物

　コンテンツの例示に映画・ゲーム・アニメーション，音楽，プログラムなどがあるが，それらは著作権法の映画の著作物，音楽の著作物，プログラムの著作物等として例示される。我が国の著作権法では，著作物は無体物であるが，有体物を擬制することによって理解・解釈される。

（1）　デジタルコンテンツの保護の検討が通商産業省（現在，経済産業省）で行われたとき，その検討のテーマにはデジタルコンテンツと表記されている。その後，デジタルコンテンツからコンテンツへ表記が変更されている。
（2）　サンプリングは，録音・再生機器の普及とともに生まれた音楽の手法で他の音声ソースを取り込みコントロールすることにより，そのソースを転用・包括した音楽製作を可能にする。

無体物の著作物は，アナログとデジタルとの峻別を必要としない。しかし，有体物を擬制して理解・解釈されてきた著作権法は，デジタルコンテンツを対象としたとき，整合性に欠ける様相を呈することになる[3]。それが，逆に無体物としての著作物を前提としない議論に飛躍してしまう。無体物と有体物とのはざまから，著作物に関する課題が生起しているといえる。それは，著作物の複製と伝達に見られる。

①　複　製

　複製の伝統的な概念としては，オリジナルなものに対し鋳型をとり，その鋳型を使って模倣したものを増やしていくことが想起される。そこには，潜在的に，模倣したものは，オリジナルなものと比べて，品質的には劣っているとの認識があろう。一方，オリジナルなものをそっくりそのまま複製していくことは，品質の劣化という欠点を含まないものになる。前者はアナログ的な複製になり，後者はデジタル的な複製にあたる。デジタル的な複製は，ただ乗り（free ride）による希釈化（dilution）の問題とは性質を異にする課題を顕在化させる。それは，オリジナルなものの派生（derivative）の過程に伴って発現する変態（transformation），例えば擬態（mimicry, mimesis）とアナロジーのある問題が示唆される。

　デジタル的な複製は，ちょっとした変更で付加価値をもたせて，経費に連動しない価格，すなわち前段階の情報より高くも低くも設定できる派生物として提供することができる。ただし，アナログ的な複製の模倣とデジタル的な複製の模倣は，相異なる現象を見せるものの，両者はともに模倣行為に本来的に含まれる。デジタル的な複製は，新たな問題の

（3）　我が国では，久しくデジタル環境に対応したデジタル著作権法の立法化が言われてきたが，無体物の著作物を対象とする我が国の著作権法におけるデジタル環境の対応でよいはずである。他方，有形的媒体への固定を著作権のある著作物（copyrighted works）の保護の要件とする米国の連邦著作権法ではデジタル対応の法整備が必要であり，それがデジタルミレニアム著作権法（Digital Millennium Copyright Act：DMCA）になる。

ように見せているが，アナログ的な複製と同時期にすでに予測可能であったものが，デジタル的な複製によって具現化された課題といえる。

　現行著作権法には，複製方法についての例示がない。外国の出版物には，電気的，機械的，写真複写，録音，またはその他（electronic, mechanical, photocopying, recording, or otherwise）というおよそ考えられるすべての複製方法の例示がある。我が国においても，旧著作権法（明治32年3月4日法律第39号）では，複製方法について，著作権の制限規定に，器械的方法または化学的方法，機械的方法の記述がある（旧著作権法30条）。現行著作権法において，複製方法の例示がないのは，旧著作権法に例示される複製方法を前提とし，あえて明示する必要性がないとしたことによる。

②　伝　達

　著作物が保護されるためには，米国とそれ以外の国で，有形的な媒体への固定を必要とするか不要かで分かれる。固定を必要とするものはcopyright アプローチをとり，固定を不要とするものはauthor's right アプローチをとることになる。それは，ボールのように受け渡しができるような形態か，波のように伝わる形態でよいかどうかになる。著作物は，無体物である（図1（a）参照）。その無体物の著作物は，現実世界では，有体物に化体されて流通する（図1（b）参照）。それらが合一して，情報形態の著作物は，著作物とその伝達行為とが融合して，デジタル環境で伝達する（図1（c）参照）。

　コンテンツの対象が「有体物に入れられた無体物」から「有体物に擬制され視聴覚化された情報」へ転換しているが，それはアナログ環境からデジタル環境への変化に伴っている。その変化は，編集，複製と伝達の違いとして見ることができる。デジタル環境は，デジタル化・ネットワーク化またはマルチメディアといわれ，ユビキタス，クラウド，全ウェブ化と言い換えられる。

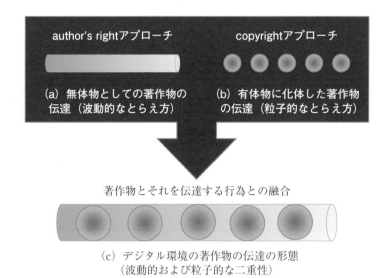

（a）無体物としての著作物の
　　伝達（波動的なとらえ方）

（b）有体物に化体した著作物
　　の伝達（粒子的なとらえ方）

著作物とそれを伝達する行為との融合

（c）デジタル環境の著作物の伝達の形態
（波動的および粒子的な二重性）

図1　無体物の著作物のアナログ環境とデジタル環境の伝達の形態

2.　コンテンツの創造

　映画・ゲーム・アニメや音楽などのコンテンツの制作は，デジタル環境下に，また AI において創造されることがあろう。デジタルコンテンツといっても，アナログ環境で創造された著作物がデジタル化される形態が含まれる。また，それらは，生物多様性条約の伝統的文化表現をもとに，創造されることがある。

（1）　編　集
　我が国の著作権法では，編集著作物とデータベースの著作物は，アナログ方式とデジタル方式との関係になる。我が国では著作物が保護されるうえで有形的媒体への固定を要しないことから言えば，アナログ形式とデジタル形式で分ける必要性はない。それらは，国際的な著作権条約において，データの編集物（compilations of data（databases））になり，アナログ形式とデジタル形式で区別されていない（WCT5条）。また，音楽の創造に関して，サンプリングが関与している。サンプラーは，キ

ーボードと連携し再生する音程（と速度）を変化させる。サンプラーによって，様々な音素材を楽器として演奏するような使い方と，１～数小節単位の音楽的パターンをループさせて演奏する使い方が多くなる。それは，複製と編集に関する複製技術の進展による音楽の創造に影響を及ぼす。

　複製技術の変化は，物の複製から情報の複製への変化を先導するかたちで，映画において見られる[4]。その過程は，写真（映像）のコマの編集（splicing）を通して製作された映画が創作性の認められる著作物になる。そこには，情報技術による複製および編集の原型が見出せる。出版社は，ルールに従って利用者の期待に応え，利用者を保護するという制度によって印刷された情報を正統化する[5]。一方，仮想現実（情報世界）では，伝統的な出版産業と違って情報を正統化する制度がなく，安定した情報源と信頼できる選択プロセスの必要性が緊急課題となる[6]。ここで，電子出版において責任の所在と倫理面から編集の必要性がいわれるのは，その一つの例といえよう。

　デジタル環境における編集は，スプライシングに親和性があり，コラージュやコピー＆ペーストの性質を有する。松岡正剛氏は，どんな素材情報も編集がなければ情報にならないとし，情報世界における編集は，出版社による編集を提供編集とよび，各個人が私的に行っていた編集を自己編集とすれば，それら二つの境界があいまいになり互いに浸透し合う相互編集の可能性が開けてきたという[7]。ここでは，著作物の編集は，他人の著作物の引用と転載と掲載を伴う。それらは，著作権の適用除外の規定による他人の公表された著作物の自由な利用が許容されることが前提になる。

（４）　多木浩二・ベンヤミン「複製技術時代の芸術作品」精読（岩波書店，2000年）159～160頁。
（５）　Michael Heim（田畑暁生訳）・仮想現実のメタフィジックス（岩波書店，1995年）158～159頁。
（６）　Heim（田畑訳）・前掲注（５）158～159頁。
（７）　読売新聞1998年３月22日朝刊15面（12版）。

（2）　二次創作

　コンテンツ創造については，天才とよびうるクリエイターによるパターン[(8)]と知的財産推進計画ですすめられるクールジャパンという空間で構想されるパターンとの両端の中にいろいろな様相を見せる。その様相は，資金がなくてハングリー精神でコンテンツを創作することに真実味があるといえるものがあり，それに対して潤沢な資金が与えられて文化の発展または国民生活の向上および国民経済の健全な発展に寄与するコンテンツが創作されるという見方もある。

　いずれにしても，コンテンツがひとりですべて著作されるかもしれないが，共同またはチームでなされることもある。さらに，「サザエさん」や「クレヨンしんちゃん」，そして「ちびまる子ちゃん」のように原作者が亡くなった後も著作され続けられる漫画・アニメーションがある。漫画の創造の過程の中で，コミケのような同人誌によって先人の肩に乗って許される模倣によって新たな漫画を創造していくチャンスが与えられることもあろう。

　映画は，著作物のあらゆる構造を内包する。映画の著作物は，小説等の翻案または映画化による二次的著作物であり，音楽の著作物と実演が含まれる。そして，コンテンツは，著作権法で保護される著作物の例示の各パターンを包含し，役割分担が明確な構造を有している。このコンテンツは，既存のメディアで存在する著作物をデジタル化することにより形成されるもの，最初からデジタル形成されるものの二つの態様からなる。すなわち，デジタルコンテンツとして創造される形態は，印刷本をデジタル化したものから，音楽や映像が一緒にメディアミックスされたものまでに見られる。メディアミックスされたものは，人工的な表現として，音楽や映像は，電子音楽，コンピュータ・グラフィックス（CG）や3Dによって表現される。それらは，プログラムの著作物になり，また視聴覚著作物として音楽の著作物や映画の著作物になる。

（8）　例えばアニメーションのルーツの漫画は，漫画家を多数輩出したトキワ荘という空間で創作されている。

3. コンテンツの保護

　コンテンツの保護は，コンテンツ基本法ではコンテンツ制作等のコンテンツ事業とコンテンツ事業の観点による。

（1）　コンテンツの客体
　コンテンツ制作等の行為には，コンテンツの複製，上映，公演，公衆送信その他の利用が関与する（コンテンツ基本法2条2項2号）。その他の利用には，コンテンツの複製物の譲渡，貸与および展示が含まれる。コンテンツの複製等は，著作権法に規定がある。コンテンツ制作等に係る著作物は，ひとつの著作物から，共同著作物，編集著作物（データベースの著作物），二次的著作物，映画の著作物へ複雑化し，それらが連携・融合する。なお，ひとつの著作物といっても，引用や参考文献が掲げられている。さらに，電子ジャーナル論文が共同著作によるとき，それらは渾然一体となった共同著作物になるが，例えば共著の学術論文に実験データのねつ造（fabrication），改ざん（falsify）や剽窃（plagiarism）があると，それら共同著作物の著作者のうち何人かが削除されることがある。

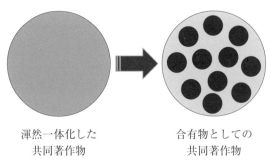

渾然一体化した　　　　　　合有物としての
共同著作物　　　　　　　　　共同著作物

図2　共同著作物の構造

　そのとき，一体不可分な共同著作物の規定の関係が崩壊し，共同責任にある共著者の対応において責任のとり方に違いが生じることになる[9]。そうすると，共同著作物は，混然一体化というよりも，合有物とした構

造といえる（図1参照）。コンテンツの客体は，渾然一体となる構造というより，編集著作物（データベースの著作物），または映画の著作物の二次的著作物で役割分担が明確な入れ子といってもよい。

（2）　コンテンツの主体

　コンテンツの主体は，著作物の著作者およびコンテンツ制作等のコンテンツ事業に関するコンテンツ事業者になる。コンテンツ事業とはコンテンツ制作等を業として行うことをいい，コンテンツ事業者とはコンテンツ事業を主たる事業として行う者をいう（コンテンツ基本法2条3項）。

①　コンテンツの著作者

　コンテンツの主体は，著作物，共同著作物，二次的著作物，データベースの著作物，映画の著作物，そしてそれらコンテンツに対応する著作者になる。それらの著作者は，デジタル環境においては相互に関係する。著作者は，著作物と一体化した著作者のとらえ方から，創作的な寄与との整合から役割分担に応じて細分化しそれらを統合化した著作物に対する著作者の関係へ再構成する必要があろう。

②　コンテンツ事業者

　デジタル環境では，コンテンツの著作者にコンテンツ事業者が付加される。コンテンツ事業者は，コンテンツの著作者と，コンテンツの伝達行為者である出版者（出版権者），実演家，レコード製作者，放送・有線放送事業者，さらに自動公衆送信事業者やウェブキャスティング事業者が想定される。コンテンツ事業者は，著作権等を管理する者でもある。

（9）　児玉晴男「学術コンテンツの創作と公表（出版）に関する権利の帰属と社会的な評価との整合性」日本セキュリティ・マネジメント学会誌22巻2号（2008年）29〜39頁。

（3） コンテンツの権利

　コンテンツ制作という面からコンテンツの権利は，印刷と出版という著作権制度のルーツに回帰しよう。著作権が著作物の複製・頒布に関する封建時代の特権という種子から結実したことは周知の事実である。この特権は，著作者やその相続人などの利益を尊重することなく，直接印刷・発行した者に与えられる。著作権は，英国における出版者組合（Stationers' Company）の1701年の登録に起源をもつ。最初の著作権制度といわれるアン法[10]は，1710年に出版者組合（教会）の勅令による，書籍の出版に関する独占権を廃止し，出版者のための著作権を著作者のための著作権に転換した。そこに，著作物の複製に関する権利から著作者の権利の創造への法理の混乱の原点が見出せる。

　そして，著作権制度の変遷は，機械的な複製技術である印刷から電気（電子）的な複製技術であるラジオ，テレビへメディアが変化していく過程に連動している。それは，それら著作物の流通様式の変化が及ぼす法現象にあわせて法解釈し，それが有効でないと判断されたとき新たに条文化することによって対応していることになる。しかし，今日の著作権の課題を生起させたコンピュータ・プログラムやデータベースは，従来の複製技術の変遷の流れとは異なる対応をせまっている。コンピュータを利用した情報の流通様式が著作権に与える課題は，無体物である著作権の保護対象を有体物に擬制し視覚化して理解・解釈してきたことに対し，デジタル化される著作物の流通様式の視点からの調整が加えられなければならない。

　著作権法で保護される対象は，著作物（コンテンツ）だけでなく，著作物の伝達行為にも及ぶ。著作物の伝達行為は，コンテンツ創造に関連する権利になる。このとらえ方は，国際著作権法界の法理（author's right アプローチと copyright アプローチ）が残存しており，copyright アプローチでは著作物の伝達行為という概念がない。それは，著作権法

（10）　正式名称は，"An Act for the Encouragement of Learning, by vesting the Copies of Printed Books in the Authors or purchasers of such Copies, during the Times therein mentioned" である。

の国際条約であるベルヌ条約と，当時，ベルヌ条約に加盟していなかった米国が加盟していたパンアメリカン条約との調整として，万国著作権条約において © マークが導入されたことに現れている。それは，「©　発行年，権利者名」と表記すれば，米国でも保護されるとみなされるものである。国際著作権法界に存在する二つの法理は，著作物が無体物のまま保護される author's right アプローチおよび著作物が有体物として保護される copyright アプローチの考え方になる。© マークの表記の差異の根源は，国際著作権法界に存在する二つの法理の交差による。デジタル環境では，無体物の著作物とその伝達行為は，有体物のように一体化する。そのようなデジタル環境では，著作権とその隣接する権利は，連携・融合される。無体物の著作物とその伝達行為が有体物のようにデジタル環境で一体化することと，米国のように著作物の保護が有形的媒体への固定を要件とすることとの差異が限りなく小さくなっている。そのことは，ローマ条約には加盟していない米国が WPPT に加盟していることに現れている。

　コンテンツとその伝達行為の権利の全体像は，コンテンツ基本法では著作権，著作権法では著作権と関連権（著作者人格権・著作権・出版権・実演家人格権・著作隣接権），著作権等管理事業法では著作権等（著作権・著作隣接権）になる。そして，コンテンツ基本法，著作権法，著作権等管理事業法における著作権と関連権の帰属は，映画の著作物と映画の著作者および映画製作者との間の三つの帰属パターンで見られる。映画製作者は，職務上作成する著作物の著作者として，自然人の著作者と同様に，映画の著作物の著作者の権利を享受しうる（著作権法15条１項）。同様に，プログラム制作会社も，プログラムの著作物の著作者の権利を享受しうる。また，映画の著作物の著作権は，映画製作者に帰属する（同法29条１項）。同様に，映画製作者としての放送事業者には放送に関する著作権が帰属し，映画製作者としての有線放送事業者には有線放送に関する著作権が帰属する（同法29条２項，３項）。放送に関する著作権と有線放送に関する著作権は，複製権等の著作隣接権になる。映画製作者としての著作隣接権者（放送事業者と有線放送事業者）は，

映画の著作物と映画の著作者および映画製作者の関係に見られる三つの帰属パターンにあるといってよい。放送事業者と有線放送事業者は，著作権と著作隣接権が複製権で連携し，著作者人格権を享有しうる。

4.　コンテンツの活用

　創造されたコンテンツは，著作者がすべてのコンテンツをオリジナルとして著作したのではなく，公表された著作物を利用し使用して創造されたものである。コンテンツの活用は，二つのパターンからなる。第一は著作権等の保護の世界で行われるパターンであり，第二は著作権の制限の世界で行われるパターンである。第一のパターンは，第三者の著作物を著作権等の譲渡・移転または著作権等の信託譲渡の契約の中においてケースバイケースで行われる。第二のパターンは，第三者の公表された著作物の引用，転載，掲載により行われる。それらの行為自体は，コピー＆ペーストになるが，それらの条件は対極になる。コンテンツの活用は，著作権法と著作権等管理事業法の関わりからのコンテンツの利用になり，著作権法の関わりからのコンテンツの使用になる。ここで，コンテンツの利用は著作権等の保護の領域で行われる行為であり，コンテンツの使用は著作権等の制限の領域で行われる行為になる。

（1）　著作権等の保護によるコンテンツの利用

　コンテンツの利用は，個人がコンテンツを視聴するするときに利用料を支払うものがある。コンテンツ事業の振興の観点から，出版社から発行され，実演家により演じられ，放送・有線放送，ネット配信されることがコンテンツの利用になる。コンテンツの著作者と出版社等との間に権利の帰属の関係が生じる。著作者の権利や著作隣接権者の権利は，それら権利者自身が管理すべきものである。しかし，著作者は個人であることもあり，関連組織が著作権等管理事業法で規定される著作権等管理事業者として管理することに実効性が伴うことがある。

　我が国の著作権法では，コンテンツの利用にあたって，著作権の譲渡，出版権（複製権，公衆送信権等）の設定，著作物の利用の許諾，そして

著作隣接権の譲渡，実演・レコード・放送・有線放送の利用の許諾，著作権等管理（著作権・著作隣接権の信託譲渡），そして著作者人格権と実演家人格権について総合的に関連づけられなければならない。我が国の著作権法では利用権制度はないといわれているが，もし第一の性質の物権的な権利の出版権を仮定すると，実演・レコード・放送・有線放送の利用の設定が想定されてくる。あえて著作者の権利に隣接する権利に言及するのは，将来，出版権が出版者の権利に変更される可能性があるからである。コンテンツの著作者の権利と出版者等の権利との関係は，上記の権利の関係の組み合わせが混在しているように見受けられる。

　なお，信託の copyright transfer は我が国の著作権の譲渡[11]ではなく，また著作権の帰属は信託の copyright transfer と親和性がある。そして，copyright transfer は，信託契約の内容からいって，物権的な権利の出版権（複製権と公衆送信権等）の設定に近い内容といえる。

　著作権法と著作権等管理事業法の関わりから，著作権等管理は交差する[12]。著作権等管理事業者が管理できる権利は，財産権（著作権，出版権，著作隣接権）である。人格権である著作者人格権と実演家人格権は，対象外である。なぜならば，著作者人格権と実演家人格権は，著作者と実演家の一身に専属し，譲渡できないからである。デジタル権利管理（DRM）においては，コンテンツの権利（Rights）の対象はコンテンツの経済的権利にあり，コンテンツの人格的権利との関係は想定されていない。コンテンツの DRM を考えるとき，その権利（Rights）は，

---

(11)　理系の学協会が著作権の譲渡といっているものは，我が国の著作権法の著作権の譲渡というより，copyright transfer の翻訳といってよい。
(12)　電子ジャーナル論文の学術論文では，理系の学協会は，著作権法による研究者との著作権の譲渡と著作者人格権の不行使特約により権利処理する。電子ジャーナル論文は，理系の学協会から著作権等管理事業法による学術著作権協会へ信託譲渡され，さらに日本複写権センターへ委託される。音楽は，音楽出版社は音楽家から著作権の譲渡により，著作権等管理事業者は音楽家から信託譲渡による権利管理を行っている。著作権法と著作権等管理事業法の著作権等管理は，直列または並列に関連づけられている。著作権等管理の関係の流れは，利用者から音楽出版社と著作権等管理事業者の二つの流れで音楽の管理が行われ，著作者と外国の著作権管理団体に配分される。

copyright と著作者の権利・著作隣接権者の権利の対応として，我が国においては，著作権だけでなく，著作者人格権，出版権，実演家人格権，著作隣接権についても総合的にとらえる必要がある。

（2） 著作権等の制限によるコンテンツの使用

　コンテンツの使用は，個人がコンテンツを視聴するするときに無料で権利処理することなく，国民生活の向上および国民経済の健全な発展に寄与する観点によるものになろう。コンテンツ（著作物）の公表または出版にあたっては，他の著作物（出版物）からの引用転載に関しての慣行がある。その引用転載とよばれる内容は，引用・転載・掲載に分かれる。ここで，公表されたコンテンツ（著作物）または発行された出版物の部分的な利用形態である引用・転載・掲載は，引用・転載・掲載される著作物の著作権者等との関わりから，それぞれの意味が明確にされなければならない。

① 引 用

　アナログ形式の著作物の利用である引用または模写は，静態的といえる。ところが，文字（character）や絵（picture）がコード化されて蓄積されていれば，その表現をそのまま複製し，また元の表現を自由に改変できる。このとき，現行著作権法で認容される引用（著作権法32条1項）の適用が，そのままデジタル的な複製において許容されるとすることに齟齬が生じてくる。また，それら（ネットワーク系）電子出版物に共通するのが，著作者の無名性である。それら個々の表現は，さらに他からの引用というように，真のオリジナルなもの（起源）をアクセスすることは限りない連鎖（引用の引用，いわゆる孫引き）を招き，そのオリジナルなものの実体を明瞭に把握し，その権利関係を特定していくことは，その形成過程がたとえ明確であっても複雑化する。

② 転 載

　公共機関が一般に周知させることを目的にした著作物は，刊行物に転

載することができる（著作権法32条2項）。転載を禁止する旨の表示がある場合を除き，著作者および出版者は，公共機関に転載の許可を得て，公共機関が作成した著作物を出版物に転載することになる。それは，例えば基本測量および公共測量の測量成果の複製になる。それらを複製しようとする者は，それらの成果をそのまま複製して，もっぱら営利の目的で販売する者であると認めるに十分な理由があるときには，国土地理院の長は測量成果の複製を承認してはならないとされていた（測量法旧29条後段）。ただし，測量成果をそのまま複製して，もっぱら営利の目的で販売するものであると認めうる十分な理由がある場合には承認しないものとする制限は，デジタル環境の使用が考慮され，削除されている。

③　掲　載

　公表された著作物は，学校教育の目的上必要と認められる限度において，検定教科書または文部科学省が著作権者であるものに掲載することができる（著作権法33条1項）。公表された著作物の使用としての引用，転載，掲載は，それらの順に許容される複製の条件が狭められている。掲載は複製する対象をそっくりそのまま利用する比重が相対的に高く，その複製の条件は限定される。著作者による著作物において，他人の著作物の使用が認められても，それを著作者が出版物として商用出版社によって頒布しようとするとき，直接，その引用，転載，掲載が導出されることにはならなくなる。アナログ形式の著作物で問題とならなかったことが，デジタル化される著作物の伝達にあたっては著作者の利用に関する相互間の問題になりうる。

　ところで，著作権等の制限は，営利性がなければ，コンテンツの使用者が私的目的のために複製したり図書館で閲覧し複製したりすることなどに関係し，コンテンツの著作者が公表されたコンテンツを使用することにも関係している。デジタル形式かアナログ形式かは，コンテンツの利用において違いがない。ただし，コンテンツの使用，すなわち権利の制限の世界においては，違いがでてくる。私的目的の複製は，権利の制

限において，権利者の許諾や利用料も伴わずに，コンテンツは使用できる。ただし，使用にあたっては，営利性や権利者への不利益を考慮しなければならない。それが顕著に出るのがデジタル録音・録画機器でコンテンツを複製するときであり，補償金制度が関わってくる。例えばダビング10は，複製できる回数の制限による権利者への不利益を考慮した調整である。著作権の制限は，営利の目的でない私的な複製に限定され適用されるものであり，あらゆる複製技術を利用した複製自体は原則として著作権侵害にあたる。デジタル的な複製に著作権の制限規定の適用の適格性は，デジタル環境における複製が営利の目的の有無や私的かどうかを直ちに峻別できない点にある。

　なお，我が国の著作権の制限は，権利者への通知と補償金（一種の利用料）の支払いを伴う傾向があり，中には営利を目的としてよいものまである。さらに，デジタル環境では権利の保護と権利の制限のハードルはかなり低くなっている。なお，ネット環境では，著作権の徒過した書籍がデジタル化されているが，たとえ著作権の保護期間であってもコンテンツのサイトで権利の消尽（停止条件付）のもとにオープン化することが考えられる。権利の消尽（停止条件付）としたのは，一定の条件のもと，例えばアクセス数でコンテンツの著作者に利益還元する場合とか，単行本化するときとかは，権利の保護で対応することを考慮してのものになるからである。また，出版社経由でなければ，国立国会図書館のオンライン資料収集制度（eデポ）経由がある。

5．コンテンツと知的財産権の管理

　コンテンツ制作等に関して，コンテンツに係る知的財産権の管理がある（コンテンツ基本法2条2項3号）。ここで，知的財産権とは，知的財産基本法2条2項に規定する著作権，産業財産権，営業秘密等，さらに権利化されていないAI創作物の権利等も含まれてこよう。そうすると，コンテンツに係る知的財産権の管理は，コンテンツに関しては創作者（著作者，発明者・考案者・意匠の創作者等）また著作権者，特許権者，実用新案権者，意匠権者，コンテンツの伝達行為に関して著作隣接

権者（出版者，自動公衆送信事業者等を含む。）と商標権者の関与がコ
ンテンツ事業者に想定される。

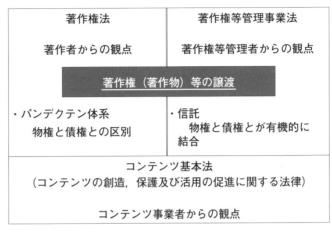

図3　我が国における著作権制度の三つの法理

　デジタル環境においてコンテンツとその伝達行為が合一する中で，著
作権制度においてコンテンツとその伝達行為を架橋する必要があろう。
なぜならば，米国や英国ではコンテンツの伝達行為という概念がないこ
とと，また中国やドイツのように出版を実演，レコード，放送・有線放
送と同じカテゴリーにしているからである。著作権制度においてコンテ
ンツとその伝達行為を架橋するものとは，複製（複製権，複製権者）に
なる。我が国における権利管理に関しては，三つの法理[13]が著作権制
度に共存することになる（図3参照）。いわゆる一国三著作権制度とも
いえる中で，三つの法理の権利の関係が著作権法の中で合理的に説明さ
れなければならない。

---

(13)　著作権法は物権と債権とを明確に区別するパンデクテン体系であり，著作権
等管理事業法が物権と債権とが有機的に結合した信託になる。その法理の違いは，
copyright transfer が著作物（copyrighted works）の信託譲渡になり，我が国の著
作権の譲渡と copyright transfer とは一対一の対応にないことに顕現する。また，
コンテンツ基本法は，出版権，版権（copyright），さらに出版者組合の登録という
著作権制度の起源における法理を反映していよう。

　我が国の著作権制度は，マクロスコピックではコンテンツ基本法（著作権）で理解され，ミクロスコピックでは著作権法（著作権と関連権（著作者人格権，著作権，出版権，実演家人格権，著作隣接権））での理解になる。その関係をメゾスコピックでは著作権等管理事業法（著作権等（著作権，出版権，著作隣接権））になる。そこで共通する権利が複製権である。なお，国の委託等に係るコンテンツに係る知的財産権の取扱いとして，その知的財産権を受託者または請負者（受託者等）から譲り受けないことができる（コンテンツ基本法25条）。すなわち，コンテンツを有効に活用することを促進する限り，受託者等に知的財産権が帰属することになる。ただし，受託者等は，国が公共の利益のために特に必要があるとしてその理由を明らかにして求める場合には，無償で当該コンテンツを利用する権利を国に許諾することを約さなければならない（同法25条1項2号）。なお，コンテンツ事業者は，財産権の管理に寄与することはできる。コンテンツ基本法では想定されていないだろうが，コンテンツ事業者が創作者でなければ人格権の管理はできない。人格権の管理は，自然人の著作者，発明者・考案者・意匠の創作者にとどめ置かれることになる[14]。

---

(14)　我が国の著作権法では法人が自然人と同様に著作者となりうるが，産業財産権法では法人が自然人の発明者等にはなりえない。

🔲 研究課題————————————————————————

1　コンテンツ振興とコンテンツ基本法との関係について考察せよ。

2　コンテンツ基本法と著作権法および著作権等管理事業法の権利の対象の違いについて考察せよ。

3　コンテンツ基本法と知的財産基本法との関係について考察せよ。

13 | 知的財産創造サイクルの法システム

　コンテンツ基本法のコンテンツは，知的財産基本法で定義される知的財産を対象にする。本章は，著作権法，産業財産権法，不正競争防止法の相互の関係から知財財産の創造，保護および活用の法システムについて考える。

1. 知的財産

　知的財産基本法は新たな知的財産の創造およびその効果的な活用による付加価値の創出を基軸とする活力ある経済社会を実現することを指向し，新たな知的財産は人間の創造的活動により生み出されるものになる。21世紀になり，ソフトウェア等の情報財の特許保護の強化がなされる。ソフトウェアの著作物としての保護か発明としての保護かの議論は意味のあることであり，米国の一連の判例が提示しているように，ソフトウェアは表現（expression）とアイディア（idea）がマージされるものとみなすことができる。ソフトウェアの保護は，著作物によるか発明によるかは，40年にわたる歴史的な経緯をもっている。

　発明が有体物として活用されることを念頭に規定されていたため，ソフトウェアそのもの（無体物）について特許法で保護する範囲を明確化することになる。ソフトウェアの発明としての保護は，自然法則の解釈の変遷に対応している。それは，自然法則を装置と一体化したソフトウェアの保護としてとらえることから，装置と独立にソフトウェアを無体物として保護する変遷である。自然法則との関連では，ビジネス方法が自然法則の利用になるかどうかという問題がある。また，カーマーカー法特許は，自然法則または数式それ自体が特許発明の対象となるかという問題を生起させることになる。

　自然法則の利用とは別に，自然法則または数式自体が発明の対象とされたケースがカーマーカー法の特許問題である。カーマーカー法は，AT&T 社のカーマーカーが開発した線形計画法（linear programming）の計算法の一種で，有限な資源の最適な配分法を高速に求めることができる[1]。線形計画法としては，境界を迂回して最適頂点を探査（access）していくシンプレックス法が広く用いられていたが，以前から直感的に内部を探査していく方法の方が効率的ではないかと想像されていた[2]。カーマーカー法は，後者の内部を移動していく方法の一つとして発表されたものである。この方法が登場した背景には，コンピュータの進歩がある。しかし，実際の効率については，当時，検証されていなかったが，カーマーカーは，このアルゴリズムを実行する装置に関して，日米で特許を出願することになる。

　米国において CIM（Computer Integrated Manufacturing），英国において FMS（Flexible Manufacturing System），我が国では販売時点情報管理（Point Of Sales：POS）が，コンピュータ・システムの 特許（patent）として保護されていく流れがあった。その流れは，アマゾン・ドット・コム社のネット販売方法や，トヨタのかんばん方式がビジネスモデル特許のカテゴリーで保護される流れにつながっていよう。また，カーマーカー法や暗号は，基礎的研究による新しい法則や原理に属するものである。すなわち，情報技術に関わる創作物（製作物）は，純然たる学問上の発見が著作物として保護されるにすぎないという関係を発明として保護される可能性のある対象物に変化させている。ビジネス方法に関する特許には，そのような背景があろう。

　データ・AI 等新たな情報財の知財戦略強化がうたわれている。また，AI ネットワーク化をめぐる社会的・経済的・倫理的・法的な課題について検討が進められている[3]。AI ネットワークは，換言すれば，人間を介さずに，IoT（Internet of Things：モノのインターネット）のデー

（1）　今野浩・カーマーカー特許とソフトウェア─数学は特許になるか（中央公論社，1995年）45〜68頁。
（2）　今野・前掲注（1）22〜44頁。

タが M2M（Machine to Machine）で伝達され集積されるビッグデータ
が人工知能（Artificial Intelligence：AI）によって分析・総合され新た
な創作物が産み出される世界になろう。デジタル化・ネットワーク化に
対応した次世代知財システムの構築の中で，AI が自律的に創作する創
作物などに対応した知的財産の保護の在り方の検討がなされている[4]。
AI 研究に携わる人間と AI との関わりの中で，AI 研究による AI 創作
物の権利構造，権利帰属についての検討が求められる。創作物は自然人
を原則として組み立てられている。また，権利帰属とその権利管理に関
しては，自然人と法人（組織）との関係から制度設計されている。その
中で，AI 創作物の権利帰属とその知財管理は関連づけられる。

2.　知的財産の創造

　現行法および国際条約が締結された当時に想定しうるものに，知的財
産は限定されない。半導体チップ（半導体集積回路）の特別立法による
保護，コンピュータ・プログラムやデータベースの著作物としての保護，
そしてコンピュータ・システムの特許権としての保護，さらに AI 創作
物の保護に見られるように，情報技術または情報通信技術に関わる知的
財産の性質は，多元的価値社会を象徴するように多様な形態へと展開し
ている。

（1）　知的財産の変容
　知的財産の新潮流は，1985年の米国の大統領委員会の報告書（ヤング
リポート）のプロパテント政策への変化によっている。それは，コンピ
ュータ・プログラムの法的保護を巡る国際的な政策問題に現れた。そし
て，知的財産権が，GATT ウルグアイラウンドの知的所有権交渉で議
題に取り上げられ，OECD，さらに WTO で知的財産権保護の問題が取
り上げられるに従い，従来の知的財産権の考え方を大きく転換すること

（3）　AI ネットワーク社会推進会議・報告書2017—AI ネットワーク化に関する国
際的な議論の推進に向けて—（2017年7月28日）10～22頁。
（4）　知的財産戦略本部・知的財産推進計画2018（2018年6月12日）24～25頁。

になる。

　そして，TRIPS 協定において，知的財産権として著作権と産業財産権が共に取り上げられる。知的財産基本法において，知的財産の定義と知的財産権の定義が著作権と産業財産権を同じカテゴリーで規定されることになる。

　さらに，今日のデジタル環境の著作権問題の手当は，世界知的所有権機関により検討されている。著作権のデジタル環境の対応は，WCT による。また，著作隣接権のデジタル環境の対応は，WPPT により共に1990年代に規定されている。そして，知的財産権保護は，文化の発展や技術の発達という面から産業スパイや国家機密との関わりの面で着目される。

（2）　知的財産の連携・融合

　デジタル環境における知的財産の創造に対して，無体物としての知的財産は，デジタルコンテンツとデジタル環境において整合性がある。知的財産の客体のソフトウェアは，著作物ととらえるか，発明ととらえるか，またはそれら両者ととらえるかの関係を超えて，創作物の微視的な観点からは，著作物の公表および特許出願に記載される発明の詳細な説明は出願公開によって，ともに公表される知的財産の客体の中に営業秘密が内包されているととらえることができる。

　著作物や発明等と営業秘密との関係は，営業秘密の権利者が相手方の一定範囲の者に自己の営業秘密を開示する代わりに，営業秘密を開示された権利者ができる営業秘密の使用，開示範囲を一定範囲に限定させる制度にみられる。それは，特許として公開される発明の特許請求の範囲を特定するための請求項（クレーム）の中に，営業秘密（ノウハウ）が含まれることがありうることを示唆する。そのことは，ソフトウェアとソースコードという公表される著作物，公開される特許発明と非公表・非開示の営業秘密との関係と同様になろう。

　AI の創作を考えるとき，人間がデータの収集・伝達・集積の操作からデータの分析・総合に関する思考過程のプログラミングまでの行為の

中に，人間の関与を認めるか否かの評価が求められる。ただし，すでに，コンピュータ創作物関係の検討において，人間がコンピュータをツールとして使えば著作物といえるとし，また創作過程において人の創作的寄与，少なくとも人がキーボードを押す必要がある点をあげている[5]。

（3）　知的財産の重ね合わせ

　ソフトウェアは，ソフトウェア（ビデオゲームソフト）の著作物（映画の著作物）として思想または感情を創作的に表現したものとなり，発明として自然法則を利用した技術的思想の創作となる。そして，それらが意匠の創作や商品・役務として商標と関連づけられ，営業秘密，回路配置，さらに AI 創作物へ派生する。それら知的財産の相互の関係から，ソフトウェアの知的財産の諸相は連携・融合した構造を呈していよう。

　© マークが付される名称は，著作物を指すだけでなく，別な意味をもつ。™ マークと ℠ マークおよび ® マークは，商標（trademarks：™）とサービスマーク（service mark：℠）および登録商標（registration of trademarks：®）として商品やサービス（役務）と一緒に表示されるものである。ソフトウェアの名称の右端に明記されるものとして，例えば Windows ® は，Windows のプログラム著作物に，Windows の登録商標という二重の意味を有している。商品やサービス（役務）と一緒に表示される ™ マークと ℠ マークおよび ® マークは，著作物の伝達行為と類似する。

　我が国の商標法では，™ マークと ℠ マークおよび ® マークを表示する意味は，登録商標の普通名称化などの希釈化を防ぐために必要とされるものである[6]。それらの記号は，我が国の商標法上，何ら法的効果をもたないにしても，ウェブページやソフトウェアのタイトルがディスプレイ画面に表示され，そこで提供される商品やサービス（役務）がデジタル環境で伝達するとき，それらは産業財産権に関わる権利を有する者

（5）　著作権審議会・著作権審議会第9小委員会（コンピュータ創作物関係）報告書（1993年11月）。

の公示機能をもつ。さらに，™マークとˢᴹマークおよび®マークのデジタル環境における表示は，商品やサービス（役務）の表示機能を超えて，商品やサービス（役務）の属性を想起させるものとなっている。ただし，我が国において™マークとˢᴹマークの使用は商標法の保護の対象とはなりえないが，先使用権の経済的価値の観点からは，一定の意味がある。それは，知的財産の先取権の人格的価値の観点からと共通する。

3. 知的財産の保護

　知的財産の保護は，常に，科学技術の進展や経済政策に対応していないといわれている。ただし，知的財産の保護の法制度の抜本的な改正は，現行制度を分析した上で，その法システムが論理的に破綻しているとの検証を必要とする。それらの調整を，現行法の法解釈の欠缺を指摘し，即座に新規立法に求めるのは，知的財産権問題の議論において再考されなければならない。なぜならば，そのような傾向性（propensity）は，幾度も繰り返されるものであり，そのつど不適切な制度設計に陥ることになるからである。

　「しばしば賢明な法が作られたが，それを作った理由を保持することを怠ったので，いくつかの法は無益なものとして廃止され，それらを立法し直すために人々は再び不幸な経験によってその必要性を認識させられなければならなかった。」[7] とし，「われわれが古くから有しており，われわれの意見や習慣が長いあいだ従ってきた制度や慣行は，きわめて慎重な検討をもってしか変えないようにしよう。われわれは，過去の経験によってそれらの制度や慣行がもたらす不都合はよく知っているが，それらを変えた場合に生じる害悪がどれほどの範囲に及ぶかは知らないのである。」[8]

（6）　例えばUNIXに関して，"UNIX is a registered trademark in the United States and other countries, licensed exclusively through X/Open Company Limited." と表記することが求められる。

（7）　Pierre-Simon Laplace（内井惣七訳）・確率の哲学的試論（岩波書店，1997年）90頁。

　現行制度の欠缺に対応した法整備は，現行制度との比較考量が前提になる。

（1）　知的財産の保護の諸相

　知的財産の保護では，原則，著作物，発明，考案，意匠の創作は，公表または公開されて保護される。その中にあって，非公表または非公開の営業秘密も知的財産の保護の対象とする。知的財産は，著作物と発明等に大別できるが，その著作権法と産業財産権法の中間的な性質をもつものに半導体集積回路配置法がある。知的財産権法には，国民経済の健全な発展に寄与することを法目的とする不正競争防止法がある。

　ところが，著作物と発明が交差することがあり，著作物と発明および営業秘密が入れ子になり，著作物と商標との二重性がありうる。

①　著作物と発明との交差

　知的財産の保護は，著作権法が文化の発展に寄与すること，産業財産権法が産業の発達に寄与することという法目的の差異によって，それらが異なるカテゴリーでとらえられる。知的財産権法の中で，コンテンツは，知的財産の諸相を横断する対象になる。その著作物の面に関しては，コンテンツ基本法，著作権法，著作権等管理事業法が © マークの表記で異なる法解釈を必要とすることになる。そして，プログラムは，その性質とその保護のあり方が議論された経緯からいえば，著作物と発明等の中間的な性質をもつ。したがって，著作物と発明とは，交差する諸相を有している。

　著作物と発明とが交差することに関して，特許を受ける権利を有する者の行為に起因する発明の新規性喪失の例外規定がある（特許法30条2項）。これは，発明・発見に関して論文（著作物）の公表か特許出願かのどちらを優先させるかの回避になる。発明の新規性喪失の例外規定の適用を受けるためには，（1）出願と同時に，発明の新規性喪失の例外

規定の適用を受けようとする旨を記載した書面を提出し，（2）出願か
ら30日以内に，発明の新規性喪失の例外規定の適用の要件を満たすこと
を証明する書面を提出する必要がある[9]。

　また，特許の仮出願は，発明者または発明者の委任を受けた者が，書
面により行うものである（35 U.S.C. 111（1）(b)）。仮出願制度[10]は，
明細書と図面のみで仮の出願をした後，1年以内に本出願に移行できる
制度である。本制度は，論文公表に関する著作者の権利と発明者の権利
との起点を明確にする。著作物と発明は，共同発明と共同著作，改良発
明と二次的著作物，標準規格と編集著作物（データベースの著作物）と
の関係に及ぶ（図1参照）。

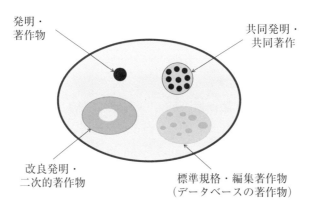

発明・
著作物

共同発明・
共同著作

改良発明・
二次的著作物

標準規格・編集著作物
（データベースの著作物）

図1　著作物と発明との交差

②　著作物と発明および営業秘密との入れ子

　知的財産は，著作物，発明・考案・意匠の創作，商標，営業秘密が別
個独立して存在しているわけではない。それらは，特に，デジタル環境

（9）　特許庁「発明の新規性喪失の例外規定の適用を受けるための手続について」，
https://www.jpo.go.jp/shiryou/kijun/kijun2/hatumei_reigai.htm，（2019.10.31アク
セス）
（10）　仮出願制度は，先に発明・発見した者に特許権を付与する先発明主義の米国
連邦特許法に規定される制度といえるが，2013年3月16日以降に有効出願日がくる
特許出願は，先発明主義から先願主義に変わっている。

では，相互に包含されたり連携されたりしており，利用関係にある。プログラムの著作物と物の発明のネットワーク型特許との関係では，ソースコードが思想または感情の創作的な表現と技術的思想の創作との二重性があるといえる（図2参照）。

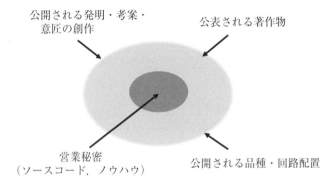

図2　著作物と発明および営業秘密との入れ子

　そして，表現とアイディアは，それぞれ独立の存在様式としてではなく，単に形式的区別（formal distinction）といえる。米国の一連の判例が提示しているように，コンピュータ・プログラムは「表現とアイディアがマージされるもの」[11]とみなすことができるからである。コンピュータ・プログラムとその派生物は，著作権法でも特許法でも，商標法や意匠法でも保護しうるものといった方が実体に合致している。したがって，著作権法と特許法との相互の関係を中心におく知財制度の枠組[12]の中で，一元的な法システムとして進化させていく方が合理的である。新しい形態をもつ知的創造も含めて全方位で保護していくためには，著作権法と特許法との協調システムおよび著作権法と産業財産権法をリンクし均衡関係をもたせることが必要になる[13]。その冗長性を有する法シ

(11)　中山信弘・ソフトウェアの法的保護　[新版]（有斐閣，1988年）36頁。
(12)　紋谷暢男「著作権と工業所有権との関係」ジュリスト692号（1979年）60〜64頁。
(13)　児玉晴男「高度情報通信社会における著作権法と工業所有権法の協調システム」パテント48巻5号（1995年）70〜78頁。

248

ステムが知的財産権法の中で著作権法と産業財産権法とを二分する見方に対してメゾスコピックな見方を与えることになる。

　AI 創作物は，知的財産としてとらえうる。ここで，考慮しておくことは，知的財産は無体物である。著作物は紙やシリコンに固定されて伝達される。発明も，本来，物品との不可分性は問われないものを対象とする(14)。そうはいっても，無体物はとらえにくいものであり，装置や物品との関わりの中で理解されるものといえる。IT による複合現実感（MR）や拡張現実感（AR）により，テレパシーやテレポーテーション，または第六感といった感覚が体感できる。MR と AR は，仮想空間と実空間との融合により，無体物の理解を眼前において展開させている。AI 創作物と知的財産の関係は，著作権法と産業財産権法により公表または公開される情報として保護される対象になる。それらは，知的財産基本法 2 条 1 項，2 項で規定される知的財産と知的財産権になりうる。

③　著作物と商標との二重性

　教育コンテンツに関する名称は，著作物を指すだけでなく，別な意味をもつ。例えば "MIT"，"Massachusetts Institute of Technology"，そのシールやロゴは，商標（trademarks；™）と関わりをもつとの規定がある。それらは必ずしも，すべてが登録商標とはいえない。しかし，オープンコンテンツの OCW に関しては，図案化したマークやロゴも含めて，少なくとも先使用の対象となる可能性がある。我が国においても，「UT」，「University of Tokyo」，「東大」，「東京大学」の呼称，および関連して使用しているマーク，ロゴは，東京大学の登録商標および関連する標章である。しかも，東大 OCW コース教材とウェブページに使われているその他のブランド名およびロゴについても，第三者の商標とロゴがあり，この商標の入れ子は教育コンテンツ（著作物）の著作権と関連権の帰属と同じ構造を有している。

(14)　発明が自然法則を利用したという観点から，装置（機械）との一体化が条件となり，プログラムは保護されてきた経緯がある。この見解は，発明が無体物であることからいえば不適切な対応であるが，ロボット型 AI には適合しよう。

　上記の点は指摘されることがないが，当然，OCW 等に関しては，産業財産権（商標権）も帰属関係を考慮しておかなければならない。教育コンテンツのネット送信に対する知的財産権の帰属は，著作権法と産業財産権法に関連してくる。各大学と OCW を併記する表示は，それら二つの意味を考慮すると問題が生じよう。OCW の名称等は，著作物に対して，また商標または登録商標の対象となる。

（2）　知的財産の権利の帰属

　コンピュータ・ソフトウェア開発は，一般的にコンピュータ・ソフトウェアの設計・製造の一連の作業といわれている。単にプログラムの設計・コーディングを指す場合も多いが，大規模なコンピュータ・ソフトウェアは工業生産にたとえることができる。そうであるならば，コンピュータ・ソフトウェア開発は，実際には企画から品質検査やユーザインタフェース・デザインまで様々な過程や部門が存在している。プログラムの著作物の著作者は，プログラマー，システムズエンジニアに留まらずに，映画の著作物の著作者と同じような構図になっているといってよい。この観点からの知的財産の権利の帰属は，職務著作と職務発明が対象になる。

　発明が論文（著作物）と関係し，ソフトウェアが発明と著作物にかかる創作物になりうる。職務発明の権利の帰属と職務著作の権利の帰属[15]との整合からの法整備を必要としよう。職務発明の発明者帰属と法人帰属は，職務著作の著作者帰属と法人帰属との整合性が求められる。その検討は，著作物の構造から類推できる発明の構造の分析と職務著作の権利の帰属の諸相の考察になる。その考究からの職務発明の権利の帰属は，職務発明の特許権（特許を受ける権利）の法人帰属，職務発明に関与する多様性のある複数の発明者帰属，職務発明の自然人を擬制した法人帰属の三つの相互の関係で調整しえよう[16]。

---

(15)　職務上の回路配置の創作は，法人その他使用者をその回路配置の創作をした者とすることができ，法人等を創作した者とする。

AI 創作物の権利帰属は，各知的財産を横断する。そして，AI ネットワークにおいて，著作物と発明との権利帰属に関して整合性が求められる。また，権利帰属は，創作者と権利者が関わりをもつ。創作者と権利者の権利帰属の違いを明確にするうえで，創作者帰属と法人帰属を含め，人格権と財産権との関係から権利帰属をとらえることは必須である。AI 創作物に関する権利帰属は，三つのパターンになる。第一は創作者の権利（人格権と財産権）の自然人（AI）への帰属，第二は創作者の権利（人格権と財産権）の法人（AI）への帰属，第三が創作者の財産権の法人（AI）への帰属になる。それらの権利管理は，創作者と権利者および AI ネットワークにおけるサービス提供者の三重構造になる。なお，人間と AI との関わりからいえば，将来，人格権のある AI が登場するまでは，暫定的に，実演家と実演家の権利が AI との関連で，発明者人格権は著作者人格権と整合性をとったうえで人間（自然人）を擬制した法人（AI）に関連づけすればよいだろう。

4. 知的財産の活用

　知的財産の活用は，権利の保護と権利の制限という二つの面がある。その権利の態様は，著作権法と産業財産権法によるものと，著作権等管理事業法と信託業法によるものとが共存している。

（1）　権利の保護による知的財産の活用

　権利の保護による知的財産の活用は，実施許諾による。産業財産権法の実施許諾は，産業財産権の譲渡，専用実施権・専用使用権の設定，通常実施権・通常使用権の許諾になる[17]。しかし，著作権法の実施許諾は，明確ではない。著作権法と産業財産権法とで整合していない。

　我が国の著作権法では，利用権制度を有していないとされる。著作権

---

(16)　児玉晴男「職務発明の権利帰属と職務著作の権利帰属との整合性」パテント69巻6号（2016年）38〜46頁。

(17)　回路配置利用権は，産業財産権と同様にとらえられるが，専用利用権の設定と通常利用権の許諾になる。

の譲渡と出版権の設定（出版権の譲渡）および著作物の利用の許諾が関
与しており，それらと著作者人格権を考慮して調整されなければならな
い。その関係から利用権制度を想定すると，「著作者人格権の一身専属，
著作権の譲渡，出版権の設定（出版権の譲渡），著作物の利用の許諾，
実演家人格権の一身専属，著作隣接権の譲渡，実演・レコード・放送・
有線放送の利用の許諾」が想定できる。著作権と著作隣接権との対応か
らいえば，実演・レコード・放送・有線放送の利用の設定の規定はない。

　著作権等管理事業法では信託譲渡（著作権等管理）があり，それは
「copyright transfer」といえる。信託譲渡（著作権等管理）における権
利の帰属の対応関係から「copyright transfer」は，我が国の著作権の
譲渡というより，著作権が著作者に留め置かれる出版権（複製権と公衆
送信権等）の設定に近い内容といえる。信託業法における産業財産権管
理も，著作権等管理と同様になろう。

　著作権制度と産業財産権制度等とが相互に関わりをもつことがないな
らば，それぞれが閉じて著作物の活用と特許発明等が活用されることで
よいが，知的財産相互に関わり合う環境では，整合が求められる。

（2）　権利の制限による知的財産の活用

　著作権の制限と産業財産権の制限には，共通する点はないが，著作権
の制限では情報技術の発展に寄与する観点からの条項が散見される。ま
た，クリエイティブ・コモンズとパテント・コモンズとは，それら理念
が共通する。

　著作権の制限では，文化の発展に寄与する観点の中に，情報技術また
は情報通信技術の発達に寄与する観点といわざるを得ない条項が散見さ
れる。それは，著作隣接権の制限における著作物に表現された思想また
は感情の享受を目的としない利用，電子計算機における著作物の利用に
付随する利用等と電子計算機による情報処理およびその結果の提供に付
随する軽微利用等の規定にも見られる。ただし，著作権の制限は著作者
人格権の制限も考慮し，著作隣接権の制限は実演家人格権の制限も考慮
しなければならない。著作権の制限と著作隣接権の制限における情報技

術または情報通信技術の発達に寄与する観点は，特許権と実用新案権および意匠権の効力が及ばない範囲として，試験または研究[18]のためにする特許発明と登録実用新案および登録意匠の実施という産業の発達の観点と共通する。

　著作権の制限は個人の著作物の複製があるが，産業財産権の制限では個人の特許発明の実施はない。プログラムの著作物とネットワーク型特許とに同一性があれば，プログラムの著作物の私的な複製と対応するネットワーク型特許の私的な実施が想定されてもよいだろう。また，発明者にも人格的権利が想定できるならば，産業財産権の制限とは別に発明者人格権等の対応が必要になる。これは，先取権の対応になる。

　なお，特許権と実用新案権および意匠権の効力が及ばない範囲として，特許出願の時から日本国内にある物がある。これは，先使用による通常実施権と先使用による商標の使用をする権利になり，産業財産権と先使用権との調整になる。知的財産の保護と制限の二つの観点は，知的財産の文化性・公共性と経済性に対応するものといえる。そこには，経済的権利と狭義の知財制度を超えた広義の知財制度において見出されなければならない。

5. 知的財産の利用と知的財産権の抵触

　知的財産は，知的財産基本法を起点に，コンテンツ基本法へ接点をもち各個別法と接点を有し，パブリシティやAI創作物へ及ぶ（図3参照）。例えばソフトウェアは，プログラムの著作物であり，物の発明でもあり，ソースコードは営業秘密にもなる。また，キャラクターは，著作物であり，商標でもあり，顧客吸引力の観点ではパブリシティとも関連する。そして，コンピュータ操作のソフトウェアとウェブにおいては，ルックアンドフィール（look and feel：LnF）とよばれるオペレーティングシステムやアプリケーションソフトなどの操作画面のデザイン・色・レイアウト・書体などの見た目（ルック）と，メニュー・ボタン・

---

(18)　回路配置利用権では，試験または研究はリバースエンジニアリングになる。

反応などの操作感（フィール）の，総合的な印象が与えるデザインとなっている。また，商標は，国際的には，においなどの嗅覚で感知されるものなどへ展開し，トレードドレスという商品のデザイン，あるいは商品・役務の全体的なイメージへ拡張され，無体物化している。

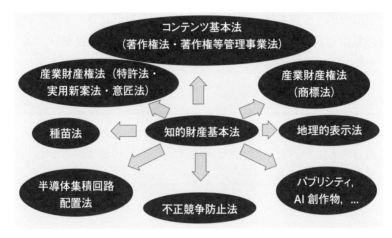

図3　知的財産基本法とコンテンツ基本法および各個別法の関係

　特許発明がその特許出願の日前の出願に係る他人の特許発明，登録実用新案または登録意匠（関連意匠）を利用し，またはその特許権がその特許出願の日前の出願に係る他人の意匠権または商標権と抵触することがある（特許法72条）。そして，登録実用新案がその実用新案登録出願の日前の出願に係る他人の登録実用新案，特許発明，登録意匠（関連意匠）を利用し，またはその実用新案権がその実用新案登録出願の日前の出願に係る他人の意匠権または商標権と抵触することがある（実用新案法17条）。さらに，登録意匠（関連意匠）がその意匠登録出願の日前の出願に係る他人の登録意匠（関連意匠），特許発明，登録実用新案を利用し，またはその意匠権のうち登録意匠（関連意匠）に係る部分がその意匠登録出願の日前の出願に係る他人の特許権，実用新案権または意匠登録出願の日前に生じた他人の著作権と抵触しうる（意匠法26条）。

　指定商品・指定役務についての登録商標の使用がその使用の態様によ

りその商標登録出願の日前の出願に係る他人の特許権，実用新案権，意匠権またはその商標登録出願の日前に生じた他人の著作権・著作隣接権と抵触しうる（商標法29条）[19]。また，登録回路配置の利用が他人の特許発明または登録実用新案の実施に当たることがある（半導体集積回路配置法13条）。なお，植物新品種や登録標章に関して，他の特許発明・登録実用新案・登録意匠（関連意匠）との関係は想定されていない。

　著作権法と産業財産権法は，TRIPS や知的財産基本法では，同一のステージでとらえうる。しかし，それらの傾向性は，現状の条項に反映されているとはいえない。デジタル環境では，特許発明，登録実用新案，登録意匠（関連意匠），そして商標または著作物と著作物の伝達行為が相互に利用の関係として顕在化してこよう。知的財産は，コンテンツ創造であっても，知的財産創造であっても，さらに商標であっても，相互に利用の関係が想定される。

---

(19)　1996年（平成 8 年）の一部改正前は商標権と意匠権または著作権とが抵触する場合のみの調整が規定されているのが，同改正で立体商標制度の導入に伴って商標権と特許権または実用新案権とが抵触する場合の調整も追加されている。

🔋 研究課題

1　発見または解明された自然の法則または現象であって，産業上の利用可能性がある知的財産について考察せよ。
2　AI 創作物の保護ついて考察せよ。
3　知的財産の利用と知的財産権の抵触について考察せよ。

14 | 農水知財創造サイクルの法システム

産業財産権（工業所有権）の国際条約であるパリ条約は，農業，採取産業の分野の知的財産を含む。その知財制度は，農林水産省の管轄になる。本章は，農林水産業の発達への寄与の観点からの知財制度として，種苗法と地理的表示法について考える。

1. 農水知財

「農林水産省知的財産戦略2020」では，知的財産に関する施策を推進するとして，農水知財について，地理的表示の活用によるブランド化の推進，海外市場における模倣品対策，種苗産業の競争力強化等について具体的な対応方向を策定している[1]。農水知財は，広義には産業財産権になる。パリ条約は，工業所有権（産業財産権）の保護の対象に，原産地表示または原産地名称に関するものを明記する（パリ条約1条（2））。そして，工業所有権（産業財産権）の語は，最も広義に解釈するものとし，本来の工業および商業のみならず，農業および採取産業の分野ならびに製造したまたは天然のすべての産品（例えば，ぶどう酒，穀物，たばこの葉，果実，家畜，鉱物，鉱水，ビール，花，穀粉）についても用いられることを規定する（同条約1条（3））。農水知財は，品種，原産地表示・名称，地理的表示が対象になる。

知的財産基本法では，知的財産と知的財産権として，植物の新品種が育成者権と明示され，登録標章が地域共有の財産として，原産地名称・表示が不正競争の防止の観点からの保護が想定される。なお，地理的表

（1） 農林水産省・知的財産戦略2020（2015年7月）7～8頁。

示は，商標法の地域団体商標として登録商標の商標権としても規定される。地理的表示保護は，特許庁が管轄する商標法と農林水産省が管轄する地理的表示法と二重の関係にある。

　品種および原産地表示・名称と地理的表示は，発明・考案・意匠（関連意匠および地域団体商標と対応関係にある。特許法・実用新案法・意匠法と商標法では，登録発明・登録実用新案・登録意匠（関連意匠）と登録商標との利用が想定でき，特許権・実用新案権・意匠権と商標権との抵触の規定がある。しかし，種苗法と地理的表示法では，植物の新品種と登録標章との利用または育成者権と地域共有の財産との抵触の規定が設けられていない。また，商標法と地理的表示法の登録商標と登録標章との利用または商標権と地域共有の財産との抵触が想定されていない。

2. 農水知財の創造

　農水知財の創造の始原の観点から，農業に関する遺産制度として，「世界農業遺産及び日本農業遺産」がある。本制度は，社会や環境に適応しながら何世代にもわたり継承されてきた独自性のある伝統的な農林水産業と，それに密接に関わって育まれた文化，ランドスケープ[2] およびシースケープ[3]，農業生物多様性[4] などが相互に関係して一体となった，将来に受け継がれるべき重要な農林水産業システムを認定する制度である[5]。本制度は，農水知財創造の始原になる。食物や薬品がたとえ人工物であるとしても，人工物の食物や薬品は自然物にルーツがある。人工物の食物や薬品を改良するためには，自然物の遺伝資源を必要とする。土地に根ざして受け継がれるのは，自然や文化だけではない。農産

（2）　ランドスケープとは，土地の上に農林水産業の営みを展開し，それが呈する一つの地域的まとまりをいう。
（3）　シースケープとは，里海であり，沿岸海域で行われる漁業や養殖業等によって形成されるもの
（4）　農業生物多様性とは，食料および農業と関わりのある生物多様性および遺伝資源が豊富であることである。
（5）　「世界農業遺産及び日本農業遺産」，www.maff.go.jp/j/nousin/kantai/giahs_1.html,（2019.10.31アクセス）

物や特産品が生産された地名を付して流通する。それは，原産地表示・
名称または地理的表示になる。ただし，遺伝資源と原産地表示・名称お
よび地理的表示がそのまま知的財産となるわけではない。

（1）　遺伝資源

　生物多様性条約の生物多様性の中に遺伝資源の定義があり，遺伝資源
とは，「遺伝の機能的な単位を有する植物，動物，微生物，その他に由
来する素材のうち，現実の，又は潜在的な価値を持つもの」である。遺
伝資源は，生物（ウイルスを含む）であり，生物が含まれる水や土壌な
どの環境サンプルも含む。そして，生物多様性条約の目的に「遺伝資源
の利用から生じた利益の公平な配分」（Access to genetic resources
and Benefit Sharing：ABS）がある。そして，「先住民族の権利に関す
る国際連合宣言」は，生物多様性（遺伝資源等）と知的財産との摩擦の
調整のひとつになり，人権から環境権[6] に及ぶ幅広く規定する[7]。先住
民族の権利に関する国際連合宣言の第31条に「遺産に対する知的財産
権」の規定に，先住民族は，人的・遺伝的資源，種子，薬，動物相・植
物相の特性についての知識を保持し，管理し，保護し，発展させる権利
を有すると規定する。

（2）　原産地表示・名称

　産業財産権の保護の対象は，原産地表示または原産地名称に関するも
のも含む（パリ条約１条（１））。産業には，農林水産業が対象になる。
食料品や加工品などさまざまな商品やサービスの原産地と品質と内容を
偽装する不正行為がある。原産地とは，一般的には貨物である商品等が

（6）　環境権は，人間と自然環境との関わりから，人格的価値と経済的価値の関係
が想定できる（儿玉晴男（中国語訳：战东升）「论作为信托财产的环境资源权―环
境财产的权利构造分析」私法研究22巻（法律出版社，2018年）264-277頁）。
（7）　先住民族の権利として，例えば集団および個人としての人権の享有，文化的
伝統と慣習の権利，民族としての生存および発展の権利，土地や領域，資源に対す
る権利，土地や領域，資源の回復と補償を受ける権利，環境に対する権利などが規
定される。

実際に生産・製造された国または地域をいう。ここで，貨物とは，輸送の対象となる物品をいう。原産地表示・名称は，不正競争防止法により保護される。商品または役務もしくはその広告もしくは取引に用いる書類もしくは通信にその商品の原産地，品質，内容もしくはその役務の質，内容等について誤認させるような表示をすることは，不正競争になる（不正競争防止法2条1項13号）。そして，国際約束に基づく禁止行為の中で，外国の国旗等の商業上の使用禁止として，商品の原産地を誤認させるような方法で提供してはならない（同法16条2項）。ただし，その外国紋章の使用の許可を行う権限を有する外国の官庁の許可を受けたときは，この限りではない。原産地表示・名称は，農林水産物や加工品または役務に付され，それらとともに伝達され，出所表示機能，品質保証機能，広告宣伝機能があり，顧客吸引力を有するものになりうる。

（3） 地理的表示

　TRIPS協定は，地理的表示の保護を確認している。地理的表示とは，ある商品に関し，その確立した品質，社会的評価その他の特性が当該商品の地理的原産地に主として帰せられる場合において，当該商品が加盟国の領域またはその領域内の地域もしくは地方を原産地とするものであることを特定する表示をいう（TRIPS協定22条（1））。保護の対象は，地理的表示であって，商品の原産地である領域，地域または地方を真正に示すが，当該商品が他の領域を原産地とするものであると公衆に誤解させて示すものについて適用することができる（同協定22条（4））。

　ぶどう酒および蒸留酒の地理的表示の追加的保護，真正の原産地が表示される場合または地理的表示が翻訳された上で使用される場合もしくは種類（kind），型（type），様式（style），模造品（imitation）等の表現を伴う場合においても，ぶどう酒または蒸留酒を特定する地理的表示が当該地理的表示によって表示されている場所を原産地としないぶどう酒または蒸留酒に使用されることを防止するための法的手段が確保される（同協定23条（1））。2ヵ所以上のぶどう酒の地理的表示が同一の表示である場合には，TRIPS協定22条（4）の規定に従うことを条件と

して，それぞれの地理的表示に保護が与えられる。

　地理的表示保護には，原産地呼称保護と地理的表示保護の二つの保護の仕組みがある。原産地呼称保護は，生産，加工，調整のすべてが特定の地域内で実施される産品に対して付される表示であり，地理的表示保護は生産等のいずれかの地域内で実施される産品に対して付される表示である。

　遺伝資源，原産地表示・名称，地理的表示は，そのまま知的財産になることはない。それらは，自然遺産または文化遺産との関係性から知的財産の始原となり，準創作性の観点から知的財産となりうる。遺伝資源をもとにして品種改良がなされるものが，植物の新品種として保護される。原産地表示・名称は地域の特産品の表示・名称を継受して，また地理的表示は地域名と地域の特産品とが一体化して継受され，それらが顧客吸引力となって保護されることになる。

3.　農水知財の保護

　遺伝資源，原産地表示・名称，地理的表示に関わりもつ植物の新品種と地理的表示は，種苗法，地理的表示法，商標法，不正競争防止法によって農水知財として保護される。

（1）　植物の新品種の保護

　遺伝資源の品種が改良されると，植物の新品種として，その育成者は登録品種を受ける権利と育成者掲載権を原始帰属する。植物の新品種は，品種登録出願によって育成者権が発生しうる。育成者権は，育成者または育成権者に帰属する。種苗法は特許法と同じ構図を有し，職務育成品種は職務発明の旧特許法35条と同様である。

　植物の新品種に関するUPOV条約は，品種登録の要件や方法が統一されているわけではなく，条約で定められた共通枠組みの中で各国独自の品種登録制度を有する。本条約は，パリ条約における特許独立の原則と商標独立の原則と同様になる。したがって，各国で植物の新品者を保護するためには，各国で育成権を得る必要がある。UPOV条約に加盟

していない国も多くあり，条約を結んでいても全植物が保護対象とは限らない。なお，米国では，植物の新品種は，特許法と植物品種法の二つの制度で保護する。

ところで，種苗法に関する UPOV 条約と育成権の保護期間に関して，イチゴの品種問題が生じている。例えば韓国のイチゴの品種「雪香（ソルヒャン）」が，我が国の「章姫（あきひめ）」と「レッドパール」を交配して作った品種といわれる問題がある。しかし，その使用を許諾した当時，韓国は UPOV 条約に加盟しておらず，「章姫」の使用権の保護期間は徒過している。したがって，イチゴの品種問題は，倫理的な問題が残るにしても，育成者権の侵害は問えない。しかも，そもそもイチゴなどの遺伝資源のルーツは日本ではない。そうであるとしても，創作者の経済的権利とは別に，創作者の人格的権利の対応が考えられる[8]。

もし「雪香」が日本の「章姫」と「レッドパール」を交配して作った品種であるとするならば，「雪香」に「章姫」と「レッドパール」の出願品種の育成をした者の氏名は何らかの方法で明記されるべきである[9]。「雪香」とそのルーツの「章姫」・「レッドパール」が，その相互の関係を明らかにし，それぞれがイチゴの品質の同一性を保持し，それぞれのイチゴの味覚を需要者が選択し楽しむデータ・情報・知識を提供することが法的な対応のひとつになる。

（8）　創作者の氏名は記載されるべきものであり，著作者人格権（氏名表示権）や発明者掲載権といえるものが出願品種の育成をした者の掲載権にも認められる。ただし，種苗法では出願品種の育成をした者の氏名は品種登録出願に明記されるが，品種登録簿には出願品種の育成をした者の氏名を明記する規定がない。実際は，品種登録簿には記載されるにしても，種苗法に規定がないことは人格的価値に対する手当としては適切とはいえない。

（9）　科学論文では参考文献の記載は当前であり，文学賞候補の小説にその小説を執筆するにあたって参考にした文献の記載がなかったことが問題となっている。また，権利の制限の引用というものが，著作物に限らずに，発明・デザイン・商標にも明記するかしないかを問わず，植物の新品種にも想定できる。

（2）　原産地表示・名称の保護

　原産地名称保護制度としては，「欧州連合地理的表示及び原産地呼称に関する理事会規則農産物及び食品に係る品質スキームに関する2012年11月21日の欧州議会及び理事会規則（EU）No.1151/2012」（Regulation (EU) No 1151/2012 of the European Parliament and of the Council of 21 November 2012 on quality schemes for agricultural products and foodstuffs）がある。また，主に消費者保護の目的で制定された「虚偽又は誤認を生じさせる原産地表示の防止に関する1891年のマドリッド協定」（Madrid Agreement for the Repression of False or Deceptive Indications of Source on Goods）では，誤認を招く表示についても禁止の対象としている。そして，「原産地名称の保護及び国際登録に関するリスボン協定」（Lisbon Agreement for the Protection of Appellations of Origin and their International Registration）では，「原産地名称」（Appellation of origin）に関する国際的な枠組みになる。リスボン協定は，2015年5月に改正され，協定加盟国間では，地理的表示が知的財産権と同様の地位を持つ権利として認めている。

　我が国では，原産地表示・名称の保護は，不正競争防止法によって，原産地等誤認惹起行為の不正競争の防止として保護される（不正競争防止法2条14号）。原産地等誤認惹起行為は，商品・役務（サービス）やその広告・取引用の書類・通信に，その商品の原産地・品質・内容・製造方法・用途・数量や，役務の質・内容・用途・数量について誤認させるような表示を使用したり，その表示をして役務を提供したりする行為をいう。原産地等誤認惹起行為の防止は，菓子，食品，食肉，酒の品種などの偽装表示に対する対応になる。

　商品の原産地に関する表示を規制対象に含む「不当景品類及び不当表示防止法」（昭和37年法律第134号）（略称：景品表示法）は，一般消費者の自主的かつ合理的な選択を保護する観点から，広く商品または役務に関する不当表示を規制する。本法は，商品または役務の品質，規格その他の内容について，一般消費者に対し，実際のものよりも著しく優良であると示したり，事実に相違して，当該事業者と同種もしくは類似の

商品・役務を供給している他の事業者のものよりも著しく優良であると思わせたりするような表示をすることを禁止する（景品表示法5条1項1号）。

なお，米，米加工品に問題が発生した際に流通ルートを速やかに特定するため，生産から販売・提供までの各段階を通じ，取引等の記録を作成・保存し，米の産地情報を取引先や消費者に伝達するために，「米穀等の取引等に係る情報の記録及び産地情報の伝達に関する法律」（平成21年法律第26号）（略称：米トレーサビリティ法）がある。本法は，「米穀事業者に対し，米穀等の譲受け，譲渡し等に係る情報の記録及び産地情報の伝達を義務付けることにより，米穀等に関し，食品としての安全性を欠くものの流通を防止し，表示の適正化を図り，及び適正かつ円滑な流通を確保するための措置の実施の基礎とするとともに，米穀等の産地情報の提供を促進し，もって国民の健康の保護，消費者の利益の増進並びに農業及びその関連産業の健全な発展を図ることを目的とする」（米トレーサビリティ法1条）。

また，米トレーサビリティ法と立法主旨は異なるが，牛海綿状脳症（Bovine Spongiform Encephalopathy：BSE）のまん延防止措置の的確な実施を図るため，牛を個体識別番号により一元管理するとともに，生産から流通・消費の各段階において個体識別番号を正確に伝達することにより，消費者に対して個体識別情報の提供を促進する「牛の個体識別のための情報の管理及び伝達に関する特別措置法」（平成15年6月11日法律第72号）（略称：牛トレーサビリティ法）がある。本法は，「牛の個体の識別のための情報の適正な管理及び伝達に関する特別の措置を講ずることにより，牛海綿状脳症のまん延を防止するための措置の実施の基礎とするとともに，牛肉に係る当該個体の識別のための情報の提供を促進し，もって畜産及びその関連産業の健全な発展ならびに消費者の利益の増進を図ることを目的とする」（牛トレーサビリティ法1条）。

原産地表示・名称の保護は，遺伝資源また地理的表示の保護と重なり合う。

（3）　地理的表示の保護(10)

　地理的表示の保護は，農水 GI 保護制度の登録標章と地域団体商標制度の登録商標によって保護される。登録標章は地域共有の財産として保護され，登録商標は商標権として保護される。それら二つの保護の態様は異なっている。なお，地理的表示保護の態様としては，EU 制度と米国制度がある。

①　登録標章の使用と登録生産者団体

　地理的表示は，登録された地理的表示であることを示す標章（マーク）を併せて付すことになる（地理的表示法 4 条 1 項）。地理的表示であることを示す標章（マーク）が地理的表示登録標章（GI マーク）(11) である。地理的表示登録標章（GI マーク）が地理的表示に付加された形態が地理的表示法による登録標章になる。登録標章は，地域共有の財産となる。地域共有の財産は，共有の性質を有する入会権を想起させる。共有の性質を有する入会権については，各地方の慣習に従う（民法263条）。

　そして，登録標章の表記は，登録生産者団体に認められる。その登録を受けた生産者団体の構成員は，明細書に沿って生産した特定農林水産物等またはその包装等について，地理的表示を付することができる（地理的表示法 3 条 1 項）。地理的表示法の生産者団体は，生産者や加工業者が組織する団体であり，複数の団体を登録することも可能である。そして，登録を受けた生産者団体（登録生産者団体）の構成員である生産業者または当該生産業者から当該農林水産物等を直接または間接に譲り受けた者を除き，何人も農林水産物・食品またはその包装に地理的表示または標章を付することはできない（同法 3 条 2 項，4 条 2 項）。

---

(10)　児玉恵理「地理的表示の登録商標と登録標章との連携による国際展開」パテント70巻13号（2017年）86～93頁。
(11)　地理的表示登録標章（GI マーク）は，我が国と韓国・台湾・欧州連合（EU）・オーストラリア連邦等で，日本国農林水産省食料産業局長が商標権者で商標登録を受けている。

② 登録商標（地域団体商標）と商標権者

　商標法上は，業として使用する者に商標権を認めることが原則である。その例外に，地域団体商標がある。事業協同組合その他の特別の法律により設立された組合またはこれに相当する外国の法人は，その構成員に使用させる商標であって，その商標が使用された結果，自己またはその構成員の業務に係る商品を表示するものとして需要者の間に広く認識されているときは，地域の商標登録を受けることができる。そのためには，①地域の名称および自己またはその構成員の業務に係る商品の普通名称を普通に用いられる方法で表示する文字のみからなる商標，②地域の名称および自己またはその構成員の業務に係る商品を表示するものとして慣用されている名称を普通に用いられる方法で表示する文字のみからなる商標，③地域の名称および自己もしくはその構成員の業務に係る商品の普通名称またはこれらを表示するものとして慣用されている名称を普通に用いられる方法で表示する文字ならびに商品の産地を表示する際に付される文字として慣用されている文字であって，普通に用いられる方法で表示するもののみからなる商標でなければならない。それら地域の条件は，一般の商標では登録商標となることができない条件になる。

　地域団体商標は，登録商標として商標権で保護される。地域団体商標を登録できる者は，登録主体が事業協同組合等に限定されていたが，商工会，商工会議所およびNPO法人が追加され，地域団体商標の普及・展開がはかられている（商標法7条の2第1項）。地域団体商標制度を利用すれば，絵や図形と組み合わせなくても，あるいは全国的な知名度までがなくても，一定の条件をクリアすれば「地域の名称」プラス「商品・役務名」という組み合わせでも商標登録を受けることができる。

　ところで，農林水産省は知的財産権が海外で侵害された事例を発表しているが，その中に，例えば中国産「神戸ビーフ」がある[12]。その牛肉

---

(12)　「GI不正 海外で横行 600件超，中国産多く 主要サイト農水省調査」（日本農業新聞，2018年03月27日），https://www.agrinews.co.jp/p43641.html，（2019.10.31アクセス）

の販売問題では，神戸と記載があるのに，原産地は，オーストラリアとなっている。それは，和牛の遺伝資源がオーストラリアにわたっているからであろう。そして，和牛の精子が我が国から中国へ不正に輸出されたケースがあることから，中国産和牛の存在も想定されうる。そもそも，黒毛和牛は，相互に関係していて，その点でオーストラリアビーフが和牛の遺伝資源を共有しているといえる状況になっている。なお，肉用種は，和牛と外国種からなり，和牛は黒毛和種，褐毛和種，無角和種，日本短各種と，それら相互の交雑種をさす。例えば三重県の「伊賀牛」の場合，黒毛和種の雌の未経産であること，最終肥育地が伊賀地方で，肥育期間は12カ月以上であることを条件としている。神戸ビーフは厳しい基準をクリアした農水 GI 保護制度の登録ブランドで知的財産として保護され，他商品への使用は法律で禁止されている。ところが，二国間協定がない状況では，法的な対応が見出せないとされる。

　中国産「神戸ビーフ」問題は，地域団体商標制度に関して証明商標制度の導入をはかり，農水 GI 保護制度の品質管理との整合をはかる必要がある。それでも，中国産「神戸ビーフ」問題も，農水 GI 保護制度の地域共有の財産に対する国の対応と地域団体商標制度の商標権からの法的な対応は問えない。しかし，商標使用者の出所表示機能と品質保証機能の人格的価値の信用回復措置の観点から，また周知・著名商標の希釈化の防止の観点から，中国産「神戸ビーフ」の使用に対する法的な対応は可能であろう。

　なお，2015年12月25日，国税庁長官により，「日本酒」が地理的表示に指定されている。そして，「日本酒」は，登録商標の指定商品・指定役務の表示中に使用できるにしても[13]，登録標章は酒類が適用除外であるので，地理的表示（登録商標または登録標章）で保護することはない。商標法（地域団体商標）の登録商標または地理的表示法の登録標章で保護することは，原則としてない。なお，「灘の酒」が日本酒として存在

(13)　特許庁商標課「指定商品・指定役務の表示中に「日本酒」を含む商標登録出願の取扱いについてのお知らせ」（2018年 4 月13日），http://www.jpo.go.jp/seido/shohyo/seido/bunrui/nihonshu.html，（2019.10.31アクセス）

266

するが，その条件に適う酒（sake）が地域団体商標として保護されているものを国税庁が地理的表示「日本酒」として指定すれば，「日本酒」を認証するだけでなく，地理的表示が商標権として保護されうる。国税庁の地理的表示「日本酒」は登録標章と補完関係になっているので，実質的には，「日本酒」は地理的表示（登録商標または登録標章）で保護することと同じになろう（図1参照）。

　また，例えば地域団体商標の上州牛（登録団体：全国農業協同組合連合会）は，テレビコマーシャルで「上州和牛」と表記されている。和牛が日本牛ということにはならないかもしれないが，オーストラリア和牛と対抗するにしても協調するにしても，和牛が日本牛のような感じで権利化されている。また，例えば「但馬牛」は，日本ブランドとして登録商標の商標権として保護され，またGIマーク付加の登録標章として保護されていることになる。

　地理的表示は，商標法の地域団体商標制度において保護され，農林水産省で地理的保護制度でも保護されることになる。地理的表示保護は，特許庁の商標法（地域団体商標制度）と農林水産省の地理的表示法（農水GI保護制度），それに国税庁の地理的表示GI制度の三つの法律の補完関係になる。

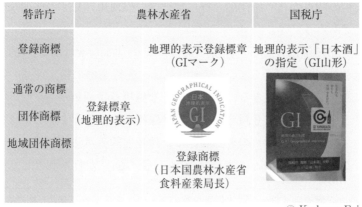

© Kodama Eri

図1　登録商標と登録標章との連携による地理的表示「日本酒」の関係

4. 農水知財の活用

　産業財産権法は，種苗法と地理的表示法との利用・抵触の関係がない。しかし，植物の新品種が品種登録と特許発明の交差が想定内である。そして，登録商標（地域団体商標）と登録標章とは同じ地理的表示があり，地域団体商標は団体商標と一般商標で誤認・混同が予見される。

（１）　品種登録と特許発明との関係

　植物の新品種の保護が種苗法であり，また種苗法と特許法であるにしても，品種は遺伝資源との関係からいえば，直接にしても間接にしても利用・抵触の関係が想定できる。我が国では，種苗法の品種に循環性があり，特許法の品種に循環性がない点で異なる。例えばソメイヨシノの起源説には論争があるようであるが，ソメイヨシノどうしでは結実するものの種子が発芽に至ることはないことから，発明となりえても，植物の新品種とはなりえない。また，農業の分野での農薬，農業機械，栽培技術など，例えば四角いメロン（商標「カクメロ」）の栽培方法や栽培用型枠などは特許権で保護され，意匠権や実用新案権も関与する。また，品種改良には，営業秘密が含まれる。

（２）　登録標章と登録商標との関係

　特定農林水産物等の登録（地理的表示法６条）の登録日前の商標登録出願に係る登録商標に係る商標権者がその商標登録に係る指定商品または指定役務について当該登録商標の使用をする場合および登録の日前から商標法等の規定により商標の使用をする権利を有している者が当該権利に係る商品または役務について当該権利に係る商標の使用をする場合は地理的表示またはこれに類似する表示が許容される（同法３条２項２号，３号）。外国の特定農林水産物等の指定も，同様である（同法23条１項２号ロ，２項）。そして，商標権の効力が及ばない範囲として，商標権の効力は，商品または商品の包装に地理的表示を付する行為，商品または商品の包装に地理的表示を付したものを譲渡し，引き渡し，譲渡

もしくは引渡しのために展示し，輸出し，または輸入する行為，商品に
関する送り状に地理的表示を付して展示する行為には及ばない（商標法
26条3項）。

　地理的表示の保護との関係で，日本国のぶどう酒もしくは蒸留酒の産
地のうち特許庁長官が指定するものを表示する標章またはWTOの加
盟国のぶどう酒もしくは蒸留酒の産地を表示する標章のうち当該加盟国
において当該産地以外の地域を産地とするぶどう酒もしくは蒸留酒につ
いて使用をすることが禁止されているものを有する商標であって，当該
産地以外の地域を産地とするぶどう酒または蒸留酒について使用をする
ものも，商標登録を受けることができない（商標法4条1項17号）。商
品または商品の包装の形状であって，その商品または商品の包装の機能
を確保するために不可欠な立体的形状のみからなる商標，上記以外の他
人の業務に係る商品または役務を表示するものとして日本国内または外
国における需要者の間に広く認識されている商標と同一または類似の商
標であって，不正の目的をもって使用をするものも，商標登録を受ける
ことができない（同法4条1項18号，19号）。商標登録出願のときに，
同法4条1項8号，10号，15号，17号または19号に該当しないものにつ
いては，商標登録を受けえないことはない（同法4条3項）。

　上記の登録標章と登録商標との関係の中で，登録標章（登録生産者団
体）と登録商標（商標権者）との二重登録例がある。例えば「神戸ビー
フ」は登録標章（神戸肉流通推進協議会）と登録商標（兵庫県食肉事業
協同組合連合会）があり，「神戸牛」・「神戸肉」（兵庫県食肉事業協同組
合連合会）の登録商標もある。「神戸ビーフ」は「神戸肉」と観念類似
し，「神戸牛」は「神戸ビーフ」と「神戸肉」との関連性がある。そし
て，「但馬牛」では，登録標章（神戸肉流通推進協議会）があり，登録
商標（登録番号：第5079367号，権利者：たじま農業協同組合）と登録
商標（登録番号：第5083161号，権利者：兵庫県食肉事業協同組合連合
会）もある。それらの登録生産者団体と商標権者は，関連団体といえる
が，将来は関連性の強弱が生じえよう。そして，「夕張メロン」は，登
録標章であり，地域団体商標ではないが，団体商標の登録商標があり，

さらに防護標章が複数ある（図２参照）。それらの登録生産者団体と商標権者は，「夕張市農業協同組合」であることから，「夕張メロン」の地域団体商標が想起されよう。また，「夕張メロン」の防護標章登録があることから，「夕張メロン」の商品と役務の使用に関して非類似までが考慮しうることになる。「但馬牛」と「神戸ビーフ」の地理的表示は，登録標章と登録商標が同一の対象に対して与えられている。そして，「夕張メロン」は，登録生産者団体と商標権者が同じである。さらに，「但馬牛」は，「寿製菓株式会社」に指定商品に菓子・パンとする登録商標がある。

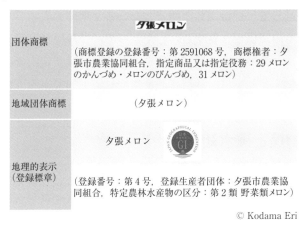

団体商標	**夕張メロン** （商標登録の登録番号：第2591068号，商標権者：夕張市農業協同組合，指定商品又は指定役務：29 メロンのかんづめ・メロンのびんづめ，31 メロン）
地域団体商標	（夕張メロン）
地理的表示 （登録標章）	夕張メロン　GI （登録番号：第4号，登録生産者団体：夕張市農業協同組合，特定農林水産物の区分：第2類 野菜類メロン）

図２　「夕張メロン」の登録商標と登録標章との関係

　ところで，登録標章と登録商標との利用関係および地域共有の財産と商標権との抵触は想定されていない。特定農林水産物等の登録は，申請農林水産物等またはこれに類似する商品に係る登録商標および申請農林水産物等またはこれに類似する商品に関する役務に係る登録商標が登録商標と同一または類似の名称であるときは拒絶される（地理的表示法13条1項4号ロ）。ただし，登録商標に係る商標権者たる生産者団体と登録商標に係る商標権について専用使用権が設定されている場合における当該専用使用権の専用使用権者たる生産者団体およびは登録商標に係る商標権者の承諾を得ている生産者団体は，特定農林水産物等の登録が可

能である（同法13条2項）。その規定は，地理的表示法と商標法との抵触規定に他ならない。しかも，「但馬牛」と「神戸ビーフ」および「夕張メロン」の登録標章と登録商標との関係から，登録標章と登録商標との交差がある。

　地域共有の財産と商標権は同じ対象であるが，地域共有の財産といっているのはGIマーク（地理的表示を包含）の状態のことであり，地理的表示自体は商標権と同様の例えば標章権が想定できよう[14]。地域団体商標ではない商標権と地理的表示（登録標章と登録商標）との関係が存在する。地理的表示（登録標章と登録商標）の登録団体が同一か関連しているのに対して，登録団体と関連しない者と地理的表示（登録標章と登録商標）との関係が存在する。したがって，登録標章と登録商標との利用関係および地域共有の財産と商標権との抵触は想定内であろう。その対応の手立てとしては，利用権制度等で対応可能であろうが，禁止権の対応の問題が残る。

5. 知的財産と農水知財

　コンピュータ・プログラムと遺伝子操作による知的創造されるものが共通の視点にあるとの見方から，例えばバイオテクノロジーによる成果物に対する特許法と種苗法との関係として顕現している[15]。そして，コンテンツと知的財産が商品・役務として標章・登録商標が付されて流通し，地域ブランドの地理的表示との関係で登録標章と登録商標（地域団体商標）が併存する。

　植物の新品種が種苗法と特許法で保護の対象とされるのであれば，品種の新規性と進歩性が求められることになる。新規性の判断には，国内

---

(14)　地域共有の財産は，物権と債権との観点からの入会権を想起させる点から，登録標章を地理的表示とともに特定農林水産物等に付すことに対して，仮想的に標章権と対応づければよいだろう。なお，韓国では，登録された地理的表示は地理的表示権と定義される（韓国農水産物品質管理法2条1項9号）。
(15)　中山信弘「バイオテクノロジー成果物の法的保護に関する全体的状況」ジュリスト990号（1991年）13〜14頁。

に限らず，国外でも新規性が必要になり，新規性の喪失があれば，品種登録されることは不適切であろう。なお，中国における新幹線技術の特許発明の転用問題にも，韓国におけるイチゴ品種の派生問題また中国における和牛受精卵の流出問題と類似の法的な対応が考えられる。品種と地理的表示の保護は，ブランドで相互に関係する。しかし，そのブランドは，国内の地域ブランドの保護にある。地域ブランドはゆるキャラという著作物および登録商標とかかわりがある[16]。

　品種と地理的表示に関する特産品や名称の国際的な不正使用を防ぐには，国際条約や国際協約があるものの，さらに二国間で保護協定の締結が必要になるという。その前に，地域ブランドを日本ブランドとして展開するためには，品種と地理的表示の農水知財制度を著作権制度と産業財産権制度との総合的な対応が必要であろう。また，以前，我が国で，諸外国の地名を喫茶店や遊興施設で無節操に使用している。ところが，地理的表示の適正な使用が叫ばれ，自粛されていった経緯がある。そのような法的な対応も，各国の農水知財制度との調和から求められる。

　農水知財の創造・保護・活用においても，オリジンがあり，そのトレーサビリティにおいて，模倣され，派生していくサイクルが見出せる。そして，農水知財の創造・保護・活用システムとコンテンツの創造・保護・活用システムおよび知的財産の創造・保護・活用システムとが並存し，ときに交差して知的創造サイクルが形成される。文化庁が管轄する観点からのコンテンツ創造サイクル，特許庁が管轄する観点からの知的財産創造サイクル，農林水産省が管轄する観点からの農水知財創造サイクルの三つの法システムが機能することによって，価値デザイン社会が実現されることになろう。

---

(16)　児玉恵理「地域ブランド化における知的財産活用の展開」パテント69巻7号（2016年）50〜56頁。

🔩 研究課題————————————————————————————

1　農林水産省が管轄する知的財産に関連する法律を調査せよ。

2　植物の新品種に関する諸外国の法制度について調査せよ。

3　登録標章と登録商標（地域団体商標制度）との関係について考察
　　せよ。

15 | 知的創造サイクルの好循環

　知的創造サイクルは，同一性が保持された無体物のライフサイクルの関係にある。そのライフサイクルでは，創作物（準創作物）と創作者（準創作者）の人格権と財産権が関与する。本章は，知的創造サイクルの好循環からレジリエンスな知財制度について考える。

1. 知的創造のライフサイクル

　知財制度の理解は，三つのアプローチ，著作権制度と産業財産権制度を個別にとらえる，知的財産権法の中で産業財産権制度から著作権制度へまたは著作権制度から産業財産権制度へと時系列にとらえる，そして本書のように著作権制度と産業財産権制度および農水知財制度とを比較対照してとらえることがあろう。さらに，伝統的文化表現・伝統的知識・遺伝資源や遺産と知的財産権との関わりがある。そこには，知的創造における文化性・公共性と経済性とがともに含まれる。

　そして，知的創造サイクルの好循環の施策が立案されて久しい。その施策は，知財制度の経済的価値を対象にする。そして，その知的制度の検討は，著作権制度と産業財産権制度との二つの法制から個別になされている。しかも，それらと農水知財制度との関わりで議論されることもない。その施策が十分に機能していない状況にあることからいえば，別な観点が有効である。知的創造サイクルの好循環は，創作者の人格的権利と経済的権利との関係からの観点が必要であると解するからである。知的創造が知的財産権法で保護される前後を含めて，知的創造サイクルの中で知的創造の人格的権利と経済的権利との連携によるライフサイクルは，現状の知財制度の理解の様相とは異にする。

　ところで，知的創造サイクルを好循環させるためには，二つの課題が
想定できる。第一は，知的創造を経済的価値からとらえている点である。
その課題に対しては，知的創造の人格的価値の側面も考慮する必要があ
ろう。第二は，知財制度を著作権制度と産業財産権制度のそれぞれ別な
視点でとらえるものになっている点である。それに対しては，第一の課
題にも関連して，知的財産権管理における権利行使の弊害の要因にもな
っていよう。したがって，狭義の知財制度を拡張する知的創造の文化
性・公共性と経済性を調和させる広義の知財制度が指向される。

　上記の課題の解決は，知財制度が著作権法制と産業財産権法制とを架
橋させて見通せる知的創造サイクルの法システムという観点から，著作
者の権利と発明者（考案者，意匠の創作者）の権利とを比較対照して検
討することにあろう。それら創作者の権利は，人格的権利と経済的権利
からなっている。ここに，それら二つの権利は，知的創造サイクルの中
で，どのようなライフサイクルの関係になっているかが明らかにされな
ければならない。

2. 知的創造の好循環サイクル

　知的創造サイクルは，知的財産の創造，保護，活用の促進によって好
循環となるという観点によっている。それは，知財制度の枠内において，
著作物や発明（考案，意匠の創作）に対して著作権と特許権（実用新案
権，意匠権）の発生によりとらえられる（知的財産基本法2条）。これ
は，知財制度の枠内での経済的価値からの側面の規定になっている。知
的財産が著作物であるとき，その知的財産権を著作権としている点は，
著作権法からいえば不十分である。なぜならば，著作権法は，人格的価
値の面も保護の対象としているからである。

　また，知的創造サイクルの施策は，知財制度を著作権制度と産業財産
権制度さらに農水知財制度を，それぞれ別な視点でとらえる。それは，
権利の発生要件が著作権制度と産業財産権制度・農水知財制度等で違い
があることに起因する。創作物に対する創作者の権利を保護する観点か
らいえば，創作の時点から知財制度における権利の発生と保護期間の満

了までの中で，著作者の権利と発明者の権利および育成者の権利等との対応関係から創作者の権利のライフサイクルを見通す必要があろう。それは，創作の時点は必ずしも知財制度の枠内とはいえないが，先取権および先使用権の知財制度との関連づけの課題である。

　ところで，知的創造サイクルの好循環に関する課題という抽象的な言い方は，経済的権利の譲渡に伴う著作権等管理，パテントトロールといった権利行使に関する課題に顕在化している。著作者の経済的権利の譲渡は，英米法系の copyright transfer と翻訳関係になるが，copyright transfer と著作者の経済的権利の譲渡との整合性から著作者人格権の不行使特約が付加されることもある。これは，著作者の権利（著作者人格権と著作権）の一元論と二元論の法解釈の想定外の対応になり，大陸法系の法理の著作権の譲渡と英米法系の法理の著作権（copyright）または著作物（copyrighted works）の信託譲渡との対応関係から合理的に判断すべきものといえる。また，その課題は，著作権等の経済的権利の管理において，著作者の意に沿わない場合に，著作者の人格的権利の管理にはなりえないことにも関連する。例えばウェブページで Copyright © 2009-2019 Institute of Intellectual Property. All rights reserved と意味不明な表記に顕現している。著作者の権利の観点からいえば，©で表記される経済的権利は，著作者の人格的権利との相互の関係が明らかにされていなければならない。

　産業財産権問題としてのパテントトロールは，特許権という経済的権利の譲渡により発明者と異なる特許権者の権利行使による課題といえる。この課題は，著作者の人格的権利によって著作者の経済的権利の帰属とは別な制約が加えうるように，発明者の権利の観点から総合的に検討されてもよい。知的創造サイクルの好循環の課題解決には，まず創作者の人格的権利からの対応を創作者の経済的権利からの対応と連携させる観点が必要である。

　知的財産権法は，全体的に眺めれば，著作権法と特許法とがあたかも相反性（reciprocity）を有し機能する法システムということができる。すなわち，知的創造に関する諸問題は，次のようにとらえることができ

る。主体（自然人，法人）の精神的価値を第一義とおくのか，客体（対象物）の経済的価値を優先するのかという視点の差異によるものである。その法システムを概観してみると，同一性を保持した無体物が著作権法においては著作者と複製物，特許法においては発明者と人工物の対称関係となろう。

　そして，日本・EUと米国の知的財産権の法理は，ヒトとモノの対称性がちょうど逆転している。全体包括的な見方に立てば，著作権の法理と特許権の法理を一対の法システムとみなせば，日本・EU・米国の知財制度の相反性によって，それぞれ調和した形態をもつとみなせる。各国の著作権，産業財産権を個別に一面的に法的評価するだけでは，合理性があるとはいえない。さらに，デジタル環境が表現とアイディアの二面価値を顕在化したという仮説に立てば，その調和した知的財産権の法理をこわさないような知財制度に布置し直さなければならない。我が国の著作権法は，団体の著作者の著作権の原始取得を認めるユニークな法理論をとっている。また，我が国の特許法は，先発明主義から先願主義へ法改正を行い，先発明者の保護の調整規定をおく。一方，欧米の法構成は，大きく大陸法系と英米法系とに区別され，二項対立構造をとったものになっている。我が国の法構成は，大陸法系の影響と英米法系の影響とを受け，それをある意味では肯定的に融合したものとなっている。

　我が国の産業財産権の各法は，特許法72条，実用新案法17条，意匠法26条，商標法29条に，それぞれ他法との調整規定をおいている。意匠法26条と商標法29条では，それぞれ著作権，著作権と著作隣接権との抵触を規定する。商標法29条は，特許法・実用新案法・意匠法および著作権法との調整規定をおく。相互に抵触する場合，意匠権については実施許諾を得ることにより，著作権・著作隣接権については著作権法に利用権制度の不明確な中で出版権の設定等の契約により調整されることになる。ただし，商標法における禁止権の取り扱いについては，著作権の方が時間的に先行するときは，明確な解釈がなされていない。また，商標法には特許法・実用新案法・意匠法との利用関係はない。意匠法26条は，旧法では単に実用新案法と商標法との抵触についての規定にとどまってい

たが，現行法では特許法と著作権法とが抵触する場合についても規定を設けている。知財制度の相互作用を分析するとき，意匠法26条はその節点（nodal point）となる条文といえる。意匠は物品を媒体に具現化される美的な効果を保護対象とする（意匠法2条1項）。その物品の形状が技術的効果の面より把握できるとき，特許権（実用新案権）との接点で議論しうるものとなり，美的な効果の面から，または物品の形状の面からは著作権との関連をもつことになる。そして，意匠権と商標権との抵触は，ある物品の模様がそれらの二面価値でとらえられるときに顕在化することになる。しかし，意匠法がその意匠登録出願の日前の出願に係る他人の商標権と抵触するとき，意匠権者は商標権者に対し，商標権についての通常使用権の許諾について協議を求めることができようが，その旨の規定を有していない。

　知的創造とそれに準じる行為が連携・融合されるデジタル環境において，知財制度を横断する抵触の関係から調整する法整備が求められる。特許法72条では著作物との利用関係はなく，商標法29条には著作物との利用関係はない。しかし，著作物と発明・考案とは利用の関係が想定しうるし，商標の利用形態と商標自体に著作物との利用関係が見出せる。産業財産権法と著作権法をリンクし均衡関係をもたせるという抽象的な表現は，それらの調整規定に見出すことができる。そのとき，著作権と著作隣接権の抵触の関係から著作者人格権と実演家人格権との調整も必要となり，逆に発明者人格権等の調整も考慮されなければならない。さらに，種苗法や半導体集積回路配置法との調整，その延長に先使用による通常実施権（特許法79条，実用新案法26条で特許法79条を準用，意匠法29条）および先使用による商標の使用をする権利（商標法32条）と，先住民族の権利と知的財産権との調整がある。このような知的財産の相互の関係の中で，商標法の登録商標（地域団体商標制度）と地理的表示法の登録標章の使用との調整は不可欠であろう。

3. 創作者の権利のライフサイクル[1]

　著作者（創作者）であるすべての人は，科学的，文学的または美術的な成果物から生じる精神的および物質的な利益を保護される権利をもつ（世界人権宣言27条2項）。その規定が制定される経緯を見ると，主体と客体の実質的な意味は，発明者と発明および著作者と著作物の関係になっている。

　知的創造サイクルにおいて，ソフトウェアのように著作物と発明とが重ね合わせられ，著作権制度と産業財産権制度とが交錯する知財が存在している。そのような関係の理解は，創作物の創作時からのライフサイクルに関して整合性を図ることによって見出すことができる。

　その見解に従えば，創作物に対して，伝統的文化表現・伝統的知識・遺伝資源や遺産をもとに，先取権を起点とし，創作者の人格的権利と経済的権利との関連から，著作権制度，産業財産権制度・農水知財制度等とを架橋し，広義の知財制度からの対応関係が想定できる。

　創作物における創作者の権利は，著作者と発明者等の人格的権利と経済的権利の系統図からなる。創作者の権利の始原は，発見・発明に関わる者に先取権が与えられることによる。

　その創作者による創作物は，著作者の権利と発明者等の権利に分岐する。それら権利は，人格的権利と経済的権利が連携・融合している。ここで，創作者の権利の始原としての先取権は，それが分岐した著作権と特許権等が保護期間の終了等によって消滅したとしても，人格的価値および営業秘密等において少なくとも一部に経済的価値を残し存続する。

　なお，知的創造サイクルは，狭義の知財制度における創作者の権利（人格的権利と経済的権利）の保護期間においては，創作者の権利の保護と創作者の権利の制限との相互の関係のもとに循環する（図1参照）。また，知的創造サイクルが広義の知財制度においては，創作者の権利の

（1）　児玉晴男「知的創造サイクルにおける創作者の権利に関するライフサイクル」知識財産研究6巻4号（2011年）49～57頁。

性質は，創作者の権利の保護と制限との接点で，人格的権利と経済的権利が交差する関係からなっていよう。

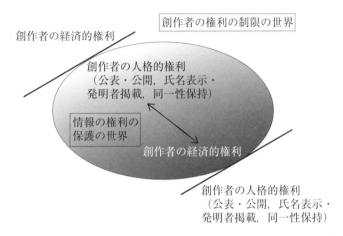

図1　創作者の権利の保護と創作者の権利の制限との相互の関係

（1）　創作者の人格的権利のライフサイクル

　知的創造サイクルの中で，創作者の人格的権利は，狭義の知財制度の中だけでなく循環することがありうる。そのとき，著作者人格権の性質は明確であるが，発明者人格権等は明確になっていない。狭義の知財制度の中だけであれば発明者人格権等の検討の必要性は少ない。しかし，狭義の知財制度においても著作権制度と産業財産権制度とがともに関与する創作物が存在する。

　ここで，発明者人格権等に着目するのは，発明者の人格的価値の面を顕現する二つの要因が契機になる。第一は，先取権がエポニミーにあったことである。第二は，ソフトウェアが著作権法（著作物）と特許法（発明）および不正競争防止法（営業秘密）で保護されることによる。すなわち，著作者の人格的権利の規定を有する著作権制度と関連する知的財産が存在しているのならば，創作者の人格的権利は知財制度の中で考慮される対象といえる。著作権制度が保護の対象を出版者・印刷者の権利から著作者の権利へ転換させ，その人格的権利の保護を著作権制度に明文化している。産業財産権制度が特許権者等の経済的価値の面から

とらえられていることを発明者等の権利からとらえ直したとき，著作権制度と同様に，発明等は，発明者等の人格的権利と経済的権利との連携から理解されるべき対象といえよう。そして，広義の知財制度，すなわち先取権や遺伝情報，伝統的文化表現，伝統的知識との関連について検討するうえで，著作者人格権との対応関係から，想定される発明者人格権等は明確にしておく必要がある。

　創作者の人格的権利は，著作者人格権の類推適用から想定できる。著作者人格権は，① まだ公表されていない著作物を公衆に提供し，または提示する公表権，② 著作物の原作品に，またはその著作物の公衆への提供もしくは提示に際し，その実名もしくは変名を著作者名として表示し，または著作者名を表示しないこととする氏名表示権，③ 著作物およびその題号の同一性を保持する同一性保持権，の三つになる。ここで想定される発明者人格権等の全体像は，著作者人格権との関係から，発明者掲載権等は氏名表示権に，発明等の同一性の保持（均等論，デザインのコンセプト）は同一性保持権に対応づけられる。

　ところで，知的創造サイクルの中で，創作者の人格的権利の中の三つの権利がどのような関係を見せるかは，知財制度内の相互の法制の間からは明確にはならない。産業財産権制度の発明者人格権等に関しては，そもそも考察される対象とはなっていない。しかも，著作権制度内の人格的権利（moral rights）においても，我が国の著作者人格権，中国の著作権（人格権），韓国の著作人格権と，英米における moral rights とは差異がある。英国の moral rights は，著作物に copyright が存続する限り，引き続き存続する（英国著作権法86条１項）。また，著作者の地位の虚偽の付与（同法84条）により付与される権利は，著作者の死後20年まで引き続き存続する（同法86条２項）。米国の moral rights は視覚芸術著作物の著作者の氏名表示と同一性保持の権利であり，その存続期間は著作者の生存期間または著作権のある著作物に対する排他的権利（17 USC §106）と同一の期間存続する（17 USC §106A（d））。

　また，著作者人格権に関しては，情報公開法と個人情報保護法との抵触関係において，人格的権利の制限から人格的権利の中の三つの権利の

関係が推定される。著作者は，その著作物でまだ公表されていないものを行政機関に提供した場合，行政機関情報公開法の規定により行政機関の長がその著作物を公衆に提供し，または提示することに，同意したものとみなされる（著作権法18条3項1号）。すなわち，公表権が制限される。また，氏名表示権は，行政機関情報公開法等の規定により，著作物が公衆に提供され，または提示される場合に，その著作物について既にその著作者が表示しているところに従って，著作者名を表示するとき，または省略するときに，制約される（同法19条4項）。ここで，著作者人格権の中で同一性保持権は，情報公開法と著作権法との抵触の対象となっていない。すなわち，人格的権利の制限においては，公表に関する権利と氏名の表示に関する権利が同一性の保持に関する権利とは，人格的な価値の評価が異なっている。なお，その同一性の保持された個人情報は，著作者人格権の同一性保持権と協調し，個人情報保護法と著作権法とは人格的価値において整合する。

　ところで，個人情報は，生存者に限定されている。ただし，死者への虚偽の事実の摘示による名誉棄損（刑法230条2項）や著作者等の死亡した後における著作者等の意を害する行為による人格的な利益の保護（著作権法60条，116条）に関しては，死者も含むことになる。この見解の相違は，著作者が著作した物と著作された物の関係と同様に，個人情報保有者の個人情報とその個人情報が化体した対象物に対する人格的価値に対応していよう。

　上記の検討から，創作物は，人格的権利の制限を受けて，開示または不開示され，伝達または伝達されない状態に置かれることが推定される。その状態は，知的創造サイクルにおいて，創作者の人格的権利の中で，同一性の保持がなされた対象が含まれて循環することを示唆していよう。

（2）　創作者の経済的権利のライフサイクル

　先取権は，科学者への一つの定理，結果，事例，症例群に名を与えるエポニミーとして認識されるものである。この先取権は，本来的には人格的価値の面から，知財制度への連結点を有することになる。それは，

学術論文と発明に対する創作者の権利として，著作権法と特許法へ分岐して連結されていることになる。その連結は，発明の新規性の喪失の例外の規定（特許法30条2項）になり，米国に存在している仮出願制度に顕現する。

　最初に特許出願を行った者に特許権を与える先願主義制度のもとでは，同じ発明をした者が二人いた場合，どちらが先に発明をしたかに拘らず，先に特許庁に出願した者（出願日が早い方）が特許権者となる。この先願主義制度に対して，最初に発明をした発明者に特許権を与える先発明主義制度がある。同じ発明をした者が二人いた場合，出願日に拘らず，先に発明した者が特許を受ける権利を有することになる。米国が先願主義を採用したことにより，国際的には先願主義に統一化されることになったといえようが，国際的な著作権法制がベルヌ条約の下にあっても，実際にはauthors' right アプローチと copyright アプローチとの二つの法理が影響し合っている。ここに，先願主義においても，先発明主義との調整がなされることになる。その調整は，先願主義をとる産業財産権法において，先に発明し，先に考案し，先に意匠の創作した者に先使用による通常実施権が認められるものである（特許法79条，実用新案法26条で特許法79条を準用，意匠法29条）。

　知財制度の公表の仕組みの中で，創作者の経済的権利は有限で消滅することになる。他方，知財制度の非公表の仕組みの中で，特許を受ける権利の中に含まれる営業秘密は，著作物に内包されるソースコードと同様の関係になる。ここで，さらに考慮されなければならないことは，知的創造の契機となる遺伝資源，伝統的文化表現，伝統的知識の保護（生物多様性条約（CBD）8条（ j ））と知財制度との関係である。遺伝資源，伝統的文化表現，伝統的知識は，先取権と連結される関係がある。知的創造サイクルは，広義の知財制度から先取権と先使用権および遺伝資源，伝統的文化表現，伝統的知識に関する経済的価値が循環する関係をもつ。

4.　準創作者の権利のライフサイクル[(2)]

　知財制度において，著作隣接権と商標権がある。それら権利は，創作物や創作者の権利と，直接に関連するものではない。しかも，知財制度の中で創作物における創作者の権利は，人格的権利と経済的権利の系統図からなるが，著作隣接権と商標権には人格的権利が想定されていない。

　著作権制度における著作隣接権，すなわち著作物の伝達行為は，準著作物性を擬制することによって，著作権に隣接する権利として著作権法制で規定される（著作権法1条）。ここで，著作物の伝達行為者の権利（同法4章）は著作隣接権という経済的権利だけでなく，実演家の権利に関しては実演家の人格的権利が認められている。実演家人格権は，著作者人格権に擬制した人格的権利，すなわち氏名表示権（同法90条の2）と同一性保持権（同法90条の3）になる。著作隣接権（実演家，レコード製作者，放送事業者（有線放送事業者）の権利）については，実演，音の固定，放送，有線放送からそれぞれ50年を経過するまでの間存続する（同法101条）。ここで，実演家の死後の人格的価値の保護期間は，著作者の死後の人格的価値の保護期間と同様に，見解が分かれる。著作者人格権と同様に，著作物（または著作物であった物）を伝達する行為が認識される限り，そこに化体された実演家人格権は存続しえよう。

　ところで，創作物における創作者の権利またはそれに隣接する権利の一部が，人格的権利と経済的権利の系統図の関係で描けるにしても，商標権については明記しえない。知的財産が商標，商号その他事業活動に用いられる商品または役務（サービス）を表示する標章であるとき，その知的財産権は商標権となり，商標法で保護される。この商標の使用の態様は，著作物の伝達行為の類推により，創作物を含む商品または役務（サービス）を伝達する行為を保護するものといえる。

　自己の業務に係る商品または役務について商標を使用する者，すなわち，業として商品を生産し，証明し，または譲渡する者（同法2条1項

（2）　児玉・前掲注（1）57〜59頁。

1号），業として役務を提供し，または証明する者（商標法2条1項2号）は，商標登録出願人となり（同法5条1項柱書），商標権者となりうる。この商標登録を受けようとする者となりうる者は，先使用による商標の使用をする権利の規定（同法32条）により一定の保護がなされる。しかも，指定商品または指定役務についての登録商標の使用がその使用の態様によって著作権と著作隣接権に抵触することがある（同法29条）。ここに，商標権には，商標（標章）自体および商標の利用の態様により，創作性と創作者の権利に隣接する準創作性が潜在的に関わっていると解しえよう。商標権の存続期間は，設定の登録の日（国際登録の場合は国際登録の日）から10年である（同法19条1項，68条の21第1項）。ところが，商標権者の更新登録の申請により，更新が可能である（同法19条2項，68条の21第2項）。したがって，商標権は，顧客吸引力がある限り，半永久的な権利といえる。

　上記の検討から，知財制度の各個別法制間を横断し，人格的権利と経済的権利が連携・融合し，先取権が起点となって，その創作者の権利が著作者の権利と発明者等の権利に分岐して，人格的権利と経済的権利が非対称の関係で保護されることになる。そして，その類似の権利の関係として，著作物の伝達行為者と商標権者に，準創作性のある創作物等を伝達する権利が帰属するとみなせよう。このような関係の中で，著作隣接権（実演家人格権）と商標権は，知的創造サイクルの好循環を維持し促進させるための潤滑材として機能する。

5.　結　言

　知財制度のベルヌ条約とパリ条約は，知財保護のグローバリゼーションを推進する。そのグローバリズムの観点にあるベルヌ条約とパリ条約は，世界人権宣言とTRIPS協定で再確認されている。ところが，世界人権宣言とTRIPS協定も，民族と国益というナショナリズムの観点が見出せる。知財制度の普遍的価値は，グローバリズムとナショナリズムとの調和にあり，その観点は知的財産権を人格権（精神的価値）と財産権（物質的価値）との関係から再構築して理解することにあろう。

　知財制度の創作物の公表または公開の仕組みの中で，創作性の面では，著作物，発明，考案，意匠の創作が対象となり，準創作性の面では著作物の伝達行為および商標と役務・商品との一体化の関係が知的創造サイクルの対象物になる。そして，知財制度の非公表または非公開の仕組みの中では，営業秘密が知的創造サイクルに関与する。営業秘密は，公表または公開される創作物との関係で，それらに内包される関係をもつ。それら創作物における創作者の権利の始原である先取権と先使用権から，そして著作権法，産業財産権法，種苗法，半導体集積回路配置法，不正競争防止法という狭義の知財制度の中で横断し，創作者の人格的権利と経済的権利が連携・融合して知的創造サイクルの好循環を維持し促進させることが推定される。そして，公表または公開された創作物に関する創作者の経済的権利の保護期間が終了した後には，創作者の人格的権利と非公表または非公開の営業秘密に関する創作者の権利が知的創造サイクルの中で循環することになる。その循環する権利の性質は，広義の知財制度の中では同一性が保持された無体物になる。

　また，秘密性が保持されて，限られた地域や人々によって伝達され伝承される遺伝資源，伝統的文化表現，伝統的知識には，経済的価値が想定される。したがって，同一性が保持された遺伝資源，伝統的文化表現，伝統的知識には，狭義の知財制度との関連が生じる。なお，それらは，世界の記憶の人類口伝および無形遺産傑作の無形文化遺産とみなされるものとなり，知的創造の契機となり，先取権と連結し知的創造サイクルを形成する。その派生物に対して先取権が付与され，公開または非公開の状態で同一性が保持された創作物（著作物と発明等）として狭義の知財制度の枠内を通過して，その一部が二次的な伝統的知識と伝統的文化表現および遺伝資源となる。それらが広義の知財制度によって，創作者の人格的権利と経済的権利のライフサイクルとして循環し階層化されていくことが知的創造サイクルの好循環として機能するものとなろう（図２参照）。

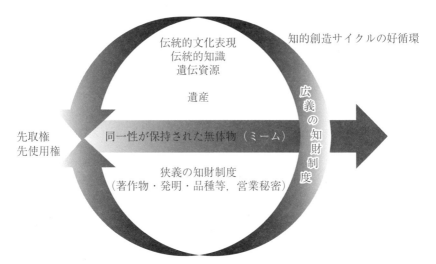

図2　同一性が保持された無体物のライフサイクル

　知的創造サイクルの好循環システムは，TRIPS協定（知的所有権の貿易関連の側面に関する協定）と生物多様性条約との合理的な関係になり，その接点が先取権になる。知財制度が知的創造サイクルの創作者の権利が人格的権利と経済的権利とのライフサイクルとの関係からとらえられる観点を加える必要がある。ここに，経済的権利の譲渡に伴う著作権等管理，パテントトロールといった権利行使に関する課題は，創作者の人格的権利との関係で再考することに求められよう。例えばサグラダ・ファミリアは，著作者であるアントニ・ガウディ（Antoni Plàcid Guillem Gaudí i Cornet）の没後 100年となる2026年に完成する予定と発表されている。ガウディの頭の中で完成していたサグラダ・ファミリアという知的創造という無体物が有形的媒体に固定されるときには，著作者の経済的権利は，すでに消滅していることになる[3]。また，1822年に，チャールズ・バベッジによって再発見（再発明）された階差機関は，

――――――――――
（3）　文化遺産となっているサグラダ・ファミリアでは，ガウディという著作者の人格的権利（氏名表示権と同一性保持権）が見出せる。文化遺産（コモンズの）サグラダ・ファミリアは，ガウディが発明・発見した伝統的文化表現・伝統的知識の二次的著作物として，部分的に公表されている著作物ともいえる。

1862年の万国博覧会で未完成のまま公表または公開され，再発見（再発明）から170年後の1991年，階差機関（Difference Engine No. 2）が組み立てられている。階差機関という発明の機能が実証されるまでに，階差機関の経済的価値は消失していることになる。その事例が示唆していることは，知的創造サイクルにおいて，知的創造の権利を経済的権利だけでとらえることは，知的創造の好循環の観点からいえば，総合的に評価することにはならない。

ところで，知的創造サイクルにおいて，同時発見は，同時著作や同時発明または同時出願においても，知的創造の共時性（synchronicity）の観点によるものであり，論文等が引用により形成される知的創造の因果性（causality）の観点とは異なる。知的創造の因果性と共時性とのとらえ方の中で，創作者は構造化され，その構造化された創作者は創作物の中で分散化されて存在することになる。さらに，そのような知的創造の権利と関連権が知的財産権者へ移転し，または移転されずに創作者または準創作者に留まることによって，非対称な関係にある人格的権利と経済的権利が広義の知財制度の中で循環することになる。

憲法の保障する「表現の自由」と「学問の自由」といった精神的権利の面と知財制度の物質的権利の面とが，別個独立の社会的価値としてではなく，一つの閉じた再帰的システムとして機能してくる。その再帰的システムは芸術的な表現ではオートポイエーシスになり，科学的な表現ではメービウスの帯またはクラインの壺といえる[4]。そのデザインは，すでに我が国においても白隠慧鶴の禅画（布袋図）の芸術的な表現の中に見られ，さらに伝統的文化表現としてはウロボロスの蛇ということもできよう。結局のところ，知（mind）と心（heart），すなわち知力（intellectio）と表象力（imaginatio）が合一されることになる。知的創造という無体物は，創作物と準創作物およびコモンズとして複製・実施・使用という形態で，創作者の経済的権利として顕在化し，創作者の

（4）　H. Graham（永田雅宜監訳，足立正久＝小島誠訳）・幾何学からトポロジーへ（紀伊國屋書店，1978年）45〜46頁。

人格的権利としては潜在化してミーム[5]のように伝達しているモデルにたとえられる。外的な複製・コピーの概念（アロポイエーシス・システム）を内的な自己再生産の概念（オートポイエーシス・システム）へとパラダイム変換させる[6]。ここでいう，オートポイエーシス・システムは，位相空間で理解・解釈する閉システムをいう。この閉システムは，知的創造のライフサイクルを考慮したレジリエンスな法システムのモデルになろう。この閉システムは，位相空間で理解することによってはじめて機能してくることになる。この「閉じて循環するがゆえに開かれた」とみなせるオートポイエーシスの法システムは，閉じて作動するがゆえに開かれている[7]。知的創造とそれに準じる行為は，それらの人格的権利と経済的権利との連携・融合から理解・解釈し，それら権利の調和をはかる閉じた法システムによって，知的創造サイクルの好循環を促進する開かれたレジリエンスな法システムとして機能することになる。

（5）　Clinton Richard Dawkins（日高敏隆他訳）・利己的遺伝子（紀伊國屋書店，1991年）306頁。
（6）　Francisco J. Varela（長尾力訳）「オートノミーとオートポイエーシス」現代思想21巻10号（青土社，1993年）64〜72頁。
（7）　N. Luhmann, "The Autopoiesis of Social System" Essays on Self Reference (Columbia University Press, 1990) pp.1-20.

🔲 研究課題

1　知的創造サイクルの好循環システムから，著作権制度，産業財産権制度，農水知財制度との関係について再考せよ。

2　情報法の視座から，知的財産権法の知財制度と情報公開法／個人情報保護法の個人拡張との関係について考察せよ。

3　知的創造サイクルの視座から，関連する国際条約や国際協約の動向について調査せよ。

索引

●配列は五十音順。記号・数字・欧文は末尾。

著者紹介

児玉　晴男（こだま　はるお）

1952年	埼玉県に生まれる
1976年	早稲田大学理工学部卒業
1978年	早稲田大学大学院理工学研究科博士課程前期修了
1992年	筑波大学大学院修士課程経営・政策科学研究科修了
2001年	東京大学大学院工学系研究科博士課程修了
2005年	独立行政法人　メディア教育開発センター研究開発部教授
2006年	国立大学法人　総合研究大学院大学文化科学研究科教授
現在	放送大学教養学部教授／大学院文化科学研究科教授・博士（学術）（東京大学）
専攻	新領域法学・学習支援システム
主な著書	『情報・メディアと法』（単著），放送大学教育振興会，2018年
	『知的創造サイクルの法システム』（単著），放送大学教育振興会，2014年
	『情報メディアの社会技術─知的資源循環と知的財産法制─』（単著），信山社出版，2004年
	『情報メディアの社会システム─情報技術・メディア・知的財産─』（単著），日本教育訓練センター，2003年
	『ハイパーメディアと知的所有権』（単著），信山社出版，1993年

放送大学大学院教材　8970165-1-2011（ラジオ）

知財制度論

発　行　　2020年3月20日　第1刷

著　者　　児玉晴男

発行所　　一般財団法人　放送大学教育振興会
　　　　　〒105-0001　東京都港区虎ノ門1-14-1　郵政福祉琴平ビル
　　　　　電話　03（3502）2750

市販用は放送大学大学院教材と同じ内容です。定価はカバーに表示してあります。
落丁本・乱丁本はお取り替えいたします。

Printed in Japan　ISBN978-4-595-14137-9　C1355